住房和城乡建设部"十四五"规划教材

高等学校城市管理专业系列教材

City Management

城市
更新导论

项英辉　周　霞　主编

中国建筑工业出版社

图书在版编目（CIP）数据

城市更新导论 / 项英辉，周霞主编 . -- 北京：中
国建筑工业出版社，2024.12. --（住房和城乡建设部"
十四五"规划教材）（高等学校城市管理专业系列教材）.
ISBN 978-7-112-30810-1

Ⅰ. TU984.11

中国国家版本馆 CIP 数据核字第 2025239CS5 号

本教材为住房和城乡建设部"十四五"规划教材、高等学校城市管理专业系列教材，包括绪论、城市更新的理论基础、城市更新制度与政策、城市更新专项规划、城市更新的经济分析、城市更新的投融资问题、城市更新的绩效评价、城市更新治理、新一代信息技术在城市更新的应用、城市更新专题研究、案例分析。本教材也适合供城市更新相关领域的科研院所、政府机关、企事业单位的理论研究和实践工作人员阅读使用。

为更好地支持本课程的教学，我们向使用本书的教师免费提供教学课件，有需要者请与出版社联系，邮箱：jgcabpbeijing@163.com。

策划编辑：高延伟
责任编辑：杨　虹　周　觅
文字编辑：袁晨曦
责任校对：党　蕾

住房和城乡建设部"十四五"规划教材
高等学校城市管理专业系列教材

城市更新导论

项英辉　周　霞　主编

*

中国建筑工业出版社出版、发行（北京海淀三里河路 9 号）

各地新华书店、建筑书店经销

北京雅盈中佳图文设计公司制版

北京云浩印刷有限责任公司印刷

*

开本：787 毫米 × 1092 毫米　1/16　印张：19　字数：370 千字

2025 年 7 月第一版　2025 年 7 月第一次印刷

定价：**49.00** 元（赠教师课件）

ISBN 978-7-112-30810-1

（44532）

出版说明

党和国家高度重视教材建设。2016 年，中办国办印发了《关于加强和改进新形势下大中小学教材建设的意见》，提出要健全国家教材制度。2019 年 12 月，教育部牵头制定了《普通高等学校教材管理办法》和《职业院校教材管理办法》，旨在全面加强党的领导，切实提高教材建设的科学化水平，打造精品教材。住房和城乡建设部历来重视土建类学科专业教材建设，从"九五"开始组织部级规划教材立项工作，经过近 30 年的不断建设，规划教材提升了住房和城乡建设行业教材质量和认可度，出版了一系列精品教材，有效促进了行业部门引导专业教育，推动了行业高质量发展。

为进一步加强高等教育、职业教育住房和城乡建设领域学科专业教材建设工作，提高住房和城乡建设行业人才培养质量，2020 年 12 月，住房和城乡建设部办公厅印发《关于申报高等教育职业教育住房和城乡建设领域学科专业"十四五"规划教材的通知》（建办人函〔2020〕656 号），开展了住房和城乡建设部"十四五"规划教材选题的申报工作。经过专家评审和部人事司审核，512 项选题列入住房和城乡建设领域学科专业"十四五"规划教材（简称规划教材）。2021 年 9 月，住房和城乡建设部印发了《高等教育职业教育住房和城乡建设领域学科专业"十四五"规划教材选题的通知》（建人函〔2021〕36 号）。为做好"十四五"规划教材的编写、审核、出版等工作，《通知》要求：（1）规划教材的编著者应依据《住房和城乡建设领域学科专业"十四五"规划教材申请书》（简称《申请书》）中的立项目标、申报依据、工作安排及进度，按时编写出高质量的教材；（2）规划教材编著者所在单位应履行《申请书》中的学校保证计划实施的主要条件，支持编著者按计划完成书稿编写工作；（3）高等学校土建类专业课程教材与教学资源专家委员会、全国住房和城乡建设职业教育教学指导委员会、住房和城乡建设部中等职业教育专业指导委员会应做好规划教材的指导、协调和审稿等工作，保证编写质量；（4）规划教材出版单位应积极配合，做好编辑、出版、发行等工作；（5）规划教材封面和书脊应标注"住房和城乡建设部'十四五'规划教材"字样和统一标识；（6）规划教材应在"十四五"期间完成出版，逾期不能完成的，不再作为《住房和城乡建设领域学科专业"十四五"规划教材》。

住房和城乡建设领域学科专业"十四五"规划教材的特点，一是重点以修订教育部、住房和城乡建设部"十二五""十三五"规划教材为主；二是严格按照专业标准规范要求编写，体现新发展理念；三是系列教材具有明显特点，满足不同层次和类型的学校专业教学要求；四是配备了数字资源，适应现代化教学的要求。规划教材的出版凝聚了作者、主审及编辑的心血，得到了有关院校、出版单位的大力支持，教材建设管理过程有严格保障。希望广大院校及各专业师生在选用、使用过程中，对规划教材的编写、出版质量进行反馈，以促进规划教材建设质量不断提高。

住房和城乡建设部"十四五"规划教材办公室

2021 年 11 月

前言

《中华人民共和国国民经济和社会发展第十四个五年规划和2035年远景目标纲要》提出，加快转变城市发展方式，统筹城市规划建设管理，实施城市更新行动，推动城市空间结构优化和品质提升。我国已经进入城镇化进程的拐点，城市发展由过去增量时代的以新建和外延扩张为主，逐步过渡到存量时代的以内涵发展和城市更新为主。可以肯定地说，城市更新必将是未来多年我国城市化建设工作的重点任务。目前，市面上关于城市更新的学术著作、案例集、发展报告等研究成果日益增多，凝聚了国内外关于城市更新的最新理论研究成果和实践进展，令人欣慰。但是，适合给相关专业的本科生和研究生教学用途的教材用书，却极为有限，且现有的关于城市更新的教材中，能够兼具完整性、共识性和实效性的教材更是一书难求。有鉴于此，我们通过两年多的艰苦工作，力求呈现给高校城市更新相关学科和专业领域的教师和学生一部内容相对完整、成果具有较强的共识性、追踪理论和学术前沿、通俗易懂、较好满足高校教学需要的教材。除了适用于高校师生，本教材也适合供城市更新相关领域的科研院所、政府机关、企事业单位的理论研究和实践工作人员阅读使用。

本教材的主要内容如下：

第1章是绪论，介绍了城市更新的背景意义和基本含义，简述了城市更新的四个阶段，分析了城市更新的现状问题，梳理了国内外研究现状，并总结了国内外经验。

第2章是城市更新的理论基础，介绍分析了产权理论等城市更新相关的理论基础，及其在城市更新实践中的应用。

第3章是城市更新制度与政策，主要介绍了不同类型的城市更新制度以及城市更新政策的编制主体、实施程序和利益平衡机制。

第4章是城市更新专项规划，介绍了城市更新专项规划的原则、依据与范围，分析了城市更新专项规划的目标、实施策略和主要任务。

第5章是城市更新的经济分析，介绍了城市更新经济分析的基本要素、确定性分析法、不确定性分析法；分析了不同类型城市更新项目的财务平衡的难点和策略。

第 6 章是城市更新的投融资问题，介绍和分析了城市更新中的各级财政政策、财政政策工具组合和投融资模式，探讨了新型投融资模式在城市更新中的应用。

第 7 章是城市更新的绩效评价，介绍了不同类型的城市更新评价；从六个方面构建了城市更新项目绩效评价指标体系。

第 8 章是城市更新治理，介绍了城市更新治理的主体、行动机制、流程和方法工具；分析了城市更新中公众参与的相关问题；比较了原有模式和新型模式。

第 9 章是新一代信息技术在城市更新的应用，分析了 GIS 技术等主要相关技术的基本原理及其在城市更新中的应用；介绍了人工智能等其他新一代信息技术的基本概念及其在城市更新中的应用。

第 10 章是城市更新专题研究，对城市更新中的老旧小区改造、城市更新中的产业园区建设、城市更新中的安全问题等热点问题进行了专题研究分析。

第 11 章是案例分析，介绍了关丁城市更新合作协议风险控制、城市更新 PPP 项目和老旧小区有机更新项目的三个城市更新相关项目案例。

本教材编写的分工如下：项英辉教授和周霞教授负责教材总体框架的确定；项英辉教授负责第 1 章绪论、第 3 章城市更新制度与政策、第 6 章城市更新的投融资问题、第 7 章城市更新的绩效评价、第 8 章城市更新治理、第 10 章城市更新专题研究的主要内容编写、第 11 章案例分析的资料搜集整理，以及通篇校对；周霞教授负责第 2 章城市更新的理论基础和第 5 章城市更新的经济分析的编写；蒋明卓副教授负责第 4 章城市更新专项规划的编写；毕天平教授负责第 9 章新一代信息技术在城市更新的应用的编写；研究生吕昊颖、温雅轩、杨仕恩、张湘悦、王佳、王慧英、刘珅奥、杨晓婧、胡明、刘正、宋伊凡、刘飞和丁春雷等参与了部分章节的初稿编写；研究生吕昊颖、宋伊凡和杨仕恩同时参与了资料搜集和文字整理。

教材的出版得到了中国建筑工业出版社原社长沈元勤、教育教材分社原社长高延伟以及主任杨虹的大力支持，在此表示衷心的感谢！

由于能力水平有限，书中疏漏在所难免，恳请读者朋友给予批评指正！

编者

二〇二四年五月

目录

第 9 章　新一代信息技术在城市更新的应用

第 10 章　城市更新专题研究

第 11 章　案例分析

City

本章要点： 本章介绍了城市更新的背景、意义、内涵、性质及价值逻辑，简述了城市更新的四个阶段，对城市更新的现状及存在的问题进行梳理，对城市更新国内外研究现状进行分析评述，并总结国内外城市更新经验。

第 1 章

绪　论

1.1　城市更新的背景与意义

1.1.1　城市更新的背景

最早的关于城市更新的讨论是在荷兰海牙进行的。目前城市更新已成为我国城市治理新的行动方向。在中央政府层面，"十四五"规划和 2035 年远景目标纲要都明确提出了"实施城市更新行动"。2021 年的全国两会《政府工作报告》首次将城市更新的相关内容纳入其中。自 2021 年起，国家推出各项政策；同年 8 月底，《住房和城乡建设部关于在实施城市更新行动中防止大拆大建问题的通知》强调"留改拆"并行（以前提出"拆改留"并行，现在已经改为"留改拆"并行）。同年 9 月，《关于在城乡建设中加强历史文化保护传承的意见》由中共中央办公厅和国务院办公厅发布，这标志着顺序的逆转。

目前，北京、上海、广州、深圳四个一线城市都已经制订了城市更新条例，条例中依旧包括"棚改""旧改"课题。其中，北京市改造任务重，量化指标最明确；广州市提出对 2000 年前建造的老旧小区实施阶段性改造的目标（2025 年前，分两阶段）；上海市和深圳市未提量化改造目标。其他如重庆、长沙、福州、徐州等多个城市也陆续出台了相关管理办法。除了这些城市，一些省份也制订了城市更新条例，比如 2021 年 11 月 26 日辽宁省第十三届人民代表大会常务委员会第三十次会议通过了《辽宁省城市更新条例》，为省内各城市开展城市更新行动提供法律依据。

近几十年来，中国城市化进程加速推进，引起世界瞩目。截至 2020 年底，按常住人口计算的中国城镇化率已达 63.89%，一些超大城市更是达到 80% 以上。高速发展的城镇化不但促进了中国城乡结构的优化，而且形成国民经济和社会发展的巨大推动力。但是，中国第一轮靠短期内增量扩张带来的城镇化，也面临着发展质量、空间结构、社会心理和历史文化等方面的诸多问题，亟须关注和解决。第一，供求失衡等原因带来的房价飙升，导致城市居民的通勤距离和通勤成本日益增加，汽车尾气排放等带来的交通污染严重。第二，在城市规划的编制和实施中，过多受到经济和商业利益的驱动，致使城市公共空间供给不足，城市土地用途结构不合理。一方面在边际收益递减规律的作用下，城市空间利用的经济效益不及预期，另一方面市民的公共文化社交娱乐休闲等需求不能被有效满足，影响了其幸福感获得感。第三，虽然有大量的城市老旧小区和历史建筑需要改造更新，但是鉴于新建与改建二者之间经济成本和实施难度上的差异，城市建设决策者和有关单位会更倾向选择新建模式和大拆大建模式，而不是存量优化改造。这种走捷径式的模式选择，一方面使城市更新的历史欠账越积越多，另一方面也导致许多本该被保护的历史建筑遭到人为破坏。第四，我国第一轮城镇化中城市快速扩张所带来的热岛效应、交通拥堵、环境破坏等各种"大城市病"，不仅带来生态环境问题，也带来越来越多的社会心理问题。市民正常的社交需求遭遇时空阻碍，高速增长的 GDP（国内生产总值），难以掩盖快速城市化背后的心理意义上的"城市沙漠"和福利代价。第五，城市建设中对历史文化遗产的保护不重视，城市历史文化记忆日益遭受破坏，城市景观"千城一面"，亟须留住"城市之根"。

当前，中国新型城镇化建设不断深入，城市建设正实现由增量扩张到存量优化的转变，农村剩余劳动力向城市转移的潜力空间也在不断得到释放，在空白之上新建或者大拆大建的城市野蛮扩张模式的需求不再，而上述第一轮城镇化中面临的各种经济、社会、环境、心理、文化等方面的问题亟须得到纠正和解决。实现空间改造、功能升级和文脉传承的三级联动，着眼于社区营造的城市更新恰逢其时。

1.1.2　城市更新的意义

1. 城市更新是适应新形势、推动城市高质量发展的必然要求

2020 年，我国常住人口城镇化率达到 63.89%，已步入城镇化中后期，城市发展已进入城市更新的关键阶段，由大规模增量建设转变为存量提质改造与增量结构调整并重。国际经验和城市发展规律表明，这一时期城市发展面临诸多新问题和挑战，风险矛盾突出。为解决这些问题，我们需要制定和实施相关政策措施和行动计划，以走出一条集约、高质量发展的新路。

2. 城市更新是实施扩大内需战略、构建新发展格局的关键环节

城市是推动内需、促进消费、建设国内市场的重要战场。实施城市更新行动，有助于推进城市建设领域的民生工程和发展工程，充分释放我国的发展潜力，形成新的经济增长点，培育发展新动能。通过城市更新，可以促进国内大循环的畅通，推动我国经济的长期持续健康发展。

3. 城市更新是推动城市开发建设方式转型、促进经济发展方式转变的有效途径

随着我国经济从高速增长阶段转向高质量发展阶段，过去的大规模建设、高消耗、

高排放的城市开发模式已经不再适用。为了实现集约、内涵式发展，我们需要实施城市更新行动，将重点从增量建设转向存量提质改造，优化资本和土地等资源的配置，以促进经济发展方式的转变。通过城市更新，我们可以引导市场规律和国家发展需求，推动城市品质的提升和经济发展方式的转变。

4. 城市更新是推动解决城市发展中的突出问题和短板、提升人民群众获得感幸福感安全感的重大举措

在经济快速发展的过程中，我国城市发展更加关注速度和规模，导致城市规划、建设和管理出现"碎片化"问题。城市的整体性、系统性、宜居性、包容性和生长性不足，人居环境质量有待提高，一些大城市甚至出现"城市病"问题，疫情进一步暴露了城市建设领域的短板和不足。为了解决这些问题，实施城市更新行动十分必要。通过及时回应群众关切，着力解决"城市病"等突出问题，可以补齐基础设施和公共服务设施的短板，推动城市结构调整优化，提升城市品质，提高城市管理服务水平。这样，人民群众在城市生活中才能更加方便、舒心、美好[①]。

5. 城市更新是实现城市经济持续增长的重要手段

在严格的土地控制下，城市空间拓展受到限制，城市更新成为解决城市建设用地需求和经济增长矛盾的关键环节。从结构学派的角度看，城市更新作为实现空间再生产和资本积累的手段，对地方政府、开发商和居民都具有重要意义。因此，城市更新是内外因共同驱动的结果，将继续成为城市经济持续增长的重要手段[②]。

1.2　城市更新的内涵、性质及价值逻辑

1.2.1　城市更新的内涵

城市更新最早的较权威概念是在 1958 年荷兰海牙召开的城市更新研讨会上提出的，主要内容是对城市中的建筑物、街道、公园、绿地、购物、游乐等周围环境和生活的改

---

① 王蒙徽. 城市更新的重要内涵 [J]. 施工企业管理, 2021（8）: 58-60.
② 章征涛, 李和平. 包容性城市更新理论建构和实现途径研究 [J]. 西部人居环境学刊, 2016, 31（3）: 2.

善，尤其是对土地利用的形态或地区制度的改善，以便形成舒适的生活和美丽的市容。

英国学者彼得·罗伯茨（Peter Roberts）与休·塞克斯（Hugh Sykes）对城市更新的定义是："综合协调和统筹兼顾的目标和行动；这种综合协调和统筹兼顾的目标和行动引导着城市问题的解决，这种综合协调和统筹兼顾的目标和行动寻求持续改善亟待发展地区的经济、物质、社会和环境条件[1]。"

需要指出的是，国外并没有一个对城市更新的特定词汇。通过检索英文文献，可以找到五个与之相关的术语，分别为：Urban Renewal、Urban Redevelopment、Urban Revitalization、Urban Renaissance 和 Urban Regeneration。Helen Wei Zheng 等（2014）[2] 认为 Urban Renewal、Urban Regeneration、Urban Redevelopment 和 Urban Rehabilitation 在城市规划领域有着类似的含义，但是在概念范围方面却存在显著的不同。Urban Renewal 与 Urban Regeneration 的含义非常相似，都涉及相对较大的工作：城市更新被定义为贫民窟清除和自然重建的过程，并考虑了遗产保护等其他因素（Couch 等，2011[3]）。而 Urban Regeneration 是愿景和行动的全面融合，旨在解决贫困城市地区的多方面问题，以改善其经济、自然、社会和环境条件（Ercan，2011[4]）。相比之下，Urban Redevelopment 更具体、规模更小，是指将已经存在用途的任何建筑，例如将一栋联排别墅重建为大型公寓楼（Sousa，2008[5]）。Urban Rehabilitation 是将建筑物恢复到良好的状态、运作或容量（Zuckerman，2005[6]）。Roberts 等（2000）[7] 在其著作《城市更新》一书中将 Urban Regeneration 定义为"全面和整合的视角和行动以寻求解决城市问题，并且给一个可以改变和给予提升机会地区的经济、物理、社会和环境情况带来提升"。

国内学者对"城市更新"这一概念的使用最早可追溯到 20 世纪 80 年代。比如，叶耀先（1986）[8] 在理论层面，对城市更新的核心目标、主要方法和推动力量，以及如何调

① 彼得·罗伯茨，休·塞克斯 . 城市更新手册 [M]. 北京：中国建筑工业出版社，2009.

② HELEN WEI ZHENG，GEOFFREY QIPING SHEN，HAO WANG. A Review of Recent Studies on Sustainable Urban Renewal[J]. Habitat International，2014，41（1）：272-279.

③ COUCH C，SYKES O，BORSTINGHAUS W. ThirtyYears of Urban Regeneration In Britain，Germany and France：the Importance of Context and Path Dependency[J]. Progress in Planning，2011，75（1）：1-52.

④ MÜGE AKKAR ERCAN. Challenges and Conflicts in Achieving Sustainable Communities in Historic Neighbourhoods of Istanbul[J]. Habitat International，2011，35（2）：295-306.

⑤ SOUSA C D. Brownfields Redevelopment and the Quest for Sustainability[J]. International Journal of Climate Change Strategies & Management，2008，1（2）：23-65.

⑥ MARVIN Z. Psychobiology of Personality[M]. London：Cambridge University Press，2005：77.

⑦ ROBERTS P，SYKES H. Urban Regeneration：A Hand-book[M]. London：Sage Publications Ltd，2000.

⑧ 叶耀先 . 城市更新的理论与方法 [J]. 建筑学报，1986（10）：5-11，83.

查和评估城市的老化程度和如何编制、实施城市更新规划等关键问题进行了阐述。谈锦钊（1989）[①] 在比较城市更新与城市扩展时指出，城市更新是一种内涵式发展，旨在通过拆除老旧损坏、严重阻碍城市发展的建筑物，以新建的建筑物、街区和公园来改善经济、社会条件和生态环境。相比之下，城市扩展则是一种外延式发展。刘俊（1998）[②] 强调，城市更新并不仅是简单的住宅改造，而是需要深思熟虑的重建方式。他认为城市更新是在科学预见的基础上，解决城市发展根本矛盾的重要手段。通过有效地改善老化市区，使其具备现代化的都市品质，从而解决城市发展的根本问题。王如渊（2004）[③] 指出，由于实践的影响，城市更新在不同时期表现出不同的特征，理论研究也有所侧重。在城市更新的初创时期，研究主要集中在物质层面，以西欧个别国家为主，主要对城市建设进行反思并提出简单的改造计划。到了 20 世纪初至"二战"末期，各国城市更新实践受到战争影响，研究主要是一些个别地区的改造报告。"二战"以来，城市更新实践广泛开展，研究成果也十分突出。在这个时期，城市更新的理论研究得到了加强，特别强调了对人居环境的重视。研究涉及的学科领域也从单一的规划学拓展到了地理学、社会学和经济学等多个领域 [④]。

我国学者陶希东对"城市更新"的定义是：在城市发展的不同阶段，为解决各种问题，如经济衰退、环境脏乱差等，由政府、企业、社会组织、民众等多方利益主体共同参与，对衰退区域如城中村、街区等进行拆除重建、旧建筑改造等措施，旨在改善城市环境、经济结构和社会结构，构建有活力、公平健康城市的综合战略行动。

我国城市更新领域众多实践人士和学者认为，城市更新也就是国内俗称的"三旧"（旧城镇、旧厂房、旧村庄）改造。

《上海市城市更新条例》中指出，城市更新是指在城市建成区内进行的一系列持续改善城市空间形态和功能的活动。这些活动包括加强基础设施和公共设施建设，提高超大城市的服务水平；优化区域功能布局，塑造新的城市空间格局；提升整体居住品质，改善市民的生活环境；加强历史文化保护，塑造独特的城市风貌；以及其他由市政府认定的重要城市更新活动。

我们也可以从"空间改造—功能升级—文脉传承"的三层视角，来理解城市更新的

① 谈锦钊. 试论城市的更新和扩展 [J]. 城市问题，1989（2）：12–18，6.
② 刘俊. 城市更新概念·模式·推动力 [J]. 中外建筑，1998（2）：7–9，6.
③ 王如渊. 西方国家城市更新研究综述 [J]. 西华师范大学学报（哲学社会科学版），2004（2）：1–6.
④ 梁城城. 城市更新：内涵、驱动力及国内外实践——评述及最新研究进展 [J]. 兰州财经大学学报，2021，37（5）：100–108.

内涵。城市更新与传统意义上的城市"建造"有所不同，它更注重"营造"的内涵。与物理空间的拆改和大拆大建相比，城市更新不仅关注物理性结构的搭建，如建筑和设施的建设，还重视社区网络体系的维护等无形要素。简而言之，城市更新更加注重软件和硬件的兼顾。基于"营造"的概念，城市更新包括相互有机联系的三个层级：第一个层级是空间改造，第二个层级是功能升级，第三个层级是文脉传承。其中空间改造是表层的，也是功能升级和文脉传承的物质基础；功能升级包括生产、生活、生态功能的升级，也就是"三生空间"的升级；而文脉传承包括历史文化保护、以人为本、多元包容、环境友好等多个方面。美国著名城市规划师简·雅各布斯（Jane Jacobs）说过，"建筑需要人性的尺度"。建筑是功能的载体，而功能是为人服务的。有了城市文脉的传承，城市更新在"空间改造—功能升级"中才不会迷失方向，城市才有了灵魂[①]。

在城市更新的第一个层级 – 空间改造上，应从以下方面进行认识：第一，在更新对象上，既包括中观层面的城市国土空间，也包括微观层面上的社区空间和建筑空间。第二，在方法手段上，以改造为主，以新建和拆建为辅。"改造"，顾名思义，以物理结构的改变为主，但为了实现整体空间优化，局部的新建和拆建是必要的，只要避免"大拆大建"。比如在《上海市城市更新条例》中，明确包括"留改拆"等不同形式。第三，空间改造应避免"贪大、媚洋、求怪"，而应多关注空间改造的功能实用性、经济持续性和结构均衡性。在城市更新实际项目中，因为陷入技术主义误区而导致项目失败的案例很多，应引以为戒。第四，可通过城市设施的跨社区、跨行政区的资源共享，实现资源的优化配置。

在城市更新的第二个层级—功能升级上，应注意以下几点：

第一，在不同功能的关系上，生活、生产、生态"三生空间"的功能提升缺一不可，必须兼顾，否则就会陷入有城无市或城市发展不可持续的死胡同。

第二，在生活功能上，基于需求现状、需求潜力和供给能力分析，找到住房、交通、学校、文化、医疗设施等生活设施的类型短板、数量短板和质量短板，提升生活设施更新的针对性。

第三，生产功能是其他两大功能的支撑体系和经济基础。根据库兹涅茨定理，随着经济社会的发展，城市第三产业在国民收入当中以及在就业当中的占比都会不断提升。因此，应顺应产业结构变化趋势，并基于城市现实以及潜在的比较优势，以城市更新为契机，更好地满足服务业发展对城市空间提出的功能需求。此外，不应盲目过分追求第

---

① 陈云. 城市更新的深刻内涵与实践路径——超大城市如何迈向理想之城 [J]. 国家治理，2021（43）；30–37.

三产业占比的提升，不能忽视制造业等城市第二产业的发展，应重视以城市更新促进城市实体经济发展，特别是促进比较优势强、技术附加值高、绿色低碳、促进产业链健全的城市第二产业的发展。

第四，生态功能决定了城市能否实现人与自然的和谐共生和可持续发展。在全球气候变化、水资源短缺、环境恶化的背景下，以城市更新为契机提升城市生态功能具有尤为重要的现实意义。国家"双碳"目标是中国对世界的庄重承诺，也是中国在关乎人类前途命运的问题上所体现出来的大国责任担当。城市"双碳"目标是国家"双碳"目标的重要构成，也在城市更新的理论研究、政策编制、实践工作中越来越多地得到体现。具体来说，在城市更新中的项目环评、景观绿化、既有建筑绿色改造、绿色基础设施、绿色城市物业、海绵城市、"碳捕捉"设施等城市更新的各个环节，都能体现城市"双碳"目标和措施。

第五，在城市更新过程中，保证地区的基本安全功能并消除危险因素是实现改造的基本前提。传统居住聚集区往往存在街道狭窄、房屋密集、缺乏绿地、建筑质量差和基础设施落后等问题，这些因素可能带来安全风险。因此，城市更新需要在剔除这些风险的基础上制定规划建设方案，以确保科学合理地更新改造[①]。基于安全视角的城市更新，除了要重视对交通等日常人身安全事故多发地点的重新设计和建设外，也要适应当前世界范围内高温、洪涝等自然灾害频发的特点，兼顾灾害缓冲避难设施建设和日常韧性建设，做好安全风险防范。

在城市更新的第三个层级—文脉传承上，直接决定了城市更新是否有"灵魂"。比如，《上海市城市更新条例》中明确规定，城市更新包括加强历史文化保护、塑造城市特色风貌；其中城市更新指引的编制原则中也明确包括"注重历史风貌保护和文化传承，拓展文旅空间，提升城市魅力"，我国其他省份和城市的城市更新条例或管理办法中，也都特别强调文脉传承。应该说，从20世纪80年代西方国家的"城市再造"开始，各国城市更新一直有对其历史文化传承的考虑，但我国能够将文脉传承置于城市更新中如此重要的位置，是与多年来城市建设中对历史文脉的保护和传承不够、历史欠账多有重要关系的。为了更好地实现城市更新的文脉传承功能，应加强对城市历史文化脉络的深度梳理挖掘，避免"大拆大建"，重视修旧如旧，重视公众的文化参与，增加政府对文化保护的资金投入，建立历史文化保护传承体系三级管理机制，建立标准规范和监督机制。

---

① 董君，高岩，韩东松.城市安全视角下的旧城有机更新规划——以天津西沽地区城市更新为例 [J].规划师，2016，32（3）：47-53.

1.2.2　城市更新的性质和价值逻辑

1. 城市更新的性质

城市更新的性质可以从目标、对象选择、手段选择和过程四个方面来阐述 [①]。

（1）从目标方面：城市更新是城市规划中主动创造良好环境的重要环节。简单来说，城市更新的目标是营造一个优越的城市环境。这个环境既包括物质环境，如建筑和设施等硬件，也包括心理、社会和文化等人文环境，以及软件环境。

（2）从对象选择上：城市更新是对城市中建成地区不理想环境的改造行动。一般会以城市中心衰败地区为城市更新的对象。城市更新以对存量建筑和设施的优化为主，但也涉及必要的增量扩张。

（3）从手段选择上：城市更新不仅局限于重建、整建、维护等实质性的行动，而是采用多种手段来改善现有的不良环境。由于目标对象的多样性，城市更新的手段也各不相同。因此，需要根据具体情况选择合适的手段来实现城市更新的目标。

（4）从过程来看：城市更新是永无止境的，随着要素条件和内外环境的变化，"新的"也会变成"旧的"，变得不合时宜。只要城市生存和成长，城市更新就会一直持续。

此外，从本质上来看，城市更新是对各参与方有关权益的再次分配。城市更新事实上体现了更新过程中制度决定的社会生活中权利和利益分配的均衡性。城市更新中利益划分比起新开发区要复杂得多，会直接或间接导致利益相关者之间利益关系的重构。

2. 城市更新的价值逻辑

城市更新行动和措施背后的深层根源，是其所遵循的价值逻辑。单纯追求经济增长、看重结果的价值取向，还是兼顾过程和公平的价值取向，对城市更新的表现形式和实施结果会产生截然不同的影响。

（1）增长主义的价值逻辑

把经济增长作为工作的出发点和目标，所有制度安排和政策实践最终目标都是经济增长。在实践中表现为，把量化的 GDP 指标作为考核工作的核心，提高 GDP 的增长速度，扩大经济总量。从城市发展的角度上看，城市增长的逻辑则表现在激烈的城市竞争环境中，地方政府为了获取更多的发展资源和发展机会以促进城市经济增长，积极推行了各种各样的营销战略，从而将促进经济增长、提高城市竞争力和吸引外来投资放在首

---

① 陈晟. 中国城市更新理论与实践 [M]. 北京：中国建筑工业出版社，2009.

要位置。换言之，城市空间开发机制是服务于经济增长结果的"好"。

从其影响上看，增长主义的逻辑反映了：①经济增长被视为发展的唯一目标，而忽视了社会综合要素的提升；②在实践中，"增长主义"倾向无法有效解决社会矛盾和风险；③短期政策工具被过度依赖以刺激经济增长，长期发展目标被忽视；④过度倚重行政力量。

增长主义本质上反映了源自功利主义强调结果的"好"来规范制度正当性的伦理逻辑，也就是制度服务于增长的结果，而不是合理划分社会主体在政治、经济方面的权利和利益，从而导致过度追求经济结果而制约了社会的可持续发展。

20世纪90年代之前我国的城市更新多是改善住房条件和重建城市破旧的内城环境，其本质是一种福利特征的价值取向。而20世纪90年代之后的社会经济转型最大程度上释放了限制城市空间重构的约束，城市更新在多种因素推动下表现出了完全不同的特征。城市更新的价值取向偏重经济增长，主要追求经济回报；其次，房地产开发模式下的城市更新成为常态，且主要采用重构城市物质环境的方式，实现大规模、短期、高强度的内城整体再开发。

增长主义的理论基础是功利主义角度的公正理论。功利主义的逻辑观点是服务于社会福利最大化观点，仅考虑增长总量和结果的公正性，并不考虑增长过程和增长分配的公正性。大多数人最大利益——效用最大化观点，成为功利主义的一个基本信条。功利主义是把行为（公共政策行为）的"善"与否建立在其行为结果是否能提高整体福利的学说之上。

（2）包容性增长的价值逻辑

"包容性增长"译自英文"Inclusive Growth"，也译为共享式增长。此概念是经济学家对经济增长和经济发展认识的深化，是发展经济学关于发展观的新理念。机会平等是包容性增长的关键要素，需要强调增长过程中的可持续性，不仅是自然环境的可持续，同时还应该是社会环境的可持续性。增长过程中应该通过减少和消除机会不平等来促进社会公平和增长的共享性。包容性增长的概念旨在避免传统经济概念中对增长的片面理解，对增长概念加以说明和限定，强调增长不再是局限在经济增长和资本积累方面，而应该是从综合发展的角度，考虑社会经济环境。

世界银行增长与发展委员会在2008年从发展战略的角度对包容性增长的概念进行了总结，涵盖了三个方面：一是促进高速、高效和可持续的经济增长，以创造尽可能多的就业和发展机会；二是确保人们平等地获得机会，并提倡公平参与；三是确保人们能得到最低限度的经济福利。

章征涛、李和平（2021）[1] 认为包容性增长的概念应该具有两个重要维度：其一是对增长的认识；其二是对增长行为的正当性认识。①增长，包容性增长的思路是强调增长，同时对增长本身提出要求，即是否是高效、可持续的增长方式。换言之，增长所涉及的内容不仅仅是经济增长的单独要素，而是综合的多元增长，即社会经济环境的综合增长。②公正，包容性增长包含平等、增长成果共享、关注弱势群体等含义。包容性增长具有对增长过程"正当性"的要求，认为增长过程需要公正地考虑政治权利和经济利益的分配。

总之，包容性增长是对传统意义上经济增长概念的反思，而强调社会公正的增长成为其关键所在。包容性经济增长的理论基础是义务论角度的公正理论。义务论主要基于自由主义契约论，其最具有影响的涉及三个理论，分别对应着以诺齐克为代表的古典自由主义公正观、罗尔斯公正观、德沃金"资源的平等"公正观。

1.3　我国城市更新的四个阶段

1. 第一阶段（2009—2010 年）

在学习西方城市发展经验的基础上，探索中国城市更新的模式，同时对产业创新有了较高的关注。

2. 第二阶段（2011—2012 年）

城市更新主要关注对历史文化的保护和传承，城市中的历史建筑也受到极大的关注，研究的重点开始从物质层面向精神层面转变。

3. 第三阶段（2013—2018 年）

城市更新开始向多元化发展，广东的"三旧改造"成为城市更新中特有的改造模式，城市规划的模式由增量开发向存量规划转变，街区、社区等小尺度的改造也开始在城市更新中变得越来越普遍。

---

① 章征涛，李和平. 包容性城市更新——理论建构和实现途径 [M]. 北京：中国建筑工业出版社，2021.

4. 第四阶段（2019 年至今）

中国城市更新领域的理论研究成果显著增多，城市更新的理论探索逐步走向精细化，呈现出重视政策与制度建设，倡导城市"微更新"和"有机更新"，提倡通过城市更新提升城市治理水平，激发基层参与，注重城市更新的经济、社会、生态等综合效益相结合的发展态势。

以上主要是针对城市更新进入存量时代之后的阶段划分，事实上，从新中国成立到 2009 年之前，我国一直进行着广义上的城市更新活动。其中，从新中国成立到 1978 年，城市建设的侧重点在于旧城改造、旧房危房翻新维修以及解决城市职工家庭住房问题。改革开放后到 1989 年，这一时期的城市更新和旧城改造主要表现为统筹规划、分期建设、强化立法和多渠道融资。从 1990 年到 2009 年，我国以房地产开发为导向进行城市更新。

1.4 我国城市更新的现状和问题

1.4.1 我国城市更新现状

2019 年 12 月召开的中央经济工作会议明确提出"城市更新"，并于 2021 年 3 月首次写入《2021 年政府工作报告》和《中华人民共和国国民经济和社会发展第十四个五年规划和 2035 年远景目标纲要》之中，至此"城市更新"开始上升至国家战略层面，并正式全面推开。

2021 年 11 月 4 日，住房和城乡建设部办公厅印发《关于开展第一批城市更新试点工作的通知》，决定在北京等 21 个城市（区）开展第一批城市更新试点工作。针对我国城市发展进入城市更新重要时期所面临的突出问题和短板，严格落实城市更新底线要求，转变城市开发建设方式，结合各地实际，因地制宜探索城市更新的工作机制、实施模式、支持政策、技术方法和管理制度，推动城市结构优化、功能完善和品质提升，形成可复制、可推广的经验做法，引导各地互学互鉴，科学有序实施城市更新行动。

2022 年 11 月 25 日住房和城乡建设部办公厅下发了《关于印发实施城市更新行动可复制经验做法清单（第一批）的通知》，提炼出一年来各地城市更新的创新模式和措施，向全国推广经验。

为复制推广各地已形成的好经验好做法，扎实有序推进实施"城市更新"行动，提高城市规划、建设、治理水平，推动城市高质量发展，2023 年 7 月 5 日住房和城乡建设部网站公布了《关于扎实有序推进城市更新工作的通知》。通知提出坚持城市体检先行、发挥城市更新规划统筹作用、强化精细化城市设计引导、创新城市更新可持续实施模式、明确城市更新底线要求。要求健全城市更新多元投融资机制，加大财政支持力度，鼓励金融机构在风险可控、商业可持续的前提下，提供合理信贷支持，创新市场化投融资模式、完善居民出资分担机制，拓宽城市更新资金渠道。建立政府、企业、产权人、群众等多主体参与机制，鼓励企业依法合规盘活闲置低效存量资产，支持社会力量参与，探索运营前置和全流程一体化推进，将公众参与贯穿于城市更新全过程，实现共建共治共享。坚持"留改拆"并举，以保留利用提升为主，鼓励小规模、渐进式有机更新和微改造，防止大拆大建。坚持统筹发展和安全，把安全发展理念贯穿城市更新工作各领域和全过程，加大城镇危旧房屋改造和城市燃气管道等老化更新改造力度，确保城市生命线安全，坚决守住安全底线。

总体来说，我国城市更新已经取得了显著进展，成为国家战略的一部分。随着我国经济发展和人民生活水平的提高，城市更新行业具有广阔的发展前景。城市更新有助于提升城市功能和形象，改善居民居住环境，促进经济发展。未来，我国城市更新将继续加大力度，推动城市空间结构的优化和品质的提升，为人民群众创造更美好的生活环境。

1.4.2　我国城市更新面临的问题

1. 城市更新的制度架构尚不健全，难以满足制度化的更新需求

从制度层面来看，尽管有《城市规划条例》《城市房屋拆迁管理条例》《中华人民共和国城乡规划法》等法律法规为城市更新提供了一定的制度保障，但目前尚未形成一个完整的国家层面的城市更新制度体系。特别是作为制度体系基础的法律层面，我国仍未出台一部专门的以城市更新为主题的法律。部分城市仅制定了关于城市更新的地方性法规，如 2021 年深圳市颁布的《深圳经济特区城市更新条例》，这是首个针对城市更新的地方性法规。《深圳经济特区城市更新条例》规定，当旧住宅区人数和面积达到双 95% 时，可以启动个别征收；城中村只要签约人数达到 95%，也可以启动个别征收。其他地方如广州市和辽宁省也分别发布了《广州市城市更新条例（征求意见稿）》

和《辽宁省城市更新条例》，强调规划和标准的引领作用。这些法规反映了不同城市在更新政策上的差异，体现了城市更新的地方性和区域性特点。然而，这也反映出各城市对城市更新概念和内涵的认识存在碎片化，缺乏统一性。

目前，除了《中华人民共和国城乡规划法》和《国有土地上房屋征收与补偿条例》等相关法律法规中少量涉及旧城区改建的内容外，国家层面尚未出台专门针对城市更新的法律法规。城市更新的相关政策往往仅以"指导意见"或"工作通知"的形式发布。由于缺乏法律基础，城市更新的制度架构整体上并不完整，难以满足城市更新的实际制度需求。

2. 城市更新居民参与度较低，多元主体协同机制尚未建立

从更新主体角度来看，我国城市更新正在从单一政府主导向多主体参与转变。尽管2020年国务院办公厅发布的《关于全面推进城镇老旧小区改造工作的指导意见》提出了居民自愿参与的基本原则，但"多主体合作"在我国仍处于起步阶段。我国的城市更新正在从"拆旧建新模式"日益转向"存量提升模式"。在"拆旧建新模式"下，棚户区改造与房地产开发相似。然而，"存量提升模式"下的老旧小区改造在参与主体、建设方案、实施路径等方面与拆旧建新模式存在较大差异，特别是在参与主体多元化方面的差异更为显著。实施成功的城市更新项目需要管理主体、实施主体和产权主体三者的紧密配合与协同。在我国，城市更新项目的实施通常由管理主体——政府部门主导并实施，多主体的参与度较低，尤其是作为产权主体的居民参与度较低，更缺乏多主体之间的协同合作机制。

3. 现有城市更新对财政依赖过重，市场化的资金注入缺乏动力

从资金来源的角度看，当前以老旧小区改造为主的城市更新项目资金来源过于单一，过度依赖财政支持。在房地产市场化的阶段，以商业开发和去工业化为特点的"拆迁式更新"主要依靠拆迁异地安置、新建房屋容积率提高等带来的市场收益来吸引企业投资。而在以住房保障为主要目标的棚户区改造规模化阶段，主要依靠政策性的抵押补充贷款（PSL）支持。在棚户区改造的集中期，即2015—2018年，每年棚户区改造的新开工量都在600万套以上，与此相对应的是，抵押补充贷款（PSL）每年新增都在6000亿元以上。然而，在以老旧小区改造为主的城市更新阶段，居民的投入意识不强，商业收益不明显，导致社会资本的投入意愿较低，进一步加重了对财政资金的依赖。尽管2019年的《中央财政城镇保障性安居工程专项资金管理办法》已将老旧小区改造纳入城镇保障性安

居工程，并由中央财政提供专项资金支持，但随着城镇化的发展，城市更新的规模将不断扩大，单纯依靠财政投资很难持续。

4. 绿色低碳理念的落地抓手不足，绿色低碳实践效果欠佳

国家层面，2016 年《关于深入推进城镇低效用地再开发的指导意见（试行）》提出了创新、协调、绿色、开放、共享的发展理念。2020 年国务院办公厅《关于全面推进城镇老旧小区改造工作的指导意见》要求在城镇老旧小区改造中同步开展绿色社区创建。地方层面，深圳市在 2012 年发布的《深圳市城市更新办法实施细则》中明确要求城市更新项目应遵循集约用地、绿色节能、低碳环保的原则。广州市在 2015 年颁布的《广州市城市更新办法》中提倡节能减排，推动低碳绿色更新。上海市在 2015 年发布的《上海市城市更新实施办法》中强调了改善生态环境和加强绿色建筑、生态街区建设的重要性。北京市在 2021 年发布的《北京市人民政府关于实施城市更新行动的指导意见》中明确提出要打造安全、智能、绿色低碳的人居环境[①]。目前，绿色低碳城市更新仍处于理念阐述阶段。尽管在政策规范方面已经做出了一些努力，但尚未形成系统性强、指导性明确的法规和标准。地方规范也存在系统性不足、可实施性差等问题，导致更新缺乏明确的指导原则。近年来，"有机更新"的理念与实践在我国受到广泛推崇。然而，许多城市更新项目仍然存在大拆大建、忽视城市内涝和绿色低碳治理等问题，导致更新的可持续性较差，更新区的全面振兴难以实现。此外，绿色低碳城市更新的实践缺乏系统性，未能运用体系化的手段对更新区的各种要素进行全局性的规划和全面的绿色低碳升级。

5. 城市更新中出现"绅士化"倾向

与城市更新不同，"绅士化"通常被作为一个批判现象来分析城市更新中人口变化和社会空间重构，它反映的是城市更新破坏了街区原有的秩序，并且驱逐了当地居民，推动了社会阶层的进一步替换和隔离。西方国家城市更新中的"绅士化"现状尤为突出，也引发了诸多理论和实践反思。当前我国城市更新中也出现了较为明显的阶层替换情况，需要加以警觉。

---

① 董昕. 我国城市更新的现存问题与政策建议 [J]. 建筑经济，2022，43（1）：27-31.

1.5　城市更新的研究现状

城市更新是一种将城市中已经不适应现代化城市社会生活的地区作必要的、有计划的改建的活动。《中共中央关于制定国民经济和社会发展第十四个五年规划和二〇三五年远景目标的建议》中明确提出，实施城市更新行动。城市更新作为全球性的运动和城市发展策略，是一个不断发展的进程，持续不断地受到国内外政府和社会各界的关注。

1.5.1　国外关于城市更新的研究

国外学者对于城市更新方面的相关研究起步较早，其研究热点主要包括"绅士化"、可持续发展、创意城市与城市更新、社区更新与收缩城市等方面。Lees（2008）[1]认为中产阶级的"绅士化"者追求的是差异和不同，他们倾向于自我孤立和缺乏包容度，"绅士化"实际上是在复仇主义意识形态下对旧城的侵略和重新殖民，因此他对建立包容性城市的城市更新政策的目标表示质疑。Wang 等（2014）[2]构建了支持城市更新的可持续场地规划决策模型系统，并代入实例分析以体现决策因素理论与现实的差异。Pratt（2008）[3]批判性地审视创意阶层是否扮演城市更新的角色，认为创意产业并不一定能促进城市更新，建议政策制定者将创意产业作为一个连接生产与消费、制造业与服务业的对象来关注，会取得更成功的更新效果。在收缩城市的规划应对方面，Victoria（2013）[4]认为住房衰退导致社区人口减少，并从住房市场条件、业主对住房的物理忽视、居民的社会经济条件以及财政情况四个方面构建了预测住房衰退的评价指标体系，并提出应对衰退住房被遗弃的预防措施。在城市更新财政政策方面，M.G.Lloyd 等（2002）[5]提出了在城市更新中常用的基于税收的两种范式，将美国在城市更新中的财政奖励措施经验作为第二种范式的一个例子，来介绍它对英国实行的管理制度的政策创新的影响。

---

① LEES L. Gentrification and social mixing: towards an inclusive urban renaissance? [J]. Urban Studies，2008，45（12）：2449–2470.

② WANG H，SHEN Q，Tang B S，et al. A framework of decision making factors and supporting information for facilitating sustainable site planning in urban renewal projects[J]. Cities，2014，40：44–55.

③ PRATT A C. Creative cities: the cultural industries and the creative class[J]. Geogra fiska Annealer: Series B，Human Geography，2008，90（2）：107–117.

④ VICTORIA CHANEY M. Empty Neighborhoods: Using Constructs to Predict the Probability of Housing Abandonment[J].Housing Policy Debate，2013，23（3）：469–496.

⑤ M.G. LLOYD，易海贝. 美国城市更新中的财政奖励措施 [J]. 国外城市规划，2002（3）：14–17.

1.5.2　国内关于城市更新的研究

国内学界从城市更新治理、动力机制和实现路径、利益相关者和公共参与、既有政策和制度分析、城市更新规划、城市更新项目的评价、城市更新的财税政策、案例研究等方面对城市更新进行了研究。

1. 关于城市更新中公共治理的研究

朱海华、陈柳钦（2021）[①] 提出，城市更新中的公共治理是指政府在推动城市更新的过程中，应致力于保护公共利益，并吸纳市场主体和社会组织等多方社会力量共同参与城市建设，以实现城市更新领域的有序推进。同时，他们以深圳市为例，深入分析了该市在城市更新中构建的多元互动机制及相关制度，其中包括"政府—市场主体—权利主体—公众"等多个参与主体。李璐颖、江奇、汪成刚（2018）[②] 基于 2018 年《广州市城市更新片区（项目）方案编制、审查与控规调整流程指引》中关于城市更新与控制性详细规划的协调、衔接的实践指导，探讨了城市更新与法定规划体系之间存在的协调难题。他们以南沙湾地区控制性详细规划修编作为实证研究对象，试图寻找控制性详细规划编制过程与城市更新之间的确定性"锚点"，并提出了优化治理的建议。

2. 关于城市更新动力机制和实现路径的研究

冯丽（1996）[③] 认为，城市更新应以城市整体环境为出发点，消除不利因素，旨在提高城市综合效益，推动城市向更加有利和高效的方向发展。Roberts 等（2000）[④] 认为，城市更新的内在驱动力或原因主要来自四个方面：经济的转型和就业的变化、社会和社区问题、城市物理构造过时以及新的土地和财产需求、环境质量和可持续发展的需求。沈体雁（2021）[⑤] 提出，URE 模型将城市更新的逻辑从土地资本驱动的空间生产转变为社会资本驱动的社区建设，使得参与式、综合性和可持续的城市更新成为可能，主要涉及五个方面的转变：一是前提假设的转变，从有限的空间和市场容量的假设转变为更加开放的视角；二是驱动力从土地资本转向社会资本；三是参与主体从房地产开发商转

① 朱海华，陈柳钦 . 城市更新中的公共治理研究——以深圳市为例 [J]. 中国名城，2021，35（11）：10.
② 李璐颖，江奇，汪成刚 . 基于城市治理的城市更新与法定规划体系协调机制思辨——广州市城市更新实践及延伸思考 [J]. 规划师，2018（S2）：7.
③ 冯丽 . 城市更新再认识 [J]. 北京建筑工程学院学报，1996，12（1）：5.
④ ROBERTS P，SYKES H. Urban Regeneration：A Hand book[M]. London：Sage Publications Ltd，2000.
⑤ 沈体雁 . 城市更新引擎模型及其应用 [J]. 中国房地产，2021（26）：5.

向社会企业；四是运动机制从房地产开发过程转变为城市更新过程；五是更新方式的变化。陈云（2021）[①]提出，城市更新应促进空间改造、功能升级和文脉传承的有机联动，以解决传统城市建设中生产、生活、生态三大功能的失调和失衡问题。借鉴东京六本木和首尔清溪川改造项目的成功经验，城市更新应坚持社区营造的理念，除了商业资本和政府资本的介入，实现社区自组织的积极参与，提升政府和居民之间的对话能力和协同治理水平，最终迈向"理想之城"。秦虹（2021）[②]提出，为适应城市发展模式转型，应摒弃传统的大拆大建房地产开发方式，转向有机更新。对于"三区一村"政策路径，她进行了深入剖析，具体包括：改造老旧小区，侧重于发展社区便民服务，并分基础、提升和完善三个方向进行改造；改造老旧厂区，将"工业锈带"转型为"生活秀带"、双创空间、生活产业空间和文化旅游场地；改造老旧街区，促使商业步行街、文化街、古城古街成为市民消费升级的载体，以及发展新型文旅商业消费的集聚区；最后还需改造一批老旧楼宇。这些措施旨在促进城市的有机更新和可持续发展。黄凌翔、罗培升、陈竹（2021）[③]运用空间分析和多元聚类法方法，基于价值捕获理论探讨了建立符合中国现行制度的城市更新模式。该模式旨在识别可行的城市更新项目，明确其优先序，并实现城市更新的财政可持续目标。从价值捕获的视角，城市更新项目被分为价值捕获型、难价值捕获型和增值不显著型。他们提出了有效识别价值捕获型项目和非价值捕获型项目的方法，并明确了各项目的实施顺序。张松（2021）[④]强调，"大拆大建"的城市更新方式引发了城市生态和社会文化的不可持续性问题。市场主导的历史风貌保护项目有其特色，但也需要改进。为推动城市的有机更新，我们需要摆脱对"旧改"路径的依赖，通过积极保护城市历史文化来实现这一目标。通过统筹规划、整合资源、市民参与和综合治理，完善城市保护更新的实施管理机制，并创新城市更新的实施路径。唐斌、阳建强（2022）[⑤]对韩国低碳绿色城市更新的概念内涵、研究进展和指标体系进行了梳理分析，通过清州案例介绍了韩国低碳绿色城市更新规划的内容、指标和技术体系，以及碳排放量计算的逻辑方法等。结合韩国经验，提出了绿色低碳城市更新的实现路径。

———————————————

[①] 陈云 . 城市更新的深刻内涵与实践路径——超大城市如何迈向理想之城 [J]. 国家治理，2021（43）：30-37.

[②] 秦虹 . 城市更新与产业升级共生 [J]. 中国房地产（市场版），2021（9）：8-13.

[③] 黄凌翔，罗培升，陈竹 . 价值捕获与财政可持续的城市更新模式——天津市的实证分析 [J]. 中国土地科学，2021，35（10）：10.

[④] 张松 . 积极保护引领上海城市更新行动及其整体性机制探讨 [J]. 同济大学学报：社会科学版，2021，32（6）：71-79.

[⑤] 唐斌，阳建强 . 绿色低碳城市更新：韩国经验与启示 [J]. 中国园林，2022，38（1）：5.

3. 关于利益相关者和公众参与的研究

朱洪波（2006）[①] 分析了城市更新中的利益平衡逻辑非均衡、诱因及其导致的后果，并从政策层面上给出实现城市更新利益关系由非均衡向均衡转变的相关结论和建议。黄静等（2015）[②] 在对比美国各城市和上海城市更新的实践后指出，上海应以建立旧区居民、政府和开发商的三方合作伙伴关系模式（PPPs）作为未来改进城市更新模式的主要目标。赵峥、王炳文（2021）[③] 指出多元参与是推进城市更新的基础与保障，具有多重现实价值，有利于形成"共建"效应和"共享"效应。发达国家在城市更新进程中形成的注重平衡多元主体利益需求、多元主体合作开发、横向协同组织领导等经验值得我们借鉴。建议完善鼓励和支持多元参与的法律法规、多级联动组织领导体系、多渠道协商沟通平台、多样化激励引导措施，推动高水平城市更新。王磊、舒佩（2021）[④] 指出，由多个权利主体形成的多主体参与，是城市更新活动中的一种"常态"，但现实中多主体城市更新项目相比于单一主体项目往往面临更多的操作难题。他们从上海城市更新实践出发，列举多主体参与城市更新的主要动因与类型，剖析操作层面存在的主要问题，揭示基层政府的决策困境，进而提出实现多主体有效参与的政策建议。

4. 关于城市更新制度政策的研究

刘贵文等（2017）[⑤] 以深圳市城市更新政策为例，从基本政策工具、更新活动领域、更新活动类型等三大方面来构建更新政策评价模型，以此来分析城市更新政策工具的矛盾和不足，并针对未来城市更新政策制定提出了完善建议。唐婧娴（2016）[⑥] 对广州的"三旧"改造效果和政策变化展开论述，并对比深圳、佛山两地的制度设计和政策模式，讨论在强政府主导模式、政府"守夜人"模式及政府补贴市场模式中，政府与市场的关系，以及这种关系在城市更新中对城市空间发展、城市整体发展产生的影响。孟昭

① 朱洪波. 城市更新：均衡与非均衡——对城市更新中利益平衡逻辑的分析 [J]. 兰州学刊，2006（10）：3.
② 黄静，王铮铮. 上海市旧区改造的模式创新研究：来自美国城市更新二方合作伙伴关系的经验 [J]. 城市发展研究，2015，22（1）：86-93.
③ 赵峥，王炳文. 城市更新中的多元参与：现实价值，主要挑战与对策建议 [J]. 重庆理工大学学报：社会科学，2021，35（10）：7.
④ 王磊，舒佩. 多主体参与城市更新的障碍与政策建议——以上海市为例 [J]. 城乡规划，2021（5）：43-49.
⑤ 刘贵文，易志勇，魏骊臻，等. 基于政策工具视角的城市更新政策研究：以深圳为例 [J]. 城市发展研究，2017，24（3）：47-53.
⑥ 唐婧娴. 城市更新治理模式政策利弊及原因分析——基于广州、深圳、佛山三地城市更新制度的比较 [J]. 规划师，2016，32（5）：7.

凌（2021）[①] 指出，全国首部城市更新地方立法《深圳经济特区城市更新条例》确立的"个别征收 + 行政诉讼"模式是破解"搬迁难"的法治手段，并从若干典型案例，探寻制度下的实践路径。陈雪莹、段杰（2024）[②] 梳理了英国实现混合用途城市更新的制度背景与政策框架，并以大伦敦地区为例分析阐明近二十年来地方政府促进混合用途开发的政策目标转向、使用的关键政策工具和构建的治理结构。探讨了混合用途城市更新实践中面临的具体困境，以伦敦帕丁顿地区重建为例阐释了混合用途城市更新实践受阻的原因和应对策略。并从规划决策制度、规划实施管理和复合空间功能协调机制三个方面入手，总结英国混合用途城市更新的实践经验。赵万民、李震、李云燕（2021）[③] 利用统计学、文献计量以及可视化分析等方法，对现有研究成果进行全面梳理，剖析研究趋势和特点。认为城市更新经历了从"追求效益"转向"价值承载"的内涵演变、从"范畴笼统"走向"对象聚焦"的视域内容转换、基于"争鸣和共识"的平行细化的多维视角交叉、基于"实施和主体"持续分异的路径转换和强调"应用情景"等多方面转变。剖析城市更新在制度供给和产权挑战方面的难点，展开未来城市更新面对制度供给与产权挑战的协同思考。杨保军（2021）[④] 对"十四五"规划纲要等与城市更新相关的现行国家相关政策进行了分析，指出实施城市更新行动，旨在推动解决城市发展中的突出问题和短板，提升人民群众获得感、幸福感、安全感，并强调城市更新的内涵日益丰富，与"三旧"改造不能等同。

5. 关于城市更新规划的研究

在城市更新规划研究方面，彭建东（2014）[⑤] 将现代治理理念与城市规划相结合，通过实证分析进一步探讨城市更新规划策略的转型。王琪（2015）[⑥] 以武汉市城市更新规划为例，在对武汉市中心城区城市更新区域进行分类的基础上，探讨建立一种系统性、全面性兼具可操作性的城市更新规划体系，以推动城市建设用地的平衡、良性发展。阳建强（2021）[⑦] 对当前城市更新的理念、目标、类型、机制等发生的变化进行了分析，也指

① 孟昭凌 . "个别征收 + 行政诉讼"制度破解城市更新僵局——解读《深圳经济特区城市更新条例》[J]. 法制与社会，2021（10）：105–107.
② 陈雪莹，段杰 . 英国混合用途城市更新的制度支持与实践策略 [J]. 国际城市规划，2024，39（2）：75–83.
③ 赵万民，李震，李云燕 . 当代中国城市更新研究评述与展望——暨制度供给与产权挑战的协同思考 [J]. 城市规划学刊，2021（5）：92–100.
④ 杨保军 . 实施城市更新行动的核心要义 [J]. 中国勘察设计，2021（10）：10–13.
⑤ 彭建东 . 基于现代治理理念的城市更新规划策略探析——以襄阳古城周边地区更新规划为例 [J]. 城市规划学刊，2014（6）：102–108.
⑥ 王琪 . 系统性规划引导的城市更新——以武汉市城市更新规划为例 [J]. 规划师，2015，31（10）：51–56.
⑦ 阳建强 . 新发展阶段城市更新的基本特征与规划建议 [J]. 国家治理，2021（47）：17–22.

出了当前城市更新规划存在的价值导向缺失、系统调控乏力、历史保护观念错误、市场机制不健全、部门间条块分割等问题，并提出对策措施。

6. 关于城市更新项目评价的研究

喻博等（2019）[①] 采用对比分析和数理统计的方法对城市更新单元制度下深圳市"三旧"改造的实施效果进行分析评价，认为城市更新单元制度相比过去政府主导型的制度安排更有利于"三旧"改造项目的实施。刘凯峥等（2019）[②] 利用层次分析法和模糊综合评价模型实证分析深圳罗湖区某城市更新项目整体风险水平，结果显示该项目整体风险为中等风险。覃晓等（2022）[③] 从实施过程、生产运行、经济效益及社会效益 4 个方向选取了 12 个适用于城市更新项目的后评价指标，并根据其重要性设置了权重值，构建了基于成功度法的城市更新项目后评价模型，并以任港新村城市更新项目为例进行了验证，为后续的城市更新项目后评价工作提供参考依据。

7. 关于城市更新财税政策的研究

在城市更新财政政策方面，张海平（2012）[④] 阐述了区属企业参与城市更新业务存在一定的财务风险与税务风险，指出如何准确掌握和运用有关城市更新和相关的财税政策，对企业合法保护自身利益、合理降低税收负担等具有重大指导意义。并根据现行的有关税收政策，对区属企业普遍采用的参与城市更新业务的几种类型进行了详细说明，以及对涉及的营业税、土地增值税和企业所得税进行了分析，最后提出了有关建议。廖旻等（2016）[⑤] 通过梳理城市更新税收政策及实践的演变，分析城市更新中的利益主体，以此进一步探讨城市更新项目中的税务筹划。苗文倩（2018）[⑥] 利用史密斯模型来分析目前棚户区改造货币化安置政策的执行成效，并从中总结出所存在的问题，提出对应的完善建议。徐文舸（2020）[⑦] 通过分析发达经济体在城市更新实践中先后形成的一些较为成熟的投融资模式，包括财税支持类（以美国税收增量融资为代表）、资金补贴类（以英国城市

① 喻博，赖亚妮，王家远，等．城市更新单元制度下"三旧"改造的实施效果评价 [J]. 南方建筑，2019（1）：52–57.
② 刘凯峥，车柳婷．深圳城市更新项目风险评估研究——基于层次分析法及模糊综合评价法 [J]. 现代商业，2019（28）：95–96.
③ 覃晓，吴湛坤，卞正兴．基于成功度的城市更新项目后评价方法研究 [J]. 中国高新科技，2022（21）：107–109.
④ 张海平．关于区属企业参与城市更新的税收问题分析及建议 [J]. 现代经济信息，2012（18）：152–153.
⑤ 廖旻，刘敏军．城市更新中的新业务——税务筹划 [J]. 房地产导刊，2016（8）：229–230，252.
⑥ 苗文倩．我国棚户改货币化安置政策执行研究——基于史密斯模型的研究 [J]. 现代经济信息，2018（20）：8–9.
⑦ 徐文舸．城市更新投融资的国际经验与启示 [J]. 中国经贸导刊，2020（22）：65–68.

发展基金、美国社区发展拨款计划为代表）、金融创新类（以不动产投资信托基金为代表），认为特定的财税制度安排、提供政府专项资金补助、进行针对性的金融创新是解决城市更新投融资问题的有效做法，值得国内学习借鉴。

8. 关于城市更新的案例研究

宋密（2022）[①] 基于国内外各种类型的 27 个城市更新案例研究，提出城市更新应关注绿色、聚焦空间、追求精细、推动产业、寻找契机，并"自上而下"与"自下而上"双重驱动。秦波、苗芬芬（2015）[②] 基于公共政策相关理论，构建了公众参与的研究框架，以问卷调查和结构化访谈等方式收集一手数据，剖析深圳盐田城市更新的实践案例，探究城市更新中公众参与的发展过程与演进规律。芦爽等（2022）[③] 对济南市三个典型案例进行比较，发现不同的政府治理行为在城市更新现实运作中呈现多种治理模式，并会根据现实需求与空间博弈进行平衡与调试，形成一种适应性的城市更新治理路径，以保证城市存量空间的有效治理。高学成等（2022）[④] 通过结合代表性更新案例对我国改革开放以来城市更新主体参与模式的迭代进行回顾分析，对各方主体参与模式的变化进行梳理和总结，发现目前城市更新中存在公众参与不足的问题，并在政府角色和多元主体参与两个方向提出未来展望。

1.5.3　研究述评

①目前国内学界对城市更新的研究较多，但仍处于起步阶段，且更多聚焦于实践经验总结，深入的理论探索不足；②由于我国现代城市起步相对较晚，国内学界对城市更新的研究更多建立在国外城市更新研究的基础上，具有中国特色的城市更新理论框架和研究范式尚未建立；③城市更新和城市更新治理的研究表明，参与主体逐渐多元化，同时多主体参与也面临更多问题；④城市更新的制度政策和规划方面的研究多集中在地方层面，体现地域性特点，但不具备普适性；⑤城市更新项目评价方面存在评价标准的不统一、评价方法有局限性和片面性、对城市更新项目的复杂性和动态性的认识不足等问

① 宋密. 城市更新工作的思考——基于国内外 27 个案例研究 [J]. 安徽建筑, 2022, 29（1）: 33-34, 58.

② 秦波, 苗芬芬. 城市更新中公众参与的演进发展：基于深圳盐田案例的回顾 [J]. 城市发展研究, 2015, 22（3）: 58-62, 79.

③ 芦爽, 王雨, 曾鹏, 等. 政府事权视角下的城市更新治理路径——基于济南市三个案例的比较研究 [J]. 规划师, 2022, 38（8）: 140-145.

④ 高学成, 盛况, 高祥, 等. 从市场主导走向多方合作：城市更新中多元主体参与模式分析 [J]. 未来城市设计与运营, 2022（6）: 7-12.

题；⑥城市更新项目财税政策方面的研究还需要进一步加强政策体系的系统性和完整性，深入挖掘财税政策与城市更新的内在联系和作用机制，加强跨学科的合作和交流，推动政策创新和实践探索。

1.6　城市更新的国内外经验

1.6.1　国外和港澳台地区城市更新的经验

1. 国外发达国家和地区城市更新的一般经验

（1）欧美发达国家的城市更新发展经验

城市更新的先驱是西方发达国家。关于西方城市发展阶段的起始时间，有两种标准：一是工业革命（17 世纪左右），二是"二战"结束（20 世纪 50 年代左右）。多数观点认为现代意义上的城市更新始于"二战"之后。在 20 世纪 50—60 年代，城市更新主要由政府主导，重点是改善城市机能。20 世纪 70—90 年代，政府与市场合作，关注物质和社会双重改善。20 世纪 90 年代后，多元主体参与，关注政治、经济和文化的多重改善。董玛力等（2009）[①] 认为，西方国家的城市更新经历了四个发展阶段：清除贫民窟、福利色彩社区更新、市场导向旧城再开发到社区综合复兴。西方城市更新理论从形体主义规划思想逐渐转向人本主义规划思想，城市更新发展理念在问题导向下不断成熟，城市更新的运作模式则体现出政府、私有部门和社区居民的多方参与倾向。

在目标和更新模式方面，西方国家城市更新的政策背景大致相似，主要是为了解决在快速城镇化和工业化进程中遇到的问题。早期主要是通过建设公共住房来解决贫困人口的居住问题，而后期的城市更新逐渐转向多维度的综合治理。"二战"后，欧美的大多数城市进行了大规模的城市重建，以修复战争造成的创伤或清除贫民窟。从 20 世纪 70 年代开始，欧洲出现了普遍的城市内部经济衰退、环境恶化和社会秩序混乱等问题，因此开始实施一系列的城市更新政策。

在资金政策支持方面，西方国家早期的城市更新所需资金主要由政府提供，而后期政策逐步减弱了政府的作用，强调并鼓励私人投资参与城市更新。支持政策越来越完善，

① 董玛力，陈田，王丽艳 . 西方城市更新发展历程和政策演变 [J]. 人文地理，2009，24（5）：42–46.

建设资金的渠道也越来越广泛。例如，美国早期的城市更新资金主要来源于联邦补贴或
贷款等，但自 20 世纪 70 年代以来，主要的融资工具已经演变为税收融资、土地调控、
PPP 融资和城市发展资金等。

在法律法规方面，欧美国家城市更新的法律法规经历了从无到有、逐步完善的过程。
早期，这些法律法规由个别较大的城市先行制定，随后逐步推广至全国。例如，美国的
第一部与住房相关的法案是 1937 年的《住宅法》，该法案主要确立了公共住房政策。随
后，《住宅法》在 1949 年和 1954 年经历了两次修订。此外，还颁布了《示范城市法案》
《住宅与城市发展法案》《希望 6 号计划》和《选择性邻里计划》等其他相关法律法规。

在欧美国家近七十年历史的城市更新进程中，积累了大量成功的案例，如纽约高线
公园、伦敦金丝雀码头和汉堡港口新城等。纽约高线公园原是一片废弃的高架铁轨地块，
经过 9 年的改造，从 2005 年开始，成为一座城市公园。这种"公众主导"的"自下而
上"的更新改造模式，采用了 PPP 项目融资方式。改造完成后，不仅保护了历史文化遗
迹，也提升了周边人居环境水平，推动了旅游业等产业的繁荣发展。

（2）亚洲发达国家或地区的城市更新发展经验

亚洲各城市在更新发展过程中存在一些共同点。起初，更新目标较为单一，后来逐
渐关注多个维度，如物质、经济、社会和文化的更新。这体现了从单一到复合更新的转
变，并且越来越注重人文关怀。

在具体更新模式上，亚洲发达国家和地区的政府在城市更新中发挥着重要作用，同
时引入私人投资和非政府组织参与。此外，这些地区也注重城市发展规划的作用。例如，
日本设立了专门的城市更新机构，经历了从住宅公团到 UR 都市机构的转变。新加坡的
城市更新管理部门也经历了从 SIT（改良信托局）到 URA（城市更新局）的转变。这些
变化反映了政府在城市更新中的角色和作用。

从政策支持上来看，进入 21 世纪后，公众的参与度逐渐提高，城市更新规划权力逐
渐下放给地方社区，使社会力量能够更积极地参与地区自治。除了财政支持外，还引入
了多种资金运作方式，如银行低息贷款和合作建设融资，并允许通过土地收益分配来支
持城市更新项目。这些政策变化为社会各界参与城市更新提供了更多机会和激励。

法律法规方面，亚洲发达国家和地区的城市更新也经历了从无到有、逐步完善的
过程。日本根据不同的历史背景颁布了多部相关法律法规，如《战后特别城市规划法》
（1946 年）、《城市再开发法》（1969 年）和《城市复兴特别措施法》（2002 年）。新加坡
则于 1966 年颁布了《土地收购法》，1971 年开始实施"概念规划"，并于 1999 年颁布了
《土地权益规章》。这些法律法规的制定和完善为城市更新的顺利实施提供了法律保障。

亚洲发达国家和地区的城市更新中，日本积累了丰富的成功案例。例如，东京新宿副都心、品川站东口、虎之门新城和代官山公寓等重要区域的再开发。其中，代官山公寓再开发项目是一个典型的例子，该项目于 20 世纪 80 年代启动，2000 年完工。该项目涉及的土地权利人包括 471 位产权人和 87 位租客。为了筹集建设资金，项目通过提高容积率将新增面积用于出售，并从政府获得了补助金。在更新过程中，采取了官民协商的模式，相关规划方案由各利益相关主体如公众、企业等通过会议形式协商确定。

发达国家和地区的城市更新制度和实践变革为我们提供了宝贵的经验和启示：一是可持续的多元化目标替代仅关注物质和经济增长的目标，注重社会、文化和环境的可持续发展；二是采取多元治理模式，超越一元或公私合作的二元形式，促进政府、社区、企业等各利益相关方的合作与共同决策；三是以社区自主更新为主导，减少对房地产导向的依赖，确保城市更新项目真正满足社区的需求和愿景。这些经验和启示对于推动我国城市更新工作的高质量发展具有重要的指导意义。

2. 国外城市更新投融资的经验

发达经济体在城市更新实践中先后形成了一些较为成熟的投融资模式，主要包括财税支持类（如美国税收增量融资）、资金补贴类（如英国城市发展基金、美国社区发展拨款计划）、金融创新类（如不动产投资信托基金）。国际经验表明，为有效解决城市更新投融资问题，特定的财税制度安排、提供政府专项资金补贴、进行针对性的金融创新值得国内学习借鉴。

（1）以美国税收增量融资为代表的财税支持类模式

税收增量融资（TIF）是一种利用存量土地的增量收益为公共项目融资的模式，促进地区经济发展和城市更新。其运作包括三阶段：制定开发计划、核定征税基准、推进 TIF 区开发。TIF 通过发行债券为开发提供融资支持，以未来增量税收偿付。TIF 的逻辑是政府、社会、市场良性运转，改善社会环境吸引更多资本参与，提升房产价值，补偿公共投资。TIF 在美国最初用于改造衰退地区，现已普遍用于城市开发和基础设施融资，是地方政府最常用的财税手段。其优势在于不改变原有税收体制、赋予地方政府自主权和灵活性、提高政府参与度和主动性，吸引社会资本参与，降低风险，提高成功率。

（2）以英国城市发展基金、美国社区发展拨款计划为代表的资金补贴类模式

1）城市发展基金

英国政府为抑制内城衰退、推动城市更新运动，设立了城市发展基金，专用于城市

更新。该基金于 1982 年由环境部正式设立，资金全部来自政府财政拨款。基金明确资助对象为支持旧城改造的基础设施更新工程，由环境部评估小组审议确定资助的更新工程。申请者通过投标方式申请资助，评估小组审核地方政府提交的拟投资计划，综合考虑后确定中标计划。资助方式包括无偿资助、利润分成和低息贷款。城市发展基金旨在吸引社会资本参与城市更新项目投资，被视为对社会资本的补贴，提高其投资积极性。从效果看，基金加强了政府与社会资本的合作，推动了城市内的更新发展。

2）社区发展拨款计划

美国的社区发展拨款计划（CDBG）是联邦政府为支持地方社区的年度拨款项目。1974 年，《住宅与社区发展法案》设立此计划，包括保障性住房项目、贫困窟改善和基础设施建设等城市更新内容。目标是创造有活力的城市社区，提供宜居、合适的居住环境和就业机会。CDBG 已成为地方保障性住房建设的重要资金来源，形成了全美的政府资助体系。其主要分为"应得权益计划"和"非应得权益计划"，前者直接资助大都市区的社区开发项目，后者通过"小城市拨款项目"资助州政府，各州自行审批资助。截至目前，已资助了全美超过 1200 个地方政府。要求至少 70% 的资助用于中低收入家庭的社会经济项目，遵守公平住房原则。申请者需提供经批准的社区发展规划和资金使用方案，并制定公众参与计划。相比于以往的专项补助基金，CDBG 赋予州或地方政府更大的资金分配和使用自主权。对社区发展规划、保障群体、资助比例等有严格规定，确保核心目标的实现。

（3）以不动产投资信托基金为代表的金融创新类模式

不动产投资信托基金（以下简称"REITs"）是一种权益性直接融资工具，通过发行收益凭证募集资金，由专门投资机构进行不动产投资经营管理，其份额可进入资本市场流通。REITs 适用于长期城市建设投融资，将大型不动产项目证券化。REITs 最早诞生于 20 世纪 60 年代的美国，现已扩展至全球 40 多个经济体。美国 REITs 市场最大、最成熟，是全美第三大金融市场。REITs 的主要特征包括稳定的租金收益、不动产资产增值、可流通的收益凭证和经营管理的主动权。REITs 的优势在于使不动产投资金融化、小额化和动产化，具有较好的流动性、稳定的收益和分红、分散风险和抗通胀能力。REITs 契合城市更新特点，为轻资产运营提供投融资工具，挖掘整合存量不动产资源，拓宽融资渠道和对接投资资金，强调专业化运营和服务管理机构的作用，提升项目内在价值。REITs 需要金融、法律和税收等制度配套支持，包括公募发行模式、特定领域的法律法规和税收制度的完善。

1.6.2　国内城市更新的政策经验

1.6.2.1　地方层面

1. 北京市

目前北京市已经出台了《北京市城市更新行动计划（2021—2025）》。其中的亮点包括：

（1）对总体要求、项目类型、项目实施路径、保障措施等做出了详细规定，并出台了城市更新行动政策清单。

（2）项目类型包括：首都功能核心区平房（院落）申请式退租和保护性修缮、恢复性修建；老旧小区改造；危旧楼房改建和简易楼腾退改造；楼宇与传统商圈改造升级；老旧低效产业园区"腾笼换鸟"和老旧厂房更新改造；城镇棚户区改造。以上均明确了责任单位和目标任务。

（3）项目实施路径：以街区为单位统筹城市更新；以轨道交通站城融合方式推进城市更新；以重点项目建设带动城市更新；有序推进单项城市更新改造项目。

（4）设立推动实施、规划政策、资金支持三个工作专班。其中资金支持专班研究城市更新各项投融资政策，吸引社会资本积极参与城市更新。

（5）强化科技赋能，注重运用区块链、5G、人工智能、物联网以及新型绿色建材等新技术新材料。

（6）支持社会资本参与，建立微利可持续的利益平衡和成本分担机制，形成整体打包、项目统筹、综合平衡的市场化运作模式。加强与社会资本合作，采用设立基金、委托经营、参股投资等方式。对鼓励范围的更新项目，市政府固定资产投资可按照相应比例给予支持。

（7）城市更新行动政策清单中明确资金类政策。"20. 出台老旧小区综合整治引入社会资本的指导意见，明确社会资本参与方式、财税和金融支持、存量资源统筹利用、简化审批、监督管理等内容。"责任单位：市住房城乡建设委、市发改委、市财政局、市规划自然资源委、市国资委，完成时限：2021 年 12 月；"21. 研究制定城市更新领域市级财政补助资金管理办法，明确财政资金支持城市更新改造项目的报审条件、审批程序和支出路径。"责任单位：市财政局，完成时限：2021 年 12 月；"22. 研究制定成立市、区城市更新平台公司意见，设立城市更新产业基金，鼓励银行、国有企业、民营企业积极参与，广泛引入社会资本。"责任单位：市国资委，市财政局、市发改委、市金融监管局。

2. 上海市

上海市设立了800亿元城市更新基金，其募资对象包含政府官宣的实施主体、开发商、施工央企、保险资金，这几类主体完全涵盖了城市更新的全流程。城市更新基金成立后，首先就是明确基金的定位及基金参与城市更新的身份，解决城市更新中哪个环节的问题以及如何发挥投资人优势与现有城市更新运作部门的有机结合。它不仅仅带来资金，更希望是定位业态产业的方向，甚至是城市更新范畴内体制机制的改革创新。

目前，上海市已最新出台了《上海市城市更新条例（草案）》（征求意见稿），其中的亮点包括：

（1）对各方职责、城市更新指引和更新行动计划的编制、城市更新实施、城市更新保障、监督管理、法律责任等作出了全面深入的规定。

（2）对政府、部门、区和街镇、城市更新中心、专家委员会、公众等各方面职责作出了明确规定。依托"一网通办""一网统管"平台，建立全市统一的城市更新信息系统。

（3）提出区域统筹机制，可赋予更新统筹主体参与规划编制、实施土地前期准备、配合土地供应、统筹整体利益等职能。

（4）专门提出质量和安全要求；专门设立加装电梯条款。

（5）财政政策：市区人民政府应当安排资金，对旧区改造、旧住房更新、"城中村"改造以及公共利益的其他城市更新项目予以支持。鼓励通过发行地方政府债券等方式，筹集改造资金。金融支持：鼓励金融机构依法开展多样化金融产品和服务创新。支持符合条件企业在多层次资本市场开展融资活动。税费政策：依法享受行政事业性收费减免和税收优惠政策。

3. 深圳市

深圳市自2009年开始相继出台了一系列城市更新行政规章，对推动城市更新有重要作用。《深圳市城市更新办法实施细则》中涉及财政的条例如下：第五条城市更新项目免收各种行政事业性收费。第六条鼓励金融机构创新金融产品、改善金融服务，通过构建融资平台、提供贷款、建立担保机制等方式对城市更新项目予以支持。

目前，深圳市已经出台了《深圳经济特区城市更新条例》，并于2021年3月1日开始实施，共七章：第一章总则；第二章城市更新规划与计划；第三章拆除重建类城市更新；第四章综合整治类城市更新；第五章保障和监督；第六章法律责任；第七章附则。

本条例中，与财政政策最相关的有如下两条：第五十四条市、区城市更新部门应当将城市更新工作经费纳入部门预算管理，市、区财政部门按照规定统筹保障有关资金需求；第五十五条城市更新项目依法免收各项行政事业性收费。

4. 重庆市

将《重庆市城市更新管理办法》中涉及财政方面的政策整理如下：

第二十二条多渠道筹集城市更新资金，具体包括：

（1）各级财政安排的城市更新资金；

（2）金融机构融资资金；

（3）参与城市更新的市场主体投入的资金；

（4）土地使用权人和房屋所有权人自筹资金；

（5）其他符合规定的资金。

第二十三条市、区政府应当加强对城市更新的财政投入，加大政府专项债券对城市更新的支持；鼓励积极利用国家政策性金融和市场金融对城市更新的支持政策筹集资金，探索信贷金融新产品；积极引入各类社会资本，探索设立城市更新专项基金；合理引导居民出资参与更新改造。

第二十四条充分发挥财政资金的撬动作用，整合利用城镇老旧小区改造、棚户区改造、保障性租赁住房、排水防涝等专项财政资金统筹用于城市更新。

第二十五条积极引入市场力量，通过直接投资、间接投资、委托代建等多种方式参与城市更新。

第三十五条符合条件的城市更新项目按规定减免城市基础设施配套费等行政事业性收费和政府性基金，按规定享受相关财税扶持等优惠政策。

第三十六条开展城市更新项目竞争性评选，对具有示范效应的项目予以适当的财政资金奖补激励。

5. 无锡市

（1）资金筹措。各地要切实加大资金投入，通过财政预算安排、政府专项债券发放、金融机构信贷、国有平台参与、社会资本引入等方式，多渠道筹集城市更新资金，按项目制定资金平衡方案。相关部门要积极争取国家、省、市各类专项补助资金。

（2）税费减免。符合规定的城市更新项目，享受行政事业性收费和政府性基金相关减免政策。棚户区改造安置房建设项目，免征城市基础设施配套费等行政事业性收费。电力、通信、市政公用等企业要积极支持城市更新工作，适当减免入网、管网增容等经营服务性收费。同一项目原多个权利主体通过权益转移形成单一主体承担城市更新工作的，经所在地区政府确认，属于政府回收房产、土地行为的，按相关税收优惠政策办理。

（3）补偿安置。城市更新涉及棚户区改造的，采取实物和货币相结合的方式予以补偿安置，鼓励回迁安置。要充分保障被改造居民合法权益，对经济困难、无力购买安置房的居民，按规定纳入住房保障体系筹解决。

6. 徐州市

（1）资金筹集政策

1）加大信贷支持力度

①引导政策性银行加大信贷资金投入。发挥政策性信贷资金长期稳定、额度大、成本低的优势，强化对城市更新项目金融服务的持续性、稳定性。加强与国家开发银行合作，重点加大对城市基础设施建设、棚户区改造等的支持力度。鼓励农业发展银行重点支持老旧小区改造、管网管廊设施市政公用设施数字化改造等项目。

②引导商业银行加大对重点项目信贷支持。充分利用商业银行现有的城市更新贷款政策，加强城市更新试点项目融资对接，探索建立可复制的城市更新贷款模式，有效解决城市更新项目银行贷款资源。支持大中型商业银行加快开发城市更新贷款产品，有效拓宽城市更新贷款来源渠道。鼓励商业银行间开展银团贷款。

2）增强资本市场融资能力

①支持发行债务融资工具募集资金。鼓励符合条件的项目实施主体在交易所和银行间市场发行各类债券募集资金。提高政府性融资担保再担保机构信用等级，提升项目发债增信能力。探索开展城市更新项目债权资产、收益权资产、不动产资产为主的资产证券化资金募集业务。

②争取基础设施不动产投资信托基金（REITs）试点项目。筛选符合基础设施不动产投资信托基金（REITs）试点项目条件的城市更新项目，积极推荐争取纳入国家基础设施REITs试点项目库，通过发行REITs产品募集城市更新项目资金。

3）全力争取保险资金支持

发挥保险资金融通桥梁作用。保险资金规模大、期限长、来源稳定，是城市更新项目资金的重要来源。建立保险资金服务城市更新协调机制，监管部门、保险公司与项目实施主体之间要加强融资对接信息共享，鼓励支持保险资金投资城市更新项目。

4）积极争取专项债券发行和专项资金

抢抓国家专项债券发放的政策机遇，在满足债务风险等级的基础上，最大限度做好专项债发行工作，有效补充更新项目资金。全力做好中央，省各类专项补助资金的申报。

（2）收费和税收政策

更新项目符合国家有关规定的，享受行政事业性收费和政府性基金减免政策，并优先用于更新项目。纳入市更新计划的项目，符合条件的，可享受相关税费减免政策。同一项目原多个权利主体通过权益转移形成单一主体承担城市更新工作的，属于政府回收房产、土地行为的，按相关税收政策办理。拆除重建类项目既列入城市更新计划，又列入房屋征收计划的，按照棚户区改造现行政策执行。对搭配了平衡地块（原则上不跨区）的项目，平衡地块与项目地块基本同步开发的，符合相关规定的，可合并计算开发收入，合并计算税费。

7. 长沙市

（1）财税政策

积极争取中央和省资金支持，鼓励利用中央、省政策性资金，争取更多的政策性贷款、专项债等用于更新改造项目。

市区县（市）应当保障开展组织实施城市更新的日常工作经费，加大财政对更新改造资金的支持力度。更新项目新增土地出让收益优先用于平衡全市更新资金缺口。

更新项目符合国家、省、市有关规定的，可享受行政事业性收费和政府性基金相关减免政策；纳入更新年度计划的项目，符合条件的，可享受相关税费减免政策。

更新项目适当运用 PPP 模式，吸纳社会资本参与城市更新；经市人民政府认定后对更新项目实施主体可采取资本金注入、投资补助、贷款贴息等方式给予支持。

更新项目资金整体不能平衡，确需从新增土地收益、房产、建安等税费奖补中弥补资金缺口的区，由区人民政府按照"一事一议"的原则上报市人民政府批准同意后执行。

（2）金融政策

打通资源变资产、资产变资金的渠道。按照市场化、法治化原则，依法合规加大对城市更新的金融支持力度，为金融机构加大产品和服务创新力度创造条件，积极引导政策性资金和金融机构信贷资金支持城市更新工作。

除了在城市层面上，许多省也制订了城市更新条例或管理办法。以下仅以辽宁省和安徽省为例进行介绍。

8. 辽宁省

2021 年 11 月 26 日闭幕的辽宁省十三届人大常委会第三十次会议表决通过了《辽宁省城市更新条例》(以下简称《条例》)，于 2022 年 2 月 1 日起施行。目前辽宁省在城市更新领域已经进行了一些探索和积累，随着相关工作的深入推进，问题与困难也不断凸显，仅依靠现有的政策难以破解，迫切需要通过立法，规范、引领和推动城市更新实践。《条例》共二十八条，主要有以下特点：①明确概念和重点目标；②强调规划和标准引领；③注重保障城市安全底线。作为贯彻落实党的十九届五中全会精神及《辽宁省国民经济和社会发展第十四个五年规划和二〇三五年远景目标纲要》要求，先行先试制定的一部城市更新地方性法规，《条例》立足城市更新先导区的建设要求，构建城市更新基本制度体系框架，框定城市更新行为准则，划定城市更新活动底线，对指导该省开展城市更新工作具有重要意义。

9. 安徽省

2021 年底，安徽省政府办公厅印发《关于实施城市更新行动推动城市高质量发展的实施方案》，明确该省实施城市更新行动的主要任务包括十大工程：实施城镇老旧小区改造工程；实施城镇棚户区改造工程；实施城市危旧房及老旧厂房改造提升工程；实施城市生态修复工程；实施城市功能完善工程；实施城市基础设施补短板工程；实施城市安全韧性建设工程；实施新城建设提升工程；实施县城绿色低碳建设工程；实施城市风貌塑造和历史文化保护工程。

根据实施方案，到 2025 年，安徽省城市更新行动要取得重要进展，城市更新体制机制和政策体系初步形成，城镇体系不断完善，城市结构、功能、布局逐步调整优化，城市开发建设方式加快转变，城市人居环境持续改善，城市治理水平全面提升，人民群众获得感、幸福感、安全感明显增强；到 2035 年，城市更新行动取得显著成效，城市更新体制机制和政策体系基本建立，城镇体系更加健全，城市结构、功能、布局进一步优化，城市开发建设方式全面转型，城市品质显著提升，"城市病"问题得到有效治理，城市治理体系和治理能力现代化基本实现，城市成为人与人、人与自然和谐共处的美丽家园。

安徽省有关部门要求，全省各地要积极稳妥实施城市更新行动，以内涵集约、绿色低碳发展为路径，坚持"留改拆"并举，以保留利用提升为主，防止出现大拆大建问题；统筹开展城市体检和城市更新工作，突出功能性改造重点，坚持城市更新单元化推进，促进整体功能提升，防止碎片化改造。

1.6.2.2　国家层面

在国家和相关部委的政策层面上，除了《国民经济和社会发展第十四个五年规划和二〇三五年远景目标》、国务院《关于全面推进城镇老旧小区改造工作的指导意见》等顶层政策外，最引人关注和产生较大影响的政策当属 2021 年 8 月 31 日住房和城乡建设部正式印发的《关于在实施城市更新行动中防止大拆大建问题的通知》（以下简称《通知》）。该通知对实施城市更新行动、防止大拆大建等一系列问题进行明确规定，城市更新行动迎来"换挡调速期"。

《通知》要求，"划定城市更新重要底线，防止城市更新变形走样。"一是严控大规模拆除；二是严控大规模增建；三是严控大规模搬迁；四是确保住房租赁市场供需平稳。

《通知》对城市更新工作提出的新要求应从三个方面来理解。第一，要划出城市更新重要底线。①要控制大规模拆除。在老城区里面，除了违法建筑及经过专业机构鉴定为危房的，不能够大规模、成片、集中地拆除现有建筑。②控制大规模增建。老城区本来就密度高、强度大，要防止加剧城市交通、市政安全等环境承载压力。③尊重居民意愿。不大规模异地拆迁，支持就地就近安置，鼓励房屋所有者、使用人都来参与城市更新，主要是用共建共治共享美好生活家园的模式来推动城市更新。④控制住房租金涨幅。有些地方大拆大建后，给群众租房带来困难，要降低市民尤其是低收入困难群体租房子的成本。

第二，要保留城市记忆。尽量保留、改造、利用既有的建筑，不随意迁移拆除已经认定的历史建筑、具有保护价值的老建筑，鼓励采用"绣花功夫"来织补、修补、更新，保持老城区的格局和肌理，坚持低影响的更新建设模式，延续城市的历史文脉和特色风貌。

第三，稳妥推进城市更新。主要是要加强统筹谋划，坚持城市体检评估先行，不增加地方隐性债务，探索政府引导、市场运作、公众参与的城市更新可持续模式，要推动由过去的单一"开发方式"转向"经营模式"，吸引社会力量参与更新，尤其是不搞政绩工程、面子工程，更注重补短板、惠民生的里子工程，统筹地上地下设施建设，提高城市的安全和韧性，尤其在社区层面，还是要注重补齐设施和服务短板，建设完整的居住社区。

《通知》提出，城市更新要探索一套可持续更新的模式。住房建设管理部门对此的解读是，不沿用过度房地产化的开发建设方式，不片面追求规模扩张带来的短期效益和经济利益，鼓励推动由"开发方式"向"经营模式"转变。进入新时期，城市发展建设的动力、动力机制均发生了变化。城市更新广义上不是一场"建设行动"，而应是城市治理行动。通过探索一种政府引导、市场运作、公众参与的城市更新可持续模式，实现由城市开发向城市经营的转变，实现城市的提质增效。

《通知》政策目标明确，问题导向突出，措施精准有力，直指城市建设实践中的误区和顽疾。该政策的有效执行，必将对我国城市高质量、可持续发展产生积极深远的影响。

本章小结

本章重点梳理了城市更新内涵的演变过程及城市更新的性质和价值逻辑；从制度、参与主体、资金、绿色低碳更新、"绅士化"倾向五个方面分析我国城市更新目前存在的问题。在城市更新的理论研究方面，国外学者的研究热点集中于"绅士化"、可持续发展、创意城市与城市更新、社区更新与收缩城市等方面。国内学界的研究集中于城市更新治理、动力机制和实现路径、利益相关者和公共参与、既有政策和制度分析、城市更新规划、城市更新项目的评价、城市更新的财税政策、案例研究等方面。最后，对城市更新的国内外经验进行梳理和总结。

思考题

1. 简述城市更新的内涵。

2. 城市更新的性质是什么？

3. 我国的城市更新经历了哪几个阶段？

4. 简述我国的城市更新的现状和面临的问题。

5. 简述城市更新的研究现状。

6. 请对国内外城市更新的典型经验进行简要梳理。

City —————————————————————

本章要点：本章介绍分析了产权理论、触媒理论、城市
治理理论、空间生产理论和公共选择理论等
城市更新相关的理论基础，及其在城市更新
实践中的应用。

第 2 章

城市更新的理论基础

2.1　产权理论

产权理论隶属新制度经济学，而后被引入现代经济学研究。一般认为，1991 年的诺贝尔经济学奖获得者罗纳德·科斯是现代产权理论的主要奠基者。经过半个世纪的发展，产权理论被广泛应用在土地制度、国企改革、企业管理等领域，近几年被逐渐应用在城市更新中。目前，在城市更新过程中常面临着产权结构复杂、权责不统一、产权关系混乱等问题，解决的关键在于产权的界定明晰。

2.1.1　产权的定义

"产权"即关于财产的权利。新制度经济学家对于产权内涵的界定，大体可分为两类：一是从人与财产之间的关系角度对产权本质进行界定，主要是将产权看作是一种人对财产的行为权利；二是以财产为基础从人与人的关系的角度进行界定。这两类关于产权内涵的界定实际上都是对于产权本质特征的揭示。产权的直接内容是人对于财产的行为权利，而行为权利离不开一定的产权主体间的关系[①]。因此，两类界定仅看待问题角度不同而已，并无本质区别。

目前，第二类界定更被广泛认可。具体来说，产权是由财产所有权及与所有权相关的财产权所组成的权利束，直接反映人对财产的一种行为权利，而这种行为权利又体现了人们围绕财产而结成的经济权利关系[②]。需注意的是，正如菲吕博腾（Furubotn）和配杰威齐（O.Pejovic）所说，"产权并不是指人与物之间的关系，而是由物的存在而产生，并由人们对物的使用所引起的人与人之间的一组相互被认可的行为性关系……产权确认界定了人相应于物的行为规范，人们必须遵守自身与其他人间的相互关系，或承担违反产权关系所产生的成本。"当然，这种行为性关系是以人对物的关系为前提。

总之，本质上，产权的直接含义是人对财产上的一种包括占有、使用、收益及处置等的行为权利，而这种行为权利则又体现了人与人在财产基础上所形成的相互认可的关系。关于产权的内涵，需强调以下几点：

---

① 袁庆明.新制度经济学教程 [M]. 北京：中国发展出版社，2011.
② 袁庆明.新制度经济学 [M]. 上海：复旦大学出版社，2012.

1. 产权是一种经济权利。

2. 产权是一组可分解的权利束，包括处置、使用、收益、转让等多种权利并且呈现出某种结构状态。这些权利可以有不同的排列组合以及制度的安排。因而，产权不是抽象的、空泛的概念。在英文中，"产权"一词多用复数。

3. 产权能够规范人与人之间的行为关系，是社会基础性准则，只能在人与人之间的社会关系中发挥作用。

2.1.2　产权的构成

产权是由一束权利构成，但学者对于构成财产权利束的具体权利看法不尽相同，依照所列权利数量及范围可大体分为广义及狭义两类。

广义上的产权，则常被认为与人权等同。正如巴泽尔所说："划分产权和人权之间的区别，有时显得似是而非。人权只不过是人的产权的一部分"。但是，产权总要以一定的物和财产为对象，要有客体或载体。而人权中的选举权、政治民主权等权利固然建立在一定的物质基础上，但并不是由人对于财产的直接关系而形成。因此，不能简单地将产权完全与人权等同。

狭义上的产权，主要是指广义财产所有权，包含对财产的归属权（狭义所有权）、占有权、使用权、处置权以及收益权等一系列权益所有权：①狭义所有权，即财产所有权或归属权，是指财产所有者对于财产所具有的归属及领有关系，其可将财产视为自身的专有物，在法律范围内自由处分财产，排斥他人随意违背其意志对财产进行一切干涉行为的权利。该权利是其他物权的源泉，决定着产权性质以及其他所有权权能的行使和运用。②占有权是指民事主体对财产进行实际控制并实施具体管理的权利。③使用权是指产权主体在权利允许范围内以各种方式对产权客体进行使用的权利，根据是否改变产权客体形态可将使用方式为三类：一是在完全不改变原有形态和性质的前提下使用；二是仅改变产权客体的部分形态，但不改变根本性质的使用；三是完全改变产权客体的形态，甚至导致原有形态完全消失[①]。④处置权是指人们处置、安排、调度财产和决定其使用方向的权利。⑤收益权，是指用益权所有者在不损害他人的情况下可以从财产中所获取各种收益的权利，仅对财产的"果实"拥有排他权，但不拥有带来"果实"的资产。需要注意的是，产权并非上述权利的简单叠加，而是在时间与空间上分布的综合。

① 刘蕾. 城中村自主更新改造研究 [D]. 武汉：武汉大学，2014.

2.1.3　产权的分类

依据产权的公共性及排他性的程度，可将产权分为私有产权、共有产权和国有产权三种类型。

私有产权是对必然发生的不相容的使用权进行选择的权利的分配。具体来说，私有产权的产权主体一定为个人，资源、资产等产权客体的权利既可被一个人拥有产权，又可被不同的个体独立拥有。值得注意的是，这种权利并非对物品可能用途强加限制，而是对其用途进行选择的排他性权利分配。

共有产权是指权利通过一定的形式分配给共同体的所有成员，因而共同体内成员具备分享同样权利的资格，但排斥了共同体外的任何成员，也就是说共有产权不具有排他性和唯一性，更不能进行转卖及其交易。因此，该产权常给资源利用带来外部效应，如著名的"公地悲剧"。

国有产权，按照国家既定的政治程序决定产权主体是否拥有使用的权利，以及排除其他人对于产权客体使用的权利。国有产权在不同类型的国家内具有不同的特点：民主国家里的国有产权由国家全体人民共同拥有，与共有产权有些类似；在独裁专制国家内的国有产权实际由独裁者个人所有，此时便与私人产权类似。

以上三种产权形式并非完全独立，而是可能同时存在。产权形式对资源的配置效率有所不同，西方学者普遍认为资源配置效率从高到低依次为私有产权、共有产权、国有产权。

2.1.4　产权的功能

产权的功能可分为宏观和微观两个层次：在宏观层面上，产权功能主要是通过界定产权来实现资源配置和收入分配功能；在微观层面上，产权功能主要包括激励、约束、外部性内部化、减少不确定性。在新制度经济学家看来，激励与约束是产权在微观上的最主要功能，因为产权的减少不确定性和外部性内部化功能是通过产权主体活动产生的收益与成本所实现的，同样具有一定的激励约束主体作用。

资源配置功能。产权的这一功能主要通过产权安排或产权结构直接形成资源配置或驱动资源配置状态的改变来影响对于资源配置的调节。对产权进行界定的过程实际就是对于资源的配置过程，并且产权结构往往先于资源配置结构的产生，也就是说，任何一种稳定的产权结构基本存在一种资源配置状态。只要产权的主体或客体发生改变时，这往往意味着资源配置状态的改变，但这种改变并不一定意味着资源利用效率的提升。

收入分配功能。产权是收入分配的基本依据，收入分配往往依据生产要素或财产的产权进行分配，现实生活中无论按劳分配还是按资分配都是产权分配。因此，收入分配的规范化与产权的明晰界定息息相关。只要产权规则清晰，则收入分配便会规范。

激励功能。产权包括权能和利益，二者不可分割。任何一个主体拥有自己的产权，除了意味着有权做什么外，也界定了他应得的利益或是有了获取利益的稳定依据或条件。拥有明晰的产权便拥有了明确的选择集合，也就使得行为有了稳定的预期。此时，主体的行为便有了利益刺激或激励。有效的激励能够充分调动主体积极性，使得其活动的数量及质量（努力程度）与行为的收益或收益预期相一致。

约束功能。约束与激励相互联系，只是作用方式与方向不尽相同。某种意义上，约束可被视为反向激励。与产权的激励功能重在诱致与吸引以致能够调动积极性不同，产权的约束功能重在限制与抑制来降低积极性。产权的约束功能源于产权的有限性。无论多少或大小的财产产权都是有限的，其权能或作用空间有限制，利益有限且可度量。正是因为产权的权能空间有限，赋予经济当事人某种产权，在确定选择集合的同时，也界定了该经济当事人能够做什么以及不能做什么的行为边界。

外部性内部化功能。外部性产生很大程度上是因为产权界定不明晰。换言之，外部性问题可被归结为是以外部性形式表现出来的新产权设置与界定问题。一旦新权利得到界定，则这种权利的拥有者便被明确，也就是对外部性设置了产权。此时，经济活动的成本均由活动主体承担，活动主体追逐利益降低成本，便会使得其行为对外部的影响转变为对其自身的作用，从而实现外部性内部化。

减少不确定性功能。现实生活中，往往会发现新事物或不知使用价值的东西。此类事物处于无产权状态，人们对其的权利不确定，选择集合便无所限制，便可能导致混乱或不合理利用。不确定会使人们选择或决策困难，增加经济交易成本。通过产权界定与明晰，可限制人们的选择集合，划分资产产权间边界，便减少人们经济交易环境的不确定性并降低交易成本。

产权理论对城市更新活动的启示如下：对产权问题的关注和制度设计应贯穿城市更新工作始终；以城市更新活动为契机，进一步明晰产权关系；在城市更新前期决策以及全周期管理中，要充分保证不同产权主体的充分参与，听取其意见建议，鼓励其参与实施；若城市更新中产权变更带来利益损失，相关部门要对利益受损方给予充分的补偿；我国作为社会主义市场经济国家，产权制度有其特殊性，同时也应遵守产权明晰、利益补偿、私有财产保护等共性原则。

2.2　触媒理论

2.2.1　概念及起源

"触媒"一词源于化学术语，是指促进事物变化的媒介。它可以加快一个事件或过程的进度，但本身却不发生改变。"触媒效应"是指当"触媒"发生作用时，周围环境或事物受到影响而产生的相应反应。这种效应在社会学、物理学以及经济学等学科中均有应用。

城市触媒理论产生于"二战"后美国的城市规划学者对城市中心区"中产阶级化"大拆大建的反思。城市触媒的提出最初是为了解决美国的城市问题，振兴美国经济发展。1989年，美国的建筑师韦恩·奥图（Wayne Attoe）与唐·洛干（Donn Logan）在《美国都市建筑——城市设计的触媒》一书中提出"城市触媒"（Urban Catalyst）的概念[1]，首次将"触媒"这一化学理念引入城市规划设计中。书中对"城市触媒"是这样定义的：策略性地植入新元素可以复苏城市中现有元素且无需完全更改它们，当触媒激起这样的新生命时，它也影响了之后引入元素的特点、外观与品质[2]。通俗意义上讲，"城市触媒"就是能够提高城市品质、加快或改变城市发展建设速度的新元素。

2.2.2　基本思想

依据韦恩·奥图等人的研究，城市触媒理论的基本思想包含八个方面：①通过新元素（触媒）的植入，引发区域中现存元素的更改；②触媒能提高原有元素的价值或促使其做有利的转变，新元素与旧元素可达到共生与双赢的效果；③触媒反应是能被把控的，且触媒的影响方向是可以加以引导的；④为了得到一个积极的、可预测的正向触媒效应，需要了解所在区域的背景内涵和历史文脉，同时保证其历史文化价值不被破坏；⑤触媒反应各有不同，不存在同质化的统一公式，适用于全部环境，应根据不同环境特点预料相应城市化学特质；⑥触媒设计是策略性的，它的作用效果不是通过简单干涉得到的，而是通过合理的预算与策划来影响未来城市的品质；⑦触媒反应将城市视为一个整体而非独立片段的简单叠加，每个单独触媒反应的目的是形成一个超出各

① 韦恩·奥图，唐·洛干.美国都市建筑——城市设计的触媒[M].王劭方，译.台北：台北创兴出版社，1994.
② 黄言."城市触媒"理论在城市旧区更新中的应用[J].经济研究导刊，2017（25）：2.

元素简单加和的更大反应；⑧触媒在反应中不会被摧毁，而是能够被明确辨别，当它融合为整体的一部分时，便与旧元素共生共存，以更大限度地丰富城市内涵。

对于城市更新来说，触媒理论的核心思想是要在城市原有状态下，避免大拆大建，策略性地从局部引入新元素以充当触媒，在新旧元素的相互作用中促进周边区域局部更新，在这之后则继续指引、激发和控制后来植入的城市元素的特征和形式，从而激发更大规模的城市更新①。同时，城市触媒理论强调要在不损坏原有的环境内涵下，促成元素间的"链式反应"，使城市向着人们所期望的方向发展。对于城市旧区更新中"保护"与"更新"问题的解决，触媒理论具有很好的借鉴意义。

2.2.3　运作特点

城市触媒理论着重强调城市的发展是渐进的、可持续的，城市整体以及城市元素应当均衡发展。城市触媒效应通过城市触媒新要素的介入，引导和激发城市后续更新。其运作具有如下特点：

（1）渐进发展性。触媒的运作过程并非一蹴而就，而是在渐进中逐步调整，不断完善。触媒的作用过程实质上是一个城市平衡系统的再建立过程，这个过程是循序渐进的，它反对城市更新的急功近利。此外，城市触媒还强调持续的更新，这里的持续性不仅指更新过程的持续性，同时还包括城市历史文脉及文化价值的持续性。

（2）系统层次性。触媒理论的前提是明晰更新系统的层次性。城市内部根据地块元素间的区位优劣、空间距离、发展态势及影响力等进行层级划分。从而在触媒反应过程中根据活力层级高低进行先后的触媒式更新，使之相互影响，形成有规律的、系统性的更新体系。

（3）整体关联性。触媒效应会根据对城市宏观层面的把控，在实际实施过程中对周边环境的发展不断进行调整。同时根据周边环境的影响状态对下一步反应进行预测并修正。如果是积极的影响，就会进一步介入新元素；反之，则会在下一步中避免出现这种消极影响，以使之朝着预期的积极方向发展。

（4）功能融合性。在不改变原有城市主导功能的原则上，利用点式更新对区域结构重新调整，变更局部不适配的建设，补充新的建筑功能，完善区域空间结构分布，同时亦能带动原始触媒点的升级完善，以进一步实现功能融合。

---

① 李旭旭.基于城市触媒理论的城市旧工业地段更新研究 [D]. 重庆：重庆大学，2015.

2.2.4 作用过程

在实际城市更新中，城市触媒理论的应用过程要充分重视触媒反应的可控性和策略性。因此首先要选定满足特定条件的介入元素作为"原始触媒点"，以此激发带动周边区域的发展，这是触媒成功的首要因素；继而需要塑造积极有效的"触媒媒介"，使新旧元素相互作用，共同拓宽它们的影响范围，引起连锁反应，这是触媒反应的关键过程；最后，触媒反应完成后，还必须控制它的作用方向，使触媒效应产生更为持久的影响，促进城市渐进更新，这是触媒反应可持续的重要策略。

（1）确定原始触媒点。原始触媒点本质上就是能够启动或激发城市设计更新时序的启动性项目，它可以利用自身催化作用激发周边环境，引发触媒效应，从而提升城市活力。原始触媒点的选取基于对现状资源的考量，是整个城市更新项目的初始导火索。触媒点的选取不仅会直接影响到触媒反应的过程，还会影响触媒效应最终的正负结果，在整个触媒过程中非常重要。

（2）塑造触媒媒介。确定原始触媒点后，后续的触媒效应仅可作用于邻近区域，因此必须进一步塑造触媒媒介才能发挥更大的反应。塑造触媒媒介的实质是重塑城市空间形态，即依据原始触媒点的空间分布，强化这些触媒点之间的相互作用，以引发更大区域范围的触媒效应，推动城市整体空间形态的更新。其主要目的就是利用策略性的城市设计引起联动效应，改变其内在属性和外部条件，促使相邻元素也做出有益转变。并且塑造触媒媒介会通过对触媒环境空间组织结构的改变使各触媒要素形成更好的整体空间格局，在引发更大的联动效应的同时，使不同级别的元素之间的作用力发挥到更大，形成积极的触媒联动效应。

（3）引导触媒效应。触媒介入后，为使触媒反应产生持久且深远的影响，需要通过策略性地塑造触媒效应来控制引导整个反应的作用方向，带动城市持续渐进地更新。

2.2.5 类型划分

城市触媒按物质形态的属性可分为物质形态的触媒和非物质形态的触媒。物质形态的触媒顾名思义，指的即是有形的物质，它既可以是一个建筑物或者一个城市的公共开放空间，也可以是办公楼、商业中心等建筑群，甚至可以是某些自然景色等。同时该种触媒也不存在规模上的限制，可以是小规模的实体（如喷泉、绿植园），也可以是大规模的建筑群体、核心街区等。非物质形态的触媒是指无形的物质，包括政策制度、设计概念、法律法规、经济投资，甚至是某项体育运动、娱乐活动等。此类非物质形态的触媒把具体事件作为触媒元素，同样可以促进城市的良性更新发展。例如北京便以奥运会为触媒引发了正向触媒效应，既改善了城市的硬件设施加快了城市更新，同时也提升了城市的文化软实力。按物质形态属性的分类结果见表 2-1。

按物质形态属性的分类　　　　　　　　　　　　表 2-1

类别	作用特点	示例
物质形态触媒	时间短、范围小	城市广场、公共建筑、步行街
非物质形态触媒	时间长、范围广	政策、文化、事件

城市触媒按照其表现形式，以及触媒作用发生的区域形状差异，可以划分为点触媒、线触媒以及面触媒三种类型。点触媒即指能够引发并带动城市设计时序的具体建设项目，在分期更新以及开发过程中会产生很大影响。从城市整体角度看，一个区域的城市设计就可以是一个点触媒；从城市设计项目本身角度来看，那些马上形成的实体物质空间也可以称之为点触媒。线触媒则是指空间形态上的各种线形空间，可能是由多个点触媒连接而成，具有较强的流动效应，例如局部连接交通节点或城市广场的滨水空间、城市街道等。面触媒指的是一组或成片的城市空间形态，相对于点触媒及线触媒，面触媒具有更大的影响范围与辐射效应，例如城市广场以及由公共空间和历史建筑组成的历史街区改造等。按外在表现形式的分类结果见表 2-2。

按外在表现形式的分类　　　　　　　　　　　　表 2-2

类别	作用特点	示例
点触媒	作用于局部—集聚效应	单体建筑、交通站点
线触媒	线性作用、方向性强—流动效应	街道、滨水码头区
面触媒	片状覆盖、影响范围大—辐射效应	城市广场、商业中心

触媒理论对城市更新活动的启示如下：在城市更新活动中不必进行"遍撒芝麻盐"式的资金和各种要素投入，而是应基于系统思维，找到关键触发点，以点带线，由线及面，通过在关键节点发力引起全局性持续响应和改进；城市更新活动中在触媒的选择和设计上，要充分考虑城市历史文化环境、预算成本、作用方向、中间媒介等因素；城市更新活动中既要关注有形的触媒要素植入，也要关注无形的触媒要素植入。

2.3　城市治理理论

2.3.1　治理的概念及发展

"治理"一词的广泛来源于 1989 年世界银行描述非洲的经济状况。由于当时的非洲国家大多在效仿英美等资本主义国家的管理模式，没有探索适应适合本国国情的管理模式，所以他们在发展过程中产生了较严重的经济问题，因此世界银行认为当时非洲最大的麻烦就是政府组织"治理危机"。1991 年，在世界银行内部召开的经济年会上，"治理在发展中的作用"成为一项重要议题。1992 年，《全球治理》杂志成立。1995 年，全球治理委员会在《我们的全球伙伴关系》报告中对"治理"一词做出如下定义："治理是一种公共的或私人的个人和机构管理其共同事务的诸多方式的总和"。在其定义中，治理其实大致包括以下四个特征：治理不是一套规则而是一个过程；治理的基础不是控制而是协调；治理不仅涉及政府公共部门也涉及私人部门；治理不是"自上而下"的制度而是公私持续的互动。自此，"治理"开始兴起，并逐渐开始被用于政治学、社会学等其他领域中。在学术界，约翰·罗尔斯、罗西瑙（J.N.Rosenau）、格里·斯托克（Gerry Stoker）等著名学者也对治理作出了深刻阐述。1993 年，英国学者格里·斯托克认为治理的本质不在于政府的权威和认可，而是在政府的参与下多种组织共同统治和影响的结果。1995 年，治理理论的主要创始人之一罗西瑙将治理定义为一系列活动领域里的管理机制，但是治理与管理不同，治理是一种由多种目标相同的活动组织起来的，这些管理活动的主体并非一定是政府，即依靠国家的强制性力量来完成，也可以是社会公众或企业组织机构。

2.3.2　治理的基本思想

对治理的深入理解，有以下五点解释：其一，治理是一系列来自政府，但又包含有社会公共机构、企业和个人所做出的行为过程。政府已经不是权力中心，任何社会机构或个人通过行使权力也有机会成为权力中心。其二，在治理过程中，由于政府和社会公共机构共同进行，国家也正在把责任进行转移，即各种私人部门和团体也在承担着责任，责任边界模糊。其三，治理也明确肯定政府与各社会组织、各社会公共机构之间存在着权力依赖。为了达到治理最终目标，各个组织之间也必须共享资源。其四，治理意味着办好事情是政府与社会公共机构共同的义务，政府不再只是具有发言权，也应当掌握更多的知识和技术把公共事务办好。其五，治理最终会形成一个自主性鲜明的网络，即不同的社会公共机构会在各自的领域中拥有相应的权力和权威，并与政府合作，分担政府的行政责任。

2.3.3　城市治理的概念

城市是人类文明发展的结晶。随着社会空前的发展和进步，城市作为各种生产要素、资源最聚集和各种政治经济活动最频繁的重要载体，是国家高质量发展的关键阵地，是评价一个国家综合水平的重要参考指标。那么，城市治理在城市发展过程中至关重要，它是解决上述活动发生过程中带来的经济问题和城市问题的有力措施。

城市治理实质上是治理理论的一个分支。在对治理的概念和基本思想进行明确叙述之后，运用到城市之中，城市治理的内涵便应运而生：将治理融合进城市公共事务的管理的过程。闵学勤认为城市治理是指政府、市场和社会组织三种主要的组织形态在相互依存、尊重平等的基础上，按照参与、沟通、协商、合作的治理机制，解决在城市发展中的各项问题并实现利益整合的过程。何增科认为城市治理是政府、居民和社会公众机构等利益相关方通过参与—协调—分工的方式来实现城市公共利益的最大化。学者们对城市治理的概念界定虽然是百花齐放，但是他们所表达的城市治理的本质是同质化——多方主体共同参与管理[1]。因此，本文对城市治理的定义如下：在国家政策制度的引导下，政府会协同市场、社会公众组织等多元主体，以满足社会公众的需求为核心目标，持续地管理城市中各项公共事务的活动的总称。其致力于推动城市全面高质量和可持续发展，协调发展过程中的冲突和矛盾，广泛凝聚各主体共识并采取联合行动[2]。

2.3.4　城市治理理论的发展

城市治理理论的研究是城市治理的命脉所在。国外学者率先做出了相关的城市治理的研究。20 世纪中下叶时期，瓦利斯从城市区域空间结构的角度把美国全时期治理划分为三个阶段："传统区域主义"（又称为大都市政府理论）——具有绝对权力的政府进行统

---

① 何增科 . 城市治理评估的初步思考 [J]. 华中科技大学学报（社会科学版），2015，29（4）：6-7.
② 尹稚 . 以人民为中心的城市治理 [J]. 城市规划，2022（2）：46.

治并管理市场以获取利润；"公共选择理论学派"——人民来决定市场中的产供需，把私人选择变成集体选择，实现利益的最大化；"新区域主义"——治理不是统治，是不同社会机构和政府进行跨部门、联合管理公共事务，相互协调相互制约，不存在绝对的权力中心，城市治理应该寻求竞争与合作、分权和集权的平衡。萨维奇总结 20 世纪以来的区域协同治理的四种理论形态：大都市理论、公共选择理论、新区域主义与再区域化。斯通通过系统地回顾 20 世纪中期以来的所有城市政治理论和城市治理理论，对以选举为中心的多元主义城市政治理论和以经济因素为主的政治理论进行了批判。瑞典的学者乔恩·皮埃尔（Jon Pierre）的研究表明城市治理理论要明确：政府的主要职能是协调相关机构以达成集体目标，它强调政府的控制力度要有限制，凸显实现集体目标的重要性。国内有关城市治理理论的研究起步较晚，是伴随着西方治理理论体系和中国的城市治理实践经验发展起来的。中国学者在城市治理体系上也有相关的研究。厦门大学踪家峰教授（2002）[1] 通过比较国外的城市治理理论体系，总结出企业化、国际化、顾客导向、城市经营四种城市治理模式。赵强（2011）[2] 的研究表明，行动者网络理论为城市治理提供了一个全新的视角——城市治理是行动者网络和利益相关者网络相互影响、发展和更新的一个过程。在这两个网络中，没有所谓的中心，没有主客的对立，只有相互尊重、相互协同。庄立峰等（2015）[3] 的研究指出，"空间正义"也应该成为城市治理的一大要素，深入研究空间价值正义、空间生产正义和空间分配正义三个理论层面。

实践是检验真理的唯一标准。城市治理理论的不断丰富也要归功于不同国家对本国城市进行治理的实践经验。美国纽约着重发挥"非政府角色"，让社会福利机构和志愿者为社区治理贡献更多力量，以社区为基本单元进行管理强调社区在城市发展与改革中的重要作用，倡导多主体、多中心合作共治，注重网络信息技术研发以加强政府、居民和社会公共机构的联系。新加坡引入"花园城市"概念，为本国狭小的空间进行精细合理布局方案，按照中心城区—区域中心城区—副中心—小型中心—社区的模式进行层级划分并加以管理，并会收集社会民众和学者的建议对城市规划方案进行完善。上海作为我国重要的经济中心城市，将城市治理中心聚焦到基层的乡村、街道、社区，建立相关的基层治理协调小组，积极倾听和回应市民与市民、市民与政府、市民与社会公共机构之间的矛盾和问题，同时基础设施建设也在不断推进，为市民出行提供良好便捷的条件。北京是我国的首都，近年来实行疏解非首都功能的城市治理模式。由于北京深厚的文化

① 踪家峰，王志锋，郭鸿懋.论城市治理模式 [J].上海社会科学院学术季刊，2002（2）：115-123.
② 赵强.城市治理动力机制：行动者网络理论视角 [J].行政论坛，2011，18（1）：74-77.
③ 庄立峰，江德兴.城市治理的空间正义维度探究 [J].东南大学学报（哲学社会科学版），2015，17（4）：45-49.

底蕴、丰厚的资源待遇，各地人才蜂拥而至，同时也带来了城市空气污染、交通堵塞等大城市病。为此，北京采取设立京津冀协同发展城市圈和雄安新区的措施，缓解城市压力，给北京未来的发展增添了活力，为城市治理指明了方向。

由此来看，国内外关于城市治理的研究由"谁来治理"向"如何治理"转变，由最初的"单维度"、单主体的城市治理转变为"多维度"、多主体协同城市治理。当前我国的城市治理的研究难点在于如何才能实现多主体共同治理模式。在借鉴国外先进城市的治理经验时，切忌照搬照抄，不同城市之间存在的差异性要求要根据具体的实际情况制定合理的城市治理道路。

城市治理的核心本质在于"人"。随着时代不断发展和进步，城市治理的研究重心历经从"物"、"物"和"人"到"人"的转变，以人为本的理念逐渐成为城市治理的核心。上述关于理论发展和实践经验的介绍已经表明：城市发展会带来很多问题，城市治理旨在解决发展中的问题，提升城市品质，增强人民的幸福感。因此，以人为本是城市治理的价值原点。以人为本是城市治理的基础，也是城市美好生活的基础，这也是新时代城市治理的新要义。

2.3.5　城市治理与城市更新

党的十九届五中全会通过《中共中央关于制定国民经济和社会发展第十四个五年规划和二〇三五年远景目标的建议》，明确提出"实施城市更新行动"，这是中国未来发展的新战略。城市更新不是简单的拆旧换新，而是使城市的精神面貌焕然一新，为社会带来新的发展活力。城市更新主要从调整产业结构、改善居住环境、增强建设功能三方面来增加城市发展活力，实现未来的可持续健康发展。以城镇化为例，随着城镇化进程的不断推进，城市更新成为城市发展的必然选择。虽然城镇化为城市带来许多的人口红利，但是随之而来的交通、住房、资源等问题也层出不穷。城市治理是解决城市更新中城市发展出现的各类问题的关键，逐渐形成以政府、社会公共机构和居民形成的多主体、多维度的网络治理体系。以人为本、服务人本既是城市治理的核心，也是目的，这与城市更新的战略内容都是高度契合的，因此城市治理是城市更新的一部分。

城市更新之路任重而道远，城市治理体系仍需完善创新。在未来的城市发展过程中，城市治理应当融入城市更新之中，城市更新是长期的、持续的、有活力的，城市治理也要是这样，助力现代化城市建设。

2.4　空间生产理论

随着城市化运动的发展，西方世界在 20 世纪上半叶总体进入了城市社会发展阶段。在资本主义社会的生产逻辑和资本逻辑作用下，城市空间成为资本积累、劳动力再生产以及集体消费的主要场域，空间生产成为当代资本增殖的独特路径。20 世纪中叶以来，列斐伏尔（HenriLefebvre）、福柯（MichelFoucault）、哈维（DavidHarvey）等空间思想家基于对现代性的深刻洞察，推动了空间的社会转向。空间不再仅是社会互动的物质载体，而成了社会生产本身。正如卡斯特（Manuel Castells）所言："空间不是社会的反映（Reflection），而是社会的表现（Expression）。换言之，空间不是社会的拷贝，空间就是社会"[①]。对空间社会属性的学术省思，极大延展了空间的概念内涵，同时也赋予了空间强大的包容力和解释力。在空间转向思潮下而起的空间生产理论，是对社会空间与精神空间的回应，也是审视当前城市更新实践的核心理论工具之一。

2.4.1　空间生产理论对空间的认知

人类社会的空间形态在时间的纬度上不断演进，人类的空间观念在不同的历史语境下得到不断的创新与嬗变。自古希腊以来，空间的概念更多被阐释为物质运动变化的场所，强调空间的客观属性和场所属性。亚里士多德将空间描述为"像容器之类的东西"，因为空间是事物直接的包围者，而又不是内容物的部分[②]。17 世纪，法国哲学家笛卡尔承袭了亚里士多德的"虚空不存在"的观点，强调空间是物质的广延性质。此后，无论是牛顿的绝对空间、莱布尼茨的经验空间或是康德的先验空间，在本质上都是一种超验的、无法把握的绝对空间[③]。他们所定义的"空间"是一种几何学概念中空的区域，或是哲学上精神层面的事物。可以说，传统意义上的朴素空间观将空间视作人类活动的实践场所，而非实践活动的本身或一部分。

20 世纪 60 年代，西方国家出现的内城衰落等城市危机极大地推动了社会科学对空间问题的关注。空间深刻牵连着人类在经济、政治和文化领域的实践活动，以列斐伏尔、福柯、哈维等为代表的空间思想家对空间的社会属性进行了深入思考，并由此引发

① 曼纽尔·卡斯特. 网络社会的崛起 [M]. 北京：社会科学文献出版社，2003：504.
② 亚里士多德. 物理学 [M]. 上海：商务印书馆，1982：96.
③ 张品. 空间生产理论研究述评 [J]. 社科纵横，2012，27（8）：82-84.

了空间转向思潮。在空间转向思潮影响下产生的社会空间观，在承认空间客观存在的同时，强调人类社会的空间性由物质性和社会性共同构成。随着人们对空间认知的跃升与提高，"空间的生产"（Production of Space）已经替代了"空间中的生产"（Production in Space），空间性正逐渐成为当代的本质特性。

1. 空间的概念

法国马克思主义哲学家、社会学家亨利·列斐伏尔（Henri Lefebvre）在《空间的生产》（1974 年）、《资本主义的生存》（1976 年）以及《城市论文集》等著作中，基于"空间—时间—社会"三元辩证法对空间生产理论进行了完整的阐释。空间生产理论的核心，是生产和空间生产行为的概念，即空间是社会的产物。"空间"不仅是一个社会互动的物质载体，还是一个具有丰富社会内涵的存在，是由各种意识形态、权力关系和社会力量生产而成的。

空间具有鲜明的物质性。空间是物质运动的存在方式，没有脱离空间的物质运动存在，也没有脱离物质运动的空间存在。空间和物质运动不可分离，两者之间相互依存，相互联系。列宁指出："世界上除了运动着的物质，什么也没有，而运动着的物质只能在空间和时间中运动。[①]"空间首先是物质的，但是它并非与人类、人类实践以及社会关系毫不相干的物质存在。反之，正因有人类涉足其间，空间才对我们显示出意义。

空间具有深刻的社会性。对人类而言，以土地为根基的自然空间首先是本原性的存在，是人类生活环境的先在容器；同时自然空间也是对象性的存在，是人类主体活动的对象。在自身需要的引导下，人类不断从事着以物质生产资料为核心的交往实践活动。这种实践活动不断地将自然空间改造、分化为社会空间，同时也使自然空间在社会空间中得到继存与延续。在人类劳动的过程中，自然空间被客体化、属人化和人工化，并被改造成为人类生存和发展的条件，从而获得自身的社会功能和社会意义[②]。

空间具有特定的历史性。在人类绵延的社会过程中，既习得了以往的人类活动中固有的交往实践关系，也在实践中结成新的交往实践关系，塑造出全新的交往实践场。新旧交往实践场的不断更迭，带来了新空间的生产和空间性质的变化。在历史维度上，空间生产的发展过程具有从简单到复杂、从低级到高级、从单一到多样的特点，呈现出复合化、系统化的趋势。

---

① 列宁. 列宁选集. 第 2 卷 [M]. 北京：人民出版社，1995：137.
② 孙江. "空间生产"：从马克思到当代 [M]. 北京：人民出版社，2008：11.

2. 空间的类型

列斐伏尔强烈批判了传统意义上的朴素空间观将空间说成是"空洞的空间",以往的描述或剖析"尽管可以给出空间中存在物的清单,甚至提出空间话语,但它们绝对不可能促成空间的知识[①]"。对此,列斐伏尔提出必须从以下三个领域对空间加以分析和研究:即物质领域(自然界)、精神领域以及社会领域。列斐伏尔运用不同的空间概念来构建自己的理论,以期把不同种类的空间及其生成样式全部统一到一种理论中来。在《空间的生产》中,列斐伏尔界定了绝对空间、抽象空间、矛盾空间、差异空间、男性空间、女性空间等六十多种空间类型。为促成关于空间的完整知识,列斐伏尔将众多的空间统一归为了三大类:物质空间、精神空间和社会空间。

物质空间即自然空间,是在一定范围内能够进行精确地测量、描绘的空间,是一种具体的、可感知的空间。但是,纯粹的物质空间是一种抽象意义上的空间,这种空间正不断被社会空间所侵蚀,并在逐渐消失。

精神空间是一种思维的空间,是人类对于空间的概念和想象。精神空间是由人类的知识、话语和意象等组成的体系,诸如一些数学符号、标志或者笛卡尔的"几何学"概念都属于精神空间。

社会空间是指人类在社会生活中创造出的空间。

社会空间是建立在物质空间基础上的社会产品。社会空间的构成除了事物,还包含着生产和再生产关系,并且社会空间将为这些关系赋予合适的空间场所。

2.4.2 空间生产理论的三元辩证法

空间概念的延伸赋予了空间生产的可能性。空间的生产与一般意义上的物质资料的生产存在本质的区别。"空间的生产"是对空间本身的生产,它是人类对物质空间中的物质生产资料进行重构或者重置,从而创造出符合现实需要的空间产品的过程。空间的生产并不是关注于客观物质从无到有的创造过程,而是关注于人类创造满足自身特定生活需要的空间产品的活动过程。列斐伏尔指出,空间的生产表现为它对相关行为强加上某种时空秩序,具有束缚主体自由的功能。因此,空间的生产更加突出了物质产品的空间属性和空间的意义,并将人类社会关系固化在空间中。

---

① HENRY LEFEBVRE. The production of space[M]. Oxford:Blackwell,1991:22.

如果说空间是一种产物，那么我们对空间的认识就是对生产过程的复制和再现[①]。列斐伏尔将时间和空间两个维度相结合，建构起"空间—时间—社会"的三元辩证法对空间生产的作用过程加以深度剖析。三元辩证法的核心范畴包括了空间实践（感知空间）、空间的表征（构想空间）和再现性空间（生活空间）。几乎每一种社会形态或者生产方式都可以借助"空间实践—空间的表征—再现性空间"的模式加以解释。

空间实践（Spatial Practice）是空间生产过程的第一个维度，关注于功能形式意义上的空间。空间实践是指发生于空间中，并与空间相联系的物质生产实践过程及其产物。空间实践属于物理意义上的空间活动，它保证了社会生产和再生产的顺利进行。在当代的资本主义环境中，空间实践将日常本体（日常事务）与城市本体（路线与网络）之间通过工作、私人生活与娱乐等将区域设置相联系。

空间的表征（Representations of Space）是空间生产过程的第二个维度，关注于概念化的空间。空间的表征指的是社会中占主导地位的、通过设想而认知的空间，更多的表示由科学家、城市规划者、技术官僚等职业身份主导的空间，以知识和意识形态进行统治和支配。空间的表征是一种凌驾于空间实践之上的结构，更加趋向于一种指令系统。

再现性空间（Representational Spaces）是空间生产过程的第三个维度，关注于居民和使用者的空间。再现性空间是一种包含着人们生活经历和空间体验的、本真性的空间。这是一种被支配的、被占领的和消极体验的空间，但使用者试图以想象力对空间加以改变和占有。

空间实践、空间的表征与再现性空间三个维度之间存在着辩证联系，是一种相互影响、相互联系的现实关系。偏向物质性的空间实践，介于构想空间与生活空间之间，使得空间的表征与再现性空间彼此间既连接又分离，同时也显示出空间实践的独特地位。而兼具真实与想象的再现性空间是对"空间的表征"的超越，又回归于"空间实践"[②]。从物质性的空间实践到再现性空间，呈现出一种"回溯式进步"的历史过程。

2.4.3　城市空间生产的过程

空间的构造不仅是空间物理特性的展现，更是多元主体参与、相互博弈的特殊社会过程。美国当代地理学家、社会学家大卫·哈维敏锐地察觉到 20 世纪资本主义内在矛盾

---

① 包亚明. 现代性与空间的生产 [M]. 上海：上海教育出版社，2003：87.

② 张子凯. 列斐伏尔《空间的生产》述评 [J]. 江苏大学学报（社会科学版），2007.

在深度和广度上的加剧，他指出城市空间就是资本的生产对象，城市空间的生产充斥着资本、权力和阶级等政治经济力量的作用[①]。哈维应用列斐伏尔建构的"空间—时间—社会"的三元辩证法，把马克思主义空间化，生动地呈现了资本宰制城市空间形成的图景。

1. 城市空间生产的动力

哈维重点分析了资本主义的城市空间生产，认为城市空间生产是资本主义实现资本积累和资本主义制度延续的关键手段[②]。资本积累向来就是一个深刻的地理事件。正是因为存在地理扩张、空间重组和不平衡地理发展的多种可能性，资本主义才能继续发挥其政治经济系统的功能。城市空间生产受到多重力量的推动，其中资本、权利和阶级是三大基本动力。

资本是城市空间生产的核心力量。在自身逐利性和增殖性的驱使下，资本不断引导着城市的空间生产。城市空间充分体现了商品的特性，是价值、使用价值和交换价值的统一体。城市空间生产的根本目的在于生产更多的剩余价值，以至于"城市空间的每一个角落都被作为商品来充分利用，土地得到高度利用……城市成为谋求利润的场所。[③]"随着城市空间格局发生变化、增量用地接近耗尽时，资本将更主动地介入存量开发的进程中，通过城市更新实现资本增殖。另外，资本与空间存在着双向互动的辩证关系。一方面，资本影响、塑造和改变着城市空间；另一方面，资本主义的城市空间生产本身也在为资本主义服务，不断强化和固化着有利于资本积累和增殖的社会关系和空间形态。

权力是主导城市空间生产的又一重要力量。法国社会学家米歇尔·福柯指出，空间在任何形式的公共生活中都极为重要，不管在哪种形式的权力运作中，空间都是根本性的东西[④]。建筑空间中渗透着经济、政治中的权力关系，权力对空间生产的影响集中表现在：相关利益集团利用自身的资本优势和政治优势，优先考虑本集团的利益和观念，对城市土地的利用方式加以改变[⑤]。哈维认为资本主义社会中的城市空间作为一种景观，是具有某种特殊空间构型的人工环境的"第二自然"，这种"第二自然"是在资本的控制下生产出来的，因此直接体现了政治权力[⑥]。围绕城市更新项目所建立的领导及管理体制，是行政权力介入城市空间生产过程的集中体现，此外，专家学者、规划师等拥有的专业

① DAVID HARVEY. The Urbanization of Capital[M]. Oxford：Blackwell，1985：15.
② 大卫·哈维. 叛逆的城市：从城市权利到城市革命 [M]. 上海：商务印书馆，2014：43.
③ 唐旭昌. 大卫·哈维城市空间思想研究 [M]. 北京：人民出版社，2014：101.
④ 爱德华·W·苏贾，王文斌. 后现代地理学 [M]. 上海：商务印书馆，2004：32.
⑤ 刘珊，吕拉昌，黄茹，等. 城市空间生产的嬗变——从空间生产到关系生产 [J]. 城市发展研究，2013，20（9）：42-47.
⑥ 大卫·哈维. 希望的空间 [M]. 南京：南京大学出版社，2006：8-9.

权力、文化权力等非正式权力也会对空间生产起到支配作用。

　　阶级也是城市空间生产的重要推动力量。西班牙社会学家曼纽尔·卡斯特指出，城市体现了社会阶级之间利益和观念冲突的动态过程，城市空间成为服务于社会阶级之间操控和反操控的一种物质机制[①]。城市空间生产中出现的隔离与分层现象，充分展示了不同社会阶层对不同空间的占据。富有的中上层阶级通过消费、居住高档、舒适以及封闭的生活空间来展示其社会地位和阶层身份，而受到阶级资源限制的劳动者和低收入群体则被迫聚居于边缘和劣势空间。旧城改造过程中的"绅士化"现象，本质上源自不同阶层关系对城市空间形态转变的主导作用，体现了阶级对城市空间生产的支配。

2. 城市中空间正义的价值追求

　　由资本、权力和阶级主导的城市空间生产，对产生巨大利益的房地产项目、大型商业设施和娱乐设施极其青睐。城市空间生产改变了普通居民生活用地的性质，迫使越来越多的劳动者和下层阶级蛰居在边缘和郊区空间，而中上层阶级则继续维持着这种空间隔离和社会分层。面对城市中不正义的空间生产及结果，空间正义成为理所应当的价值呼吁。

　　"空间正义"思想具有非常深厚的历史底蕴。18 世纪至 19 世纪，三大空想社会主义者的论著中就已体现出"空间正义"的原则。在马克思的《资本论》，恩格斯的《乌河培谷的来信》《英国工人阶级状况》和《论住宅问题》等经典文本中，就对"空间正义"的基本思想作了深刻阐述，并对资本统治城市空间进行深刻了批判。空间正义概念化的起点是 1968 年布莱迪·戴维斯（Bleddyn Davies）所提出的"领地正义"。1983 年，戈登·H·皮里（Gordon H. Pirie）在《论空间正义》中最早对"空间正义"的概念进行了论述。随着空间正义概念的兴起，列斐伏尔、哈维、卡斯特尔等人都将"空间正义"作为了评判空间生产实践的重要理论武器。空间正义是指空间生产和空间资源配置中的社会正义。空间正义中的"空间"具有广泛的含义，它涵盖了所有生产和生活的空间资源，是建立在土地基础上的一切空间产品、空间形态、空间生活、空间表现形式和空间权益[②]。在空间视角下，关于正义议题的关注点放到了社会结构产生的不平等和不公正上，超越了仅从分配角度探讨正义的传统路径。

　　空间生产理论主张赋予所有人平等的城市权利，以阻止城市空间被异化为资本所控制的商品，让更多的弱势群体共享城市空间。哈维将城市权利定义为一种按照自己的期

① HUBBARD P. A.R. Designing Cities：Critical Readings in Urban Design[J]. European urban and regional studies，2004.
② 孙江."空间生产"：从马克思到当代 [M]. 北京：人民出版社，2008.

望改变和改造城市的集体权利[①]，意味着城市中的每个个体能够公正合理地分配城市资源、享有城市公共服务，能够参与和决定城市空间生产过程。争取城市权利是实现空间正义的实践路径。城市空间具有社会性和共享性，社会物质实践活动是城市空间生产的源泉，城市空间不属于政府、开发商或者任何利益集团，而属于包括每个普通劳动者在内的集体。在城市经营、城市竞争的压力之下，城市更新过程中公权力与资本的相互角力势必会挤压城市寄居阶层的话语空间。城市更新需要以多阶层共享空间生产红利为首要原则，在城市空间生产中积极为社会各主体赋权，使空间正义的价值追求拥有付诸实践的意义。

空间生产理论对城市更新活动的启示在于：城市更新活动中既要关注对物质空间的重构，也要关注对精神空间和社会空间的重构；城市更新活动不仅影响着城市生产和生活所依托的空间载体和空间环境，城市更新对城市空间的作用和重构过程本身就是生产过程，因此城市更新活动不仅通过对城市生产生活环境的影响间接地影响着城市财富生产，而且其本身就是城市财富的生产过程，或者说，城市更新本身就能带来经济增长；可以通过影响和改变资本、权力、阶级等城市更新动力因素，来促进实现城市空间价值的总量增值和分配正义。

2.5 公共选择理论

2.5.1 公共选择理论的思想来源

公共选择理论最早要追溯到二百多年前孔多塞提出的"投票循环"或"投票悖论"。但大部分公共选择理论思想主要源自 19 世纪以后。

19 世纪末，瑞典经济学家克纳特·维克赛尔（Knut Wicksell）提出了政治自愿交易学说以及一致性原则。他在 1896 年发表的论文《公平赋税的新原理》中提出其基本观点，即政治市场同经济市场有相似的结构，人们都是基于个人利益进行自愿的物质交换。他认为，由于政治行为主体是在既定规则中做出选择，所以在政治学领域规则是极为重要的，对市场改革的方向必须聚焦决策规则变革，而非对于具体行为人产生影响以改善结果。此外，维克赛尔最先发现了公共选择理论的三项核心构成要素：方法论上的个人

---

① 大卫·哈维.叛逆的城市 [M].上海：商务印书馆，2014：4.

主义、经济人以及看作交易的政治。

20 世纪初，同样来自瑞典的经济学家林达尔（Lindahl）提出了公共物品理论，该理论继承并发展了维克塞尔自愿交易学说，认为政治领域的公共产品生产和经济领域的私人物品生产都是社会成员通过交易而实现各自收益的行动结果，并且认为政府提供的公共物品数量由不同社会成员进行利益交易达成的均衡点决定[①]。

在同时期的欧洲大陆，霍布斯、洛克等人提出的政治理论，尤其是其中的社会契约理论也是公共选择理论的思想来源之一。社会契约理论的基本观点认为，政府权力是存在边界的，这种边界受宪法约束；国家的统治者也必须遵守既定的社会契约，否则选民有权推翻其统治。意大利经济学家萨克斯、德·马尔科以及庞塔雷奥尼等人的公债理论和国家学说对公共选择理论的产生也起到重要影响[②]。公共选择理论的创始人邓肯·布莱克（Duncan Black）因为受到维克塞尔和意大利学者研究的影响，才使其注意力从正统财政学问题转向分析政治决策机构、研究宪法规则上。

2.5.2 公共选择理论的发展历史

公共选择理论产生于 20 世纪 40 年代并在 20 世纪 60 年代末逐渐形成了一种学术思潮。公共选择理论的创始人是英国北威尔士大学的经济学教授邓肯·布莱克（Duncan Black），他也被后世人尊称"公共选择理论之父"，他 1948 年发表的论文《论集体决策原理》为该理论打下了基础。布莱克对公共选择理论的主要贡献在于，他在道奇森和孔多塞等人的"投票悖论"的基础上对投票规则的循环问题进行了研究，并提出了"中位数投票人定理"，即当投票者的偏好为单峰时，简单多数票规则一定产生唯一均衡解，且该均衡解为中位数投票者的偏好。

公共选择理论的领袖人物当属美国著名经济学家詹姆斯·布坎南（James M.Buchanan, Jr.）。他从 20 世纪 50 年代就已经开始了在公共选择理论领域的研究，而且他是目前公共选择研究领域著述最多的学者。1986 年，布坎南因在公共选择理论方面的建树，尤其是提出并论证了经济学和政治决策理论的契约和宪法基础而获得诺贝尔经济学奖。

肯尼斯·约瑟夫·阿罗（Kenneth J. Arrow）在 1951 年出版的《社会选择与个人价值》、安东尼·唐斯（Anthony Downs）在 1957 年出版的《民主的经济理论》、曼库·奥尔森（Mancur Olson）在 1965 年出版的《集体行动的逻辑》以及威廉·尼斯坎

---

① 方福前. 公共选择理论：政治的经济学 [M]. 北京：中国人民大学出版社，2000.
② 许云霄. 公共选择理论 [M]. 北京：北京大学出版社，2006.

南（William Niskanen）在 1971 年出版的《官员与代议制政府》都是沿用经济学方法研究政治领域问题的基本思路继续发展了公共选择理论并取得不少成就并提出了"阿罗不可能性定理""投票的空间理论""搭便车理论""尼斯坎南模型"等新理论。

1966 年美国著名经济学家戈登·塔洛克（Gordon Tullock）创办了《公共选择》杂志，该杂志目前被列为全球 30 个重要期刊之一，而且塔洛克被认为是公共选择理论中"寻租理论"的开山鼻祖。寻租理论是公共选择理论中的核心理论，寻租行为的本质是政治权力和经济资源的交换，这会使得企业或利益集团通过政治行为获得超过其机会成本的经济酬金，寻租行为广泛存在于政府定价、政府的特许权、政府的关税和进口配额和政府订货中。

美国著名经济学家丹尼斯·缪勒（Dennis C. Mueller）在上述研究的基础上作了系统的归纳整理并加以发展，并在 1979 年出版《公共选择》一书，他将直接民主与代议制民主的公共理论进行充分的分析与论证，并对公共选择的假设、原则及经典理论进行了系统整理与评价。

2.5.3 公共选择理论的定义及基本观点

1. 公共选择理论的定义

公共选择理论既是当代西方经济学的一个重要分支，同时又是一个极其重要的涉及现代政治学和行政学的研究领域。它以新古典经济学的假说、原理、方法、范式、工具，来研究政治市场上的规则和市场中各类主体的行为及他们的演化过程。

对于公共选择理论的定义，该领域代表人物布坎南认为公共选择理论既不是个学科，也不是个子学科，而是一个有着共同硬核的研究项目，这个硬核就是它的基本方法论特征：经济人假设、方法论上的个人主义和作为交易的政治。保罗·萨缪尔森（Paul A. Samuelson）和威廉·诺德豪斯（William D.Nordhaus）合著的流行的教科书《经济学》中给公共选择理论下的定义是："公共选择理论是一种研究政府决策方式的经济学和政治学。"具体来说，公共选择理论考察并分析了各类选举机制运作方式；研究了国家干预不能解决收入分配不公等问题产生的政府失灵现象；研究了政治决策者的短视、腐败造成的公共利益损失及其导致的制度失灵等问题。美国马里兰大学教授丹尼斯·缪勒（Dennis C. Mueller）对公共选择理论下的定义常被西方学者引用，他认为"公共选择理论是对非市场决策的经济学研究或是把经济学运用于政治科学的分析。"展开来说，就是运用经济学的假说、基本理论、研究框架并统一将其运用于政治学科中，其研究的主题依旧是政治学科中的国家理论（起源、发展）、投票规则、投票人行为、政党政治学等问题。本文更倾向于缪勒对于公共选择理论的定义，但是缪勒对于《公共选择》的讨论范围仅限于政治领域，所以存在一定的局限性，可称其为狭义的公共选择理论。综上，本文将公共选择理论的定义为："公共选择理论是运用经济学的假设、方法论以及交易范式进行非市场决策研究的一系列理论。"

2. 公共选择理论的基本观点

公共选择理论认为经济市场和政治市场共同组成人类社会。在经济市场上活动的主体是消费者（需求者）和生产者（供给者），他们之间交易的对象是私人物品；在政治市场上活动的主体是选民、利益集团和政治家、官员，选民和利益集团是政治市场上的需求者，政治家和官员是政治市场上的供给者，他们之间交易的对象是公共物品。经济市场上，人们通过货币交换得到满足其最大需求的私人物品；政治市场上，人们通过选票交换得到满足其最大需求的公共物品。前者为经济决策，后者为政治决策，在社会生活中个人以此二类决策为主要行为。

现代西方经济学主要研究经济市场上的供求关系及其伴随的经济决策，往往将政治决策视为经济决策的既定因素，并且认为政治市场与经济市场是彼此独立、互不相干的。公共选择理论认为在经济市场和政治市场上的活动主体为同一人，因此，没有任何理由认为一个人会根据两种不同的行为动机开展其社会实践。所以，在社会实践中，无论个体身处何种层次，他的目标都是追求个人利益最大化。

公共选择的机制是各参与主体通过交易来谋求个人利益最大化的实现（广义化将政治因素纳入经济考量，且基于理性人原则）。公共选择理论中的经济人假设是最接近实际决策情况的假设，从这一假设出发，可以更好地理解为何政府会采取某些公共决策，因为政府的政治决策也是政治家及政客个人利益最大化的综合价值评判结果，当然这种利益不单指经济利益，还包括政绩、声望、名誉等政治、社会利益。

2.5.4　公共选择理论的方法论

理解公共选择理论的核心在于理解其最基本的方法论，正如之前定义所说公共选择理论是运用经济学方法分析非市场决策问题。布坎南给出的定义正是说明了公共选择理论领域中的共同硬核，虽然该领域理论繁杂，但核心内容是他们共同的硬核——即公共选择理论方法论的三个基点：经济人假设、个人主义、交易政治学。

1. 经济人假设

经济人假设是经济学的基本假设也是现在经济学理论的重要理论前提，同样是公共选择理论的前提假设。对于经济人假设的论述最早出现在亚当·斯密的《国民财富的性质和原因的研究》一书中，他在书中论证了市场的有效性以及市民的自利性。后续随着现代经济学理论的发展，经济人假设在自利性的基础上增加了理性假设，即"理性经济人假设"。

公共选择理论将政治制度视作一种政治市场，将政治家的行为动机视为个人利益最大化的追求。但是，公共选择理论中的经济人范式不同于主流经济学在选择对象间配置稀缺资源以求效用最大化的行为范式。公共选择理论则认为，个人在市场（广义）中进行选择时，不能将其他人视作被动的环境因素，人总处于存在交易成本的主体相互作用的市场环境中，市场存在着多种约束条件，各行为主体会根据自身情况做出理性经济人决策。此外，公共选择理论的经济人假设范式与传统的政治理论中的以"代表公民利益的无私政府"为假设，以社会利益最大化为目标的思想也有着本质区别。

公共选择理论利用"经济人"假设概括了作为个体的人的基本行为特点和动机。这就使得基于个体的模型可以在经济理论和政治理论的对应与逻辑保持一致性，并为未来可能发展出一种有条理的和统一的政治学和经济学的理论打下基础。用布坎南的话说，"经济人"假设的合理性就在于他统一了社会中所有个体的行为特点，保持了分析人的行为时的一致性，并为制度分析提供了统一的基础。

2. 个人主义

方法论上的个人主义认为，一切社会现象的产生都可以追溯到其背后的个人行为基础，并且对社会现象的解释也必须从个人层面才可以得到阐述。

公共选择理论对于个人主义的基本观点不同于主流经济学中作为组织社会活动规则的个人主义，主流经济学中的个人主义试图将政治组织的所有问题简化为个人面临各种选择以及他在这些选择中所做的选择，这种思想是先将集体组织比如政府作为一种实体，然后在此基础上开展后续的分析。而公共选择理论的个人主义将人作为基本分析单位，并将社会看作个人间的相互作用结果（基于经济人假设），认为应该从个人出发去解释政治和社会而非相反过程，布坎南曾将其命名为"政治过程的个人主义理论"。公共选择理论认为社会、政府并非真实实体，它由各种各样的人组成的，集体的组织、行为是由无数独立的个体行为共同构成，因此分析政府行为前应该回到政府中的个人行为中，政治领域的集体决策是个人决策的某种方式的加总，公共选择是个人选择的结果。

3. 交易政治学

布坎南认为将经济学定义为选择的科学是自相矛盾的，因为选择带有不确定性，而从经济人假设角度出发是可以对经济市场做出某些确定性预测。并且主流经济学认为人们的选择行为及结果似乎与制度结构和宪法秩序无关的观点也受到布坎南等公共选择学派的抨击。布坎南认为经济学应该回到亚当·斯密时期"经济学是交换科学"的基本观点，经济主体间的自由交换才可能产生有效率的市场。以布坎南为代表的公共选择学派认为，经济学的基本命题是交换。他将这种经济市场的交换方式推广到了政治市场上，并认为经济学家可以根据交易范例来观察、研究政治及政治过程。广义的公共选择观点首先就是经济学基于供求关系的交换范式，而且交易行为贯穿于全部决策过程。

根据公共选择理论，虽然政治市场和经济市场相似，都是基于供求关系的市场，市场中人们都是以交易方式实现个人利益最大化。但相比经济市场，政治市场的交易过程具有更高的复杂性，其复杂性主要体现在以下两方面：其一，政治市场交易必定是在宪政秩序下达成的理性契约，这种制度性契约必然先于经济市场的自发互动，而经济交易过程总是处于这样的法律和制度结构中；其二，经济市场上的供求关系对应着的交易双方，彼此间利益关系相对明晰，而在政治市场上存在着大量利益诉求共同体、政党同盟或各复杂团体组成的松散政治联盟，这使得政治的市场规模、影响范围及复杂性大大高于经济市场。

对于政治市场交易和经济市场交易的差别体现在以下三个方面：其一，是交易对象的权属问题，经济市场交易的对象多为私人物品，而政治市场交易的对象多为公共物品；其二，市场交易的主体不同，经济市场的交易主体主要是个人或厂商，而政治市场的交易主体则是大的政治集团以及国家运转的全体参与者；其三，交换过程的非自愿性，经济市场的商品交换是一种相对等价交换，而政治市场则是统治与被统治关系间的交换，政治交换存在一定程度的不平等性和强制性。

由此也可看出公共选择学派对于政治市场交易的基本看法，他们强调政治的主要功能是在相应的市场上建立起绝大多数人都能遵守的规则，目的是以规则协调冲突，以利于交易的进行，公共选择学派从不把调节市场失灵的方式寄希望于高明的政府、政治家，而是重视通过政治规则以及宪政的调整，以避免政府的失败决策。

公共选择理论对城市更新活动的启示在于：作为城市更新活动的最重要的主体和主导者，政府并不是一个笼统的整体层面的单一行动组织，构成政府的诸多个体有着其理性经济人的特点，良好的城市更新制度设计不应该简单地理想化地假定政府是单一追求社会利益最大化的无私的城市更新主体，而是应将人作为基本的分析单位，应建立一种将追求社会公共利益与政府成员自身的职位晋升、效用最大化等个人利益有效挂钩的激励机制；可以借鉴经济市场上的交易范式，来促进实现城市更新政策过程中的利益补偿和利益平衡。

本章小结

城市更新最重要的理论基础包括产权理论、触媒理论、城市治理理论、空间生产理论、公共选择理论等。本章介绍分析了产权的定义、构成、分类、功能；介绍分析了触媒理论的概念、基本思想、运作特点、作用过程和类型划分；介绍分析了城市治理理论的概念、发展及其在城市更新中的应用；介绍分析了空间生产理论的含义、城市空间生产的三元辩证法以及城市空间生产的过程；介绍分析了公共选择理论的思想来源、发展历史、基本观点和方法论。这些理论为城市更新实践提供了有力的方向指引和工具方法指导。

思考题

1. 简述产权的定义、构成、分类和功能。
2. 触媒理论对城市更新有怎样的指导意义？
3. 城市治理与城市更新有怎样的区别和联系？
4. 空间生产理论对城市更新有怎样的指导意义？
5. 公共选择理论对城市更新有怎样的指导意义？

City

本章要点：本章介绍了不同类型的城市更新制度以及城
市更新政策的编制主体、实施程序和利益平
衡机制，并对我国部分省市城市更新政策亮
点进行梳理。

第 3 章

城市更新制度与政策

3.1 城市更新制度

3.1.1 城市更新过程中的政府与市场

传统经济学、公共部门经济学、萨缪尔森经济学和民主经济理论等都对政府和市场的关系进行过深入的探讨。自亚当·斯密开始，政府被认为是自由竞争市场的"守夜人"；公共部门经济学则认为政府应在公共服务投资中发挥主导性作用；民主经济理论更加坚信"没有政府的情况下，即使一个完全竞争经济也不可能达到帕累托最优"，直到对此持谨慎态度的萨缪尔森提出了政府介入的弊端，认为政府也会像市场一样出现失灵。并且，政府介入市场后，权利结构一旦形成，即便出现市场效率下降的趋势，也很难再退出市场，进而形成无法打破的效率"悖论"。在东亚国家，市场经济还不完全成熟，政府的直接介入在一定程度上能够更好地整合资源，提高公共服务水平，优化资源配置，增强宏观调控能力。然而，两者的作用边界是效率增减的核心因素，一旦政府走向"反客为主"的地位或者市场缺乏管束都会造成较大的问题[①]。

城市更新是政府和市场两股力量并行的综合性发展过程。政府是规则的制定者，通过制定政策来回应更新进程如何推进的问题。当缺乏政府干预时，市场的逐利性，公共产品供给就会出现"缺口"，从而导致公共产品的"公地悲剧"。市场是城市更新最重要的融资渠道，也是最主要的执行者。土地二次开发的进程通常是"豪华的"，市场活跃的资本流动为其顺利进行提供了保障。当政府权力过度扩张，抑制了市场的积极性，就容易造成交易费用的增高和资源配置效率的降低。城市更新的推进速度、公共设施的供给和质量都受到政府与市场的影响。那么，二者之间的不同关系又会产生怎样的影响呢？

分析城市更新中政府与市场间关系的意义和启示在于：城市更新制度设计的逻辑起点就是要认识和处理好政府与市场的关系；城市更新过程中要涉及不同程度的城市公共产品和公共服务的供给和生产，在不同的理论体系支撑下，政府与市场在此领域的作用角色是不一样的；一般来说城市更新需要政府与市场的共同参与，而二者的边界划分是决定城市更新效率甚至成败的关键因素；城市更新是个案进行的，不同城市更新地区和项目中政府与市场的特征和力量对比各不相同，项目性质也各不相同，城市更新的制度设计在国家宏观、地区中观、项目微观等不同层面上需要体现共性和个性的结合。

---

① 唐婧娴. 城市更新治理模式政策利弊及原因分析——基于广州、深圳、佛山三地城市更新制度的比较 [J]. 规划师，2016，32（5）：47-53.

3.1.2　以政府主导的城市更新制度

政府主导是增长性城市更新的主要表现之一，政府是城市更新的绝对主体。在众多的因素中，地方政府及其理念在城市更新的策略制订和实施方面起到重要作用。在改革开放之前，政府行为就是承担城市更新的全部责任，兼具更新项目的组织、资金保障、项目执行者等多种角色。政府既是城市更新的政策制定者，同时又是城市改造项目的具体操作者。即使是在改革开放以来房地产开发导向的城市更新中，政府仍然在政策和目标理念方面有重要影响。我国地方政府作为土地的实际控制者，可以引导和贯穿整个土地征收、土地整理、土地储备、土地再开发的全过程。总之，在这种城市更新制度类型中，市场逻辑还不足以支配整个城市更新，以及取代政府的宏观管制，政府的绝对主体地位不可撼动。政府一方面在未成熟的市场中承担干涉供给的职责，另一方面，城市政府实际主导和实施更新项目，以实现 GDP 增长、城市形象提升等多重目的。

3.1.3　以市场主导的城市更新制度

西方国家由于受到新自由主义思潮的影响，政府遵循市场逻辑，即政府的逻辑是建立在市场层面，城市政策是为市场服务。简言之，在政府和市场的联盟中，市场是城市更新的主体。

1949 年，美国启动新的《国家住宅法案》，允许联邦基金用于城市更新发展，联邦政府向私人开发商及投资者提供实质性资金资助，以公共资金为杠杆撬动私人投资。20 世纪 50—60 年代，推土机式的更新对城市产生多样性破坏。到了 20 世纪 70 年代，美国经济发展持续低迷，来自联邦的资金资助逐渐减少，城市更新的权限下设到地方，私人投资部门在城市发展及更新中扮演越发重要的角色。以纽约市为例，随着 1949 年美国启动新的联邦住宅法案、州政府的城市增长管理法规以及地方区划条例的完善，在土地调控、发展管理等方面不断涌现出各种制度政策用于城市更新[①]。

土地调控对土地资源管理，缓解土地供需矛盾至关重要，纽约政府在城市和社区层面建立存量土地资产的管理体系，负责零星土地资源的获取及整合。城市层面，地方经济发展组织通过土地银行（Land Bank）整合积累小地块土地资源吸引企业参与地方投资。社区层面，由社区活动人士、商人和相关专业人士（如规划师、房地产经纪人）等

---

① 姚之浩，曾海鹰 .1950 年代以来美国城市更新政策工具的演化与规律特征 [J]. 国际城市规划，2018，33（4）：18-24.

组成的非营利机构社区土地信托机构（Community Land Trust）管理运营土地资产，通过借贷购买、获取捐赠或向政府回购的方式获取置土地[①]。为鼓励私人投资开发地，纽约政府鼓励纽约州议会通过立法来稳定州棕地清理项目提供的税收抵免，为保障性住房和工业发展项目提供税收抵免通道，降低棕地的清理成本。同时，纽约市提供城市基金鼓励私人投资者参与棕地自愿清理计划（NYC VCP）运营，加入该计划的项目可以获得低成本或零成本的土地回收，抵免部分清理费用，减免部分政府的税费[①]。

城市发展与城市更新并行，地方政府创设了弹性区划技术和增值管理工具以改善传统区划对存量再开发的不适应性，其中最常用的工具是激励区划（Incentive Zoning）。激励区划的核心是以空间增额利益（如容积率奖励）和允许区划条件变更（如建筑后退、层高、停车场地条件）为条件引导、激励既有产权主体出资金和土地为社会提供公共物品，其实质就是让市场来提供公共产品，政府以公共利益的名义与开发商签订社会合约，通过向开发商提供容积率奖励来获取公共产品。纽约市 1961 年通过引入激励性政策鼓励私人资本投入公共空间建设，并正式提出私有公共空间政策（Privately Owned Public Space，POPS），鼓励社会资本投资在私人土地上建设，并向社会免费开放公共空间。

在这个时期，纽约的城市更新逐步以市场为主导，以效率为导向的市场化城市更新走上前列，私人资本被视为挽救大萧条地区经济的第一选择，公共部门则退居第二位。

小贴士

广州城市更新由国企主导

据悉，广州市将鼓励市、区国企参与旧村改造。其住房和城乡建设管理部门表示，国企参与旧村改造的优势在于：

- 有利于全市统筹，形成全市更新工作"一盘棋"。
- 有利于科学有序，有效调控改造节奏。
- 有利于市区协同，充分发挥市、区属国企优势，有力支撑旧村改造工作顺利实施。
- 有利于做大做强功能性国企，支持重大基础设施建设。

这意味着，广州的城市更新，以后要由国企主导了。而在住房和城乡建设部《关于在实施城市更新行动中防止大拆大建问题的通知》中也提出：要防止过度房地产化的开发建设模式，要以补短板、惠民生为更新重点，也意味着，城投国企要在城市更新中承

---

① 张思露. 城市更新语境下的大都市棕地再开发路径研究——纽约与上海的实践对比 [J]. 上海国土资源，2020，41（2）：62–67.

担更重要的分量。

国企主导城市更新的上述优势是毋庸置疑的，但在城市更新中如何保证为民营资本留出足够的市场空间和机会，避免"挤出效应"，实现国企和民企的双赢，也是有关部门要关注的。在"房住不炒"和房地产市场走势不明朗、许多民营房企和建筑企业开始向城市经营领域转型的情况下，在城市更新"蛋糕分配"中关注民企利益是必要的。城市更新中当然可以选择国企主导模式，但不宜国企"独占"，而是"国企主导、民企参与"。

资料来源：陈家文.定调！广州城市更新由国企主导！[J].房地产导刊，2021（11）：28-30.

需要指出的是，以市场为主导的城市更新制度，不仅体现在进行城市更新的实施主体是以市场主体为主，还体现在城市更新区片的划定和项目的产生环节，也是以市场为主导的。那些不符合市场原则、难以给企业带来利润增长和消费者效用提升的城市更新活动，是不会仅仅因为政府的干预意愿而发生的。

3.1.4　"政府引导、市场运作"的城市更新制度

在"政府引导、市场运作"的城市更新制度下，政府通过制定相关政策、规划和标准，引导城市更新的方向和规范，确保城市更新的可持续性和公共利益。同时，市场主体通过参与市场竞争，发挥其创新和效率优势，推动城市更新的进程。

政府引导的方式包括但不限于：制定城市更新规划和政策，明确城市更新的目标、原则和措施；设立城市更新基金，为城市更新提供资金支持；建立城市更新服务平台，提供信息交流和交易服务；鼓励社会资本参与城市更新项目等。

市场运作的方式包括但不限于：市场主体通过竞争方式取得城市更新项目，承担项目的投资、建设和运营；利用市场机制，推动城市更新项目的土地、房屋等资源的合理配置和高效利用；引入社会资本，实现城市更新的多元化投入等。

政府和市场不是相互替代的关系，而是相互补充、相互促进的关系。政府的作用在于提供政策引导和支持，创造良好的市场环境，促进市场主体参与城市更新的积极性；市场主体的作用在于发挥其创新和效率优势，推动城市更新的进程，实现城市更新的多元化投入和可持续发展。

深圳市的城市更新改造是政府引导、市场运作的典型案例，也就是政府当好"守门员"，让市场来进行经营。2009 年，为应对快速城市化引发的土地历史遗留问题，特别

是土地名义所有和实际占有的问题，深圳市以广东省"三旧"改造为契机，在借鉴其他国家和地区城市更新经验的基础上，大力推进"市场主导、政府引导"的城市更新模式。深圳的城市更新充分调动了集体组织和开发企业等各类主体的积极性，真正发挥了市场力量在城市更新项目中的作用，改变了"先腾退土地、政府收储、再由政府招拍挂"的习惯做法，在提升城市基础设施和公共服务设施水平、创新存量土地二次开发利用、解决土地历史遗留问题等方面发挥了重要作用[①]。

深圳市更新制度体系主要分为编制规划技术以及具体实施机制这两部分。规划技术是深圳城市更新的重要工具，主要包括规划工具改良以及推出城市更新规划单元制度等内容。实施机制主要是指深圳市政府通过构建一整套城市更新政策体系，为城市更新制定可遵循的运行规则，保障具体更新项目的平稳有序推进。

1. 规划技术

目前来看，深圳市城市更新规划体系的发展主要分为三个阶段。

第一个阶段主要是对法定规划工具进行技术性改良。为解决存量改造问题，盘活城市存量空间，深圳市政府联合社会各界共同推动规划工具的改良工作。21世纪初，深圳市在编制城市总体规划的过程中，以存量规划为主要思路，将存量的相关内容加入城市总体规划中，为深圳市存量规划工作奠定了政策基础。为了解决存量用地问题，深圳市首创了"开天窗"的法定图则规划方法，将改造片区的规划用地与其他的改造规划结合起来，统一进行调整，并以详细蓝图作为存量规划的实施抓手，其编制技术也不断改良。在多元主体的共同参与下，规划技术的改良工作也进入了跨专业跨领域的编制模式。

第二个阶段则是推出城市更新单元规划制度。单元规划制度将老旧城区改造纳入城市更新路径下进行集中管理，并且明确了该制度的效力与实施细则。首先，市场主体被赋予了编制规划的权利。面对存量改造用地，市场主体可以在购买用地之前就形成规划改造方案，从而激发了市场主体参与城市更新的积极性。其次，深圳市成立了城市更新局来编制深圳市城市更新规划，以明确城市更新的宏观导向与更新计划，确保城市更新工作与城市总体规划、国家发展总体规划相衔接。最后，在更新单元方面，各社会主体可以遵照相关政策规定申报更新项目，市城市更新局依照规定进行审批。

第三个阶段主要是强化系统衔接，提升规划编制质量。随着城市更新管理事权的下放，各级政府将市级城市更新专项规划进行分解，同时根据自身发展需求，编制了区级城市更新

---

① 刘征，肖军飞. 市场主导、利益共享：城市更新的深圳实践 [J]. 人民论坛，2016（22）：124-125.

专项规划。城市更新规划的层层分解，有利于落实更新计划管理以及统筹更新单元规划编制工作。21 世纪以来，为了深度挖掘城市存量空间，深圳市积极探索存量规划和管理办法，开发多重存量改造模式，保证公众参与渠道畅通，保障城市更新项目多元协调机制正常运行。

2. 实施机制

改革开放到 21 世纪初期的二十余年里，深圳市处于城市大规模扩张阶段。随着城市土地资源日趋紧张，深圳市逐渐开始向存量规划时代转型。2009 年，随着《深圳市城市更新办法》的出台，深圳迈入城市更新的新阶段，并逐渐建立了一整套的城市更新实施机制。

一是健全制度规范，完善政策规定。深圳市以《深圳市城市更新办法》为主体，建立了一整套涵盖政策法规、操作细则以及技术标准等内容的多层次更新规划编制和实施政策体系，有效保障了市场机制的正常运行，稳定了多元主体对城市更新的预期。

二是多方协作，实现更新的利益共享与责任共担。深圳市的更新项目遵循"政府引导、市场运作"的基本原则，明确规定各实施主体的权利与责任关系，兼顾多元主体利益，协调多维目标。既要发挥市场机制的主体作用，也要坚定维护公共利益，保护社区居民利益。为此，深圳市推出了城市更新单元规划制度，通过划定规模，对成片的城市区域进行统一改造，与市政府的公共配套以及基础设施建设有效搭配，创造城市公共空间。

三是多种更新模式并举，合理有序地推动城市更新。深圳城市更新模式主要分为四类：①综合整治类，主要包括改善城市环境、加大公共基础设施投入以及建筑物节能改造；②功能改变类，在不改变土地使用权的权利主体和使用期限的前提下，对建筑物进行适度改造；③拆除重建，对不合要求的城市老旧建筑进行拆除重建，盘活城市存量空间；④规划和土地政策联动，力促城市更新进程。深圳市具有土地管理制度改革试点权限，可以根据本地城市发展要求进行土地管理制度创新，从而有效推动了深圳城市更新。目前深圳市的土地制度创新包括改造类用地可以通过协议等方式进行转让，旧工业区、城中村等旧城区更新实施差异化定价模式等。

深圳市在推动"旧改"等城市更新项目的过程中，积极创新各类更新举措，不断优化城市更新制度。但深圳市在公共治理的框架下，始终坚持公共利益第一的定位，不断健全城市治理体系，推动城市更新项目有序进行。深圳市政府通过政策工具优化以及构建规范化的制度体系来加强公共服务，满足城市居民的公共服务需求，实现多元主体的良性更新格局以及城市治理体系的规范化[①]。

---

① 朱海华，陈柳钦. 城市更新中的公共治理研究——以深圳市为例 [J]. 中国名城，2021，35（11）：21-30.

通过对深圳市城市更新制度体系的分析可以得到如下启示：第一，城市更新中政府主体和市场主体的参与缺一不可，政府虽然扮演着"引导者"和制度的"供给者"的角色，但不一定是制度"生产者"，市场主体越来越开始扮演规划产品编制和实施过程中"生产者"的角色。第二，在城市更新制度设计中，在城市总体规划、法定图则、详细蓝图等各环节，为了实现城市更新与城市开发建设的有机结合，将存量和增量共同作为规划标的对象尤为重要。随着我国城市建设进入由依赖增量扩张向存量优化转变的新阶段，存量规划将在城市规划中占据主导地位。第三，城市更新规划单元是城市更新规划的微观肌理，也是社会资本和城市公众参与城市更新的切入点。政府一方面要支持鼓励市场主体在城市更新规划单元中扮演更多参与者和"生产者"的角色，另一方面应做好整体衔接，实现"下与上""私人与公共""局部与整体"的利益均衡。第四，成功的城市更新制度一定是基于"目标管理法"的，即在目标的制定和目标实施过程中一定都会有多元主体的参与，多元主体的共同参与贯穿城市更新项目的全生命周期，也正是因为前期目标决策过程中的多元参与，才确保了实施过程中多元主体的参与积极性和责任感。第五，针对综合整治类、功能改变类、拆除重建类、规划和土地政策联动类等不同的城市更新模式，在参与主体、流程方法、责权分配等制度环节应进行差别化的制度安排。第六，城市更新制度问题不仅涉及城市建设和管理领域，也与土地制度和政策紧密相关。好的城市更新制度，一定是与土地政策创新联动的。

小贴士

住房和城乡建设部开展第一批城市更新试点

2021年11月4日，住房和城乡建设部办公厅印发《关于开展第一批城市更新试点工作的通知》（以下简称《通知》），决定在北京等21个城市（区）开展第一批城市更新试点工作，第一批试点自2021年11月开始，为期2年。重点探索城市更新统筹谋划机制、城市更新可持续模式以及建立城市更新配套制度政策。

《通知》明确，加强工作统筹，建立健全政府统筹、条块协作、部门联动、分层落实的工作机制。坚持城市体检评估先行，合理确定城市更新重点，加快制定城市更新规划和年度实施计划，划定城市更新单元，建立项目库，明确城市更新目标任务、重点项目和实施时序。

《通知》提出，探索建立政府引导、市场运作、公众参与的可持续实施模式。坚持"留改拆"并举，以保留利用提升为主，开展既有建筑调查评估，建立存量资源统筹协调机制。构建多元化资金保障机制，加大各级财政资金投入，加强各类金融机构信贷支持，完善社会资本参与机制，健全公众参与机制。

《通知》要求，创新土地、规划、建设、园林绿化、消防、不动产、产业、财税、金融等相关配套政策。深化工程建设项目审批制度改革，优化城市更新项目审批流程，提高审批效率。探索建立城市更新规划、建设、管理、运行、拆除等全生命周期管理制度。分类探索更新改造技术方法和实施路径，鼓励制定适用于存量更新改造的标准规范。

资料来源：本刊讯. 住房和城乡建设部印发《关于开展第一批城市更新试点工作的通知》[J]. 招标采购管理，2021，（11）：12.

城市更新涉及面广，投资额巨大，影响深远，虽然国内外有较多的理论和实践探索，但是适合中国国情的科学完善的城市更新制度政策体系尚未形成。通过此次试点，实现"以点带面"，对于完善城市更新制度政策体系具有强烈的现实意义。城市体检评估中要注意多部门联动和多数据平台整合，将城市体检的先进理念转变成替城市准确把脉的实效，为城市更新单元和项目库的科学确定提供依据。政府引导，市场化运作，除了国有企业的社会资本，也要给非国有企业的社会资本留出足够的市场机会。坚持"留改拆"并举，避免大拆大建。探索 PPP、REITs、EOD 等新型投融资模式，以政府财政资金杠杆带动社会金融资本的广泛参与。实现制度政策配套，在符合现行土地利用法律法规的前提下，探索城市更新中土地政策创新和土地优惠政策。实现"管理＋技术"两端发力，一方面建立跨越城市更新项目全生命周期的管理制度，另一方面出台适用于存量更新改造的技术规范和制度体系。

3.2　城市更新的政策机制

3.2.1　城市更新政策的编制主体

中共中央、国务院、国家有关部委、省和城市人民政府以及地方各行政职能部门，都可以成为城市更新相关政策编制的主体。其中，越高层级的城市更新政策编制越具有宏观引导性，越低层级的城市更新政策编制越具有具体操作执行性。这里所说的城市人民政府，包括直辖市、副省级城市、地级市、县级市等各层级的城市人民政府。《国民经济和社会发展第十四个五年规划和二〇三五年远景目标》中的"第二十九章全面提升城市品质"明确提出，加快转变城市发展方式，统筹城市规划建设管理，实施城市更新行动，推动城市空间结构优化和品质提升。可以说，这是当前我国关于城市更新的最高层级的政策文件。2021 年 8 月 31 日住房和城乡建设部正式印发《关于在实施城市更新行动中防止大拆大建问题的通知》，这是比较有代表性的一部由国家有关部委出台的城市更新政策文件。省级人民政府可以出台城市更新法律和政策文件，比如《辽宁省城市更新条例》。而不同城市层级的《城市更新条例》或《城市更新管理办法》在当前我国城市更新政策体系中数量占比最多。各级政府中除了住房和城乡建设部门、国土资源部门以外，财政、交通、环境等各相关职能部门，可以出台城市更新配套政策。

例如：《上海市城市更新条例》中第四条规定，市人民政府应当加强对本市城市更新工作的领导。市人民政府建立城市更新协调推进机制，统筹、协调全市城市更新工作，并研究、审议城市更新相关重大事项；办公室设在市住房城乡建设管理部门，具体负责日常工作。第五条规定，规划资源部门负责组织编制城市更新指引，按照职责推进产业、商业商办、市政基础设施和公共服务设施等城市更新相关工作，并承担城市更新有关规划、土地管理职责。第七条中规定，本市设立城市更新中心，按照规定职责，参与相关规划编制、政策制定、旧区改造、旧住房更新、产业转型以及承担市、区人民政府确定的其他城市更新相关工作[①]。《北京市城市更新条例》中第五条规定，本市建立城市更新组织领导和工作协调机制。市人民政府负责统筹全市城市更新工作，研究、审议城市更新相关重大事项。市住房城乡建设部门负责综合协调本市城市更新实施工作，研究制定相关政策、标准和规范，制定城市更新计划并督促实施，跟踪指导城市更新示范项目，按照职责推进城市更新信息系统建设等工作。市规划自然资源部门负责组织编制城市更新相关规划并督促实施，按照职责研究制定城市更新有关规划、土地等政策。第十三条规定，市规划自然资源部门组织编制城市更新专项规划，经市人民政府批准后，纳入控制性详细规划。城市更新专项规划是指导本市行政区域内城市更新工作的总体安排，具体包括提出更新目标、明确组织体系、划定重点更新区域、完善更新保障机制等内容。编制城市更新专项规划，应当向社会公开，充分听取专家、社会公众意见，及时将研究处理情况向公众反馈。第十六条规定，市规划自然资源、住房城乡建设部门会同发展改革、财政、科技、经济和信息化、商务、城市管理、交通、水务、园林绿化、消防等部门制定更新导则，明确更新导向、技术标准等，指导城市更新规范实施[②]。

---

① 上海市规划和自然规划局. 上海市城市更新条例 [EB/OL].[2021-08-29]. https：//ghzyj.sh.gov.cn/gzdt/20210831/fc38143f1b5b4f67a810ff01bfc4deab.html.

② 北京市住房和城乡建设委员会. 北京市城市更新条例 [EB/OL].[2022-12-06]. https：//zjw.beijing.gov.cn/bjjs/xxgk/fgwj3/fggz/dfxfg81/436199030/index.shtml.

《沈阳市城市更新管理办法》第五条规定，成立沈阳市城市更新工作领导小组，负责统筹组织全市城市更新各项工作，研究审议工作方案、政策措施、重大问题，协调解决有关重大事项，督促、指导、检查有关工作落实，安排部署国家、省交办的其他城市更新工作。领导小组办公室设在市城乡建设局，负责领导小组日常工作。第六条规定，市城乡建设局是城市更新主管部门，负责组织拟订城市更新政策，编制城市更新年度计划，指导各区、县（市）人民政府编制更新片区策划方案和项目实施方案等工作。市直相关部门按照职责分工，依法制定相关配套政策和专业标准，履行相应的指导、管理和监督职责[①]。

小贴士

我国将加强城市更新的顶层设计

我国将推进中央层面城市更新政策文件起草出台，研究制定城市更新相关法规条例，加强城市更新的顶层设计。住房和城乡建设部将组织开展城市更新试点，推出示范项目，总结可复制推广的经验做法；并会同相关部门，针对城市更新难点问题，探索完善适用于城市存量更新的土地、规划、金融、财税等政策体系。

城市更新既是转变城市开发建设方式，也是城市治理的重要内容。我国已进入城镇化的中后期，城市发展进入城市更新的重要时期，由大规模增量建设转为存量提质改造和增量结构调整并重。城市更新的重点任务包括：建立完善城市体检评估体系，指导系统治理"城市病"；实施城市生态修复和功能完善工程，提升人居环境质量；强化历史文化保护，塑造城市风貌；加快建设安全健康、设施完善、管理有序的完整居住社区，加强城镇老旧小区改造等。

要加强监管，指导督促各地落实城市更新底线要求，及时制止和通报大拆大建的行为和做法；防止各地继续沿用粗放的开发建设方式，成片集中拆除现状建筑，大规模新增建设规模，不断加剧老城区交通、市政、公共服务、安全等设施承载压力。城市社区营造是下阶段城市治理最重要的发力点，要加快补齐既有居住社区设施短板，同步配套新建居住社区各类设施，明显改善城市居住社区环境，不断健全共建共治共享机制，显著提升完整居住社区覆盖率。

资料来源：住房和城乡建设部副部长黄艳：统筹城市规划建设管理，提高城市治理水平[J]. 中华建设，2021（11）：6-9.

---

① 沈阳市人民政府. 沈阳市人民政府办公室关于转发市城乡建设局《沈阳市城市更新管理办法》的通知 [EB/OL]. [2021-12-21]. https://www.shenyang.gov.cn/zwgk/zcwj/zfwj/szfbgtwj1/202201/t20220122_2542259.html.

3.2.2 城市更新政策的实施程序

各层级、各类型的城市更新政策的实施程序各不相同，城市更新政策中对城市更新项目的实施程序也有相应规定。这里以较有代表性的城市更新条例中对城市更新项目的实施程序规定为例进行介绍。

《上海市城市更新条例》的"第三章 城市更新实施"中第十九条规定，更新区域内的城市更新活动，由更新统筹主体统筹开展；由更新区域内物业权利人实施的，应当在更新统筹主体的统筹组织下进行。零星更新项目，物业权利人有更新意愿的，可以由物业权利人实施。由物业权利人实施更新的，可以采取与市场主体合作方式。第二十条规定，本市建立更新统筹主体遴选机制。第二十一条规定，更新区域内的城市更新活动，由更新统筹主体负责推动达成区域更新意愿、整合市场资源、编制区域更新方案以及统筹、推进更新项目的实施。市、区人民政府根据区域情况和更新需要，可以赋予更新统筹主体参与规划编制、实施土地前期准备、配合土地供应、统筹整体利益等职能。第二十二条规定，更新统筹主体应当在完成区域现状调查、区域更新意愿征询、市场资源整合等工作后，编制区域更新方案。编制规划实施方案，应当遵循统筹公共要素资源、确保公共利益等原则，按照相关规划和规定，开展城市设计，并根据区域目标定位，进行相关专题研究。第二十三条规定，编制区域更新方案过程中，更新统筹主体应当与区域范围内相关物业权利人进行充分协商，并征询市、区相关部门以及专家委员会、利害关系人的意见。第二十四条规定，更新统筹主体应当将区域更新方案报所在区人民政府或者市规划资源部门，并附具相关部门、专家委员会和利害关系人意见的采纳情况和说明。区人民政府或者市规划资源部门对区域更新方案进行论证后予以认定，并向社会公布。具体分工和程序，由市人民政府另行规定。第二十五条规定，更新统筹主体应当根据区域更新方案，组织开展产权归集、土地前期准备等工作，配合完成规划优化和更新项目土地供应。第二十六条规定，区域更新方案经认定后，更新项目建设单位依法办理立项、土地、规划、建设等手续。第二十七条规定，零星更新项目的物业权利人有更新意愿的，应当编制项目更新方案。第三十条规定，在城市更新过程中确需搬迁的业主、公房承租人，更新项目建设单位与需搬迁的业主、公房承租人协商一致的，应当签订协议，明确房屋产权调换、货币补偿等方案。第三十一条规定，在城市更新过程中，为了促进国民经济和社会发展等公共利益，按照国家和本市有关房屋征收与补偿规定确需征收房屋提升城市功能的，应当遵循决策民主、程序正当、结果公开的原则，广泛征求被征收人的意愿，科学论

证征收补偿方案 [①]。

如果对更多的城市更新政策中实施程序的规定进行分析，可以发现如下共性特征：①需要确定城市更新工作统筹主体，负责统筹协调各方工作和平衡各方利益；②政府实施主体与市场实施主体需要进行深入合作；③城市更新规划实施方案是城市更新规划得以顺利落地的关键，该方案编制和实施的全过程中，要确保基于多方利益主体的多元参与和"目标管理"，只有多元利益主体在实施方案编制的前期深度介入，才能保证其在后续实施过程中的积极参与和配合；④城市更新中涉及产权变化、货币补偿等重大利益的事项，需要以正式协议文件的形式加以确认；⑤城市更新实施程序虽然"因时、因地、因事"而异，但"合法合规，多元参与，程序正当，公开透明，责权对等，公私兼顾"的原则是共通的。

3.2.3　城市更新的利益平衡机制

不同类型的城市更新中，利益博弈的主体都存在显著不同。在不同性质的存量土地上，不同的利益主体形成了差异化的利益结构。如城市公建区域，利益主体主要有政府、单位集体、公众，较少涉及单个的产权人，其利益冲突并不复杂；在工厂区，利益主体开始增多，由政府、企业、开发商组成，冲突焦点开始变得复杂；而在住宅区，涉及政府、社区（村集体）、开发商、产权人、公众，尤其是涉及数量众多的个体产权人，导致利益冲突最为复杂。政府、开发商、产权人、公众作为主要利益相关者在利己和利他之间寻找平衡点，形成了复杂的博弈类型。

1. 政府与开发商：冲突与合作并存

政府与商业利益群体之间是合作基础上的冲突关系，其中政府是主导方。在政府与商业利益群体的博弈中，虽然政府是城市更新的主导方，但其采取的行动策略却大多数是"合"多于"对抗"。政府利用市场主体力量吸引资金，通过引导商业利益群体寻找商机，提供优惠政策来激励企业投资。然而，商业利益群体也以自身的利益为导向，回避城市更新中的问题与矛盾，只顾追求利润。政府处理城市更新中的问题有时表现出不应有的沉默，导致一些问题的发生和恶化，例如政府的退让使得开发商进行无序开发，不

---

① 上海市规划和自然规划局.《上海市城市更新条例》全文公布 [EB/OL].[2021-08-29]. https://ghzyj.sh.gov.cn/gzdt/20210831/fc38143f1b5b4f67a810ff01bfc4deab.html.

受限制地建设高层建筑，并超过容积率的规定。这导致了城市建筑高度和容积率失控，对城市形象和可持续发展产生重要影响[①]。

2. 政府与民众：冲突与依赖并存

政府与民众之间是相互依赖基础上的冲突关系，其中主导方依然是政府。政府的合法性有赖于人民的认同，人民依靠它来获取各种公共服务，满足他们的利益要求。在这一过程中，政府通常采用"柔性手段"和"强制手段"共存的战略。"说服""隐瞒真相"等柔性手段是政府机关和官员在面对政治风险时所作出的合理选择。而具有强制力的政府，则必然会以强力的方式，以更快的速度推动城市更新，为政府扫清障碍提供了强有力的保证。在与政府的博弈中，城镇居民表现出"顺从""有限拖延""有限抗争""极端抗争"等行为特征。"顺从"是拆迁过程中普遍存在的一种应对方式，拆迁过程中，拆迁补偿标准变化频繁，常出现拆迁补偿不到位，拆迁群众利益受到损害等现象。

3. 开发商与产权人：冲突与不信任并存

开发商与产权人之间的互动过程都是在互不信任的基础之上展开的，总体上开发商在这对关系中是主导方，其策略总体而言是"强势出击、随机应变"。面对强势而灵活的开发商，产权人的选择一般是被动接受、"有限抗争"或"极端抗争"（钉子户）策略。但随着近些年来房价暴涨的利益诱导，在当前由开发商主导拆迁建设的城市更新模式中，因拆迁一夜暴富的现象层出不穷，对拆迁户的心理预期产生重大影响，私人企业的利润最大化的利益诉求与私人居民的改善生活和居住条件的利益诉求之间的冲突越来越明显，采取极端抗争的案例层出不穷，"钉子户"现象越来越普遍，也造成了当前城市更新改造难以为继的困境。

深入分析城市更新多元利益相关者的博弈类型，逐渐形成相互制衡又相互促进的利益平衡机制。一是地方政府在明确保障公共利益、促进城市持续发展的目标下，应将城市更新作为实现城市发展战略的重要途径，制定城市更新工作计划和规划，对城市更新实施行动进行统筹和引导。政府还应注重保障公共利益，如明确公共利益用地和用房配置要求，鼓励公共责任捆绑，建立实施监管协议制度等。二是对于社会主体，应尊重其合法权益，鼓励公众参与。城市更新应尊重与保障权利主体的产权权益，如制定合理的补偿安置办法，提供政策和资金支持，完善权利主体的自主更新路径等。同时，建立沟

---

① 王春兰 . 上海城市更新中利益冲突与博弈的分析 [J]. 城市观察，2010（6）：130–141.

通协商平台，建立有效的公众参与机制，鼓励社会公众参与，保障其知情权和诉求表达，共同改善城市民生环境。三是制定市场主体参与激励机制，鼓励其承担起相应的社会责任。制定激励奖励政策，以构建合理的功能调整与容积率奖励转移机制，优化存量用地地价体系，通过提供税费减免与资金支持等手段，满足市场的合理利润要求，调动市场参与的积极性。同时，对市场主体提出承担公共利益责任和实现城市功能品质提升的要求，引导城市更新推动城市高质量发展[①]。

良好的城市更新利益平衡机制，一定是能够遵循"责权利"匹配、"帕累托最优"等基本原则，在努力实现整体社会福利增长的同时，以有效的交易协商机制、动力激励机制和利益补偿机制等，实现城市更新不同利益主体之间的动态利益平衡。

小贴士

重庆首次制定城市更新规划负面清单

重庆市规划自然资源局发布《重庆市中心城区城市更新规划》（以下简称《规划》）。《规划》对应中心城区实际建成区域，针对老旧小区、老旧厂区、老旧街区等不同的现状问题和资源禀赋，分类提出规划指引，制定负面清单。这也是重庆首次制定城市更新规划负面清单。

根据《规划》，老旧小区的城市更新规划负面清单包括：住宅建筑不能改为有噪声、光、油烟污染问题，严重影响小区环境的功能；不能转变为严重影响小区安全的功能，包括易燃易爆产品及危化品的生产、加工、存储等。

老旧厂区的城市更新规划负面清单包括：工业园区外零星分布的旧工业用地及用房、旧仓储物流等老旧厂区，原则上不应继续发展加工制造功能，鼓励其转型发展为文化创意、健康养老、科技创新等新兴产业，不得引进有环境污染、安全隐患的业态和功能，不得引入造成周边城市交通负荷超载的功能业态。

老旧街区的城市更新规划负面清单包括：禁止进行违反保护规划的更新建设活动，不得引进有环境污染、消防隐患的业态和功能。

在《规划》框架下，中心城区各区、各片区和各个项目都可以制定符合自身实际的城市更新片区策划和实施方案，建立与全市国土空间规划体系相衔接的城市更新规划体系。

资料来源：重庆首次制定城市更新规划负面清单 [J]. 城建档案，2021（9）：7.

---

① 王嘉，白韵溪，宋聚生. 我国城市更新演进历程、挑战与建议 [J]. 规划师，2021，37（24）：21-27.

3.3　各地城市更新政策亮点

3.3.1　北京市城市更新政策

《北京市城市更新条例》(以下简称《条例》)已由北京市第十五届人民代表大会常务委员会第四十五次会议于 2022 年 11 月 25 日通过,自 2023 年 3 月 1 日起施行。

《条例》紧紧抓住了北京的战略地位,坚持政府统筹,市场化运作,制定了多项保证措施及相应的政策支撑:要把人民群众的需求放在第一位,并充分兼顾各方主体利益,要正确处理好法律和制度创新的关系,为城市更新工作的顺利进行提供保障。

《条例》亮点如下:

1. 体现首都特点,明确适用范围和基本要求

《条例》总结实践经验,明确城市更新包括居住类、产业类、设施类、公共空间类、区域综合类等 5 大类、12 项更新内容,不包括土地一级开发、商品住宅开发等项目;明确了"留改拆"并重,以保护、利用和提高为主要内容的基本原则,提出了"先治理后更新"的思路,指出了补齐城市功能短板,加强既有建筑物的安全管理,严格城市景观控制和其他 9 个方面的基本要求。

2. 健全管理体制,明确市级统筹、区级主责、街乡实施

在对现行工作体制进行归纳和总结的基础上,《条例》提出由市人民政府统一领导城市更新工作,由市住房城乡建设等部门统一协调,规划和土地政策等由市规划和自然资源部门研究制定,各区人民政府负责组织实施并监督,街道和乡镇组织实施本地区的社区改造工作,居委会要充分利用社区的力量,加强基层自治。

3. 强化规划引领,明确更新导则的指引作用

《条例》明确提出,要通过专项规划及相关控制性详细规划,统筹资源,引导项目实施;明确更新指南的分类编制,确定更新方向、技术标准等方面的内容,指导城市更新规范执行;明确了城市更新改造项目应根据规划、更新需求进行规划,满足相应条件的,可以直接进行设计方案编制。

4. 推动多元参与，明确各方主体的权利义务

《条例》对城市更新中的财产权利人进行了界定，明确了其权利和责任，确保居民和市场主体由"想参与"变为"会参与"，使更新改造后的每个产品都能更好地反映人民群众的需求。明确实施方案的制定原则，明确街道、居民委员会以"社区议事厅"等方式推动多元治理。

5. 加大保障力度，明确规划土地等激励措施

《条例》在严格执行"减量双控"的前提下，为了充分发挥市场主体的积极性，结合国家相关政策，提出了一系列的激励和保障措施，其中包括：建筑规模激励、五年过渡期、用途转换和兼容使用、国有建设用地配置方式、弹性年期供应与土地续期、未登记建筑物手续办理、利用地上地下空间补建公共服务设施等制度，在此基础上，提出了在财政、税收、金融等方面的扶持政策[①]。

此外，北京市构建了"总体规划—专项规划—街区控规—更新项目实施方案"的城市更新工作体系，并发布了《北京市城市更新专项规划》。该专项规划作为实现总体规划的关键手段，为街区控规和更新项目实施方案的编制提供了重要指导。它特别强调了减量发展的要求，并对首都功能核心区、中心城区等不同城市圈层的更新目标进行了细化。通过这一体系，北京市统筹了空间资源与更新任务、规划编审与行动计划、项目实施与政策机制，以及实施主体与管理部门之间的关系。

3.3.2　上海市城市更新政策

《上海市城市更新条例》（以下简称《条例》）已经上海市人大常委会第三十四次会议表决通过，并于 2021 年 9 月 1 日起施行。

《条例》亮点如下：

1. 明确了城市更新管理机制

建立协调推进机制：市人民政府应当加强对本市城市更新工作的领导，并建立城市更新协调推进机制。这一机制负责统筹、协调全市城市更新工作，并研究、审议城市更新相关重大事项。办公室设在市住房城乡建设管理部门，具体负责日常工作。明确部门职责：规

---

① 《北京市城市更新条例》解读 [N]. 北京日报，2022-12-06（4）.

划资源部门负责组织编制城市更新指引，按照职责推进产业、商业商办、市政基础设施和公共服务设施等城市更新相关工作，并承担城市更新有关规划、土地管理职责。住房城乡建设管理部门按照职责推进旧区改造、旧住房更新、"城中村"改造等城市更新相关工作，并承担城市更新项目的建设管理职责。明晰工作机制：区政府和相关管委会是推进本辖区城市更新工作的主体。本市设立城市更新中心，承担城市更新相关工作。建立城市更新信息系统，加强对更新活动的服务保障和动态监管。强化源头引领：市级层面编制城市更新指引，作为指导本市开展城市更新活动的纲领性文件。区政府和相关管委会编制更新行动计划。同时，规定在更新建议提出、更新指引、行动计划编制等过程中要广泛听取意见。

2. 建立了自上而下的城市更新制度体系

《条例》构建了"指引—行动计划—实施方案"三层递进的城市更新制度体系。首先，市规划资源部门联合各部编制城市更新指引，这一指引旨在提供宏观标准和总量控制，编制过程中需听取专家和社会意见，经市政府审定后公示。其次，区政府根据指引编制区域更新行动计划，明确区域范围、目标、内容、要求等，并需经过意见征询、专家评审，再报市政府审定后公布。最后，由更新统筹主体（或零星项目业主）编制城市更新实施方案，需包含规划实施、基础设施及服务设施建设等内容，更新统筹主体还需征询意见并报区政府或市规划资源部门认定，零星项目业主则参照区域更新方案程序执行。

3. 设立了城市更新统筹主体及遴选机制

第一，《条例》规定，在城市更新区域内，更新统筹主体需负责推动达成更新意愿、整合市场资源并编制更新方案。政府可根据区域情况和更新需求，赋予更新统筹主体参与规划编制、土地前期准备、配合土地供应等职能。第二，政府将按照公开、公平、公正的原则，建立更新统筹主体遴选机制，并确定合适的市场主体作为更新统筹主体。对于历史风貌保护、产业园区转型等特定情况，政府有权直接指定更新统筹主体。值得注意的是，更新统筹主体的职责与以往所理解的"城市更新实施主体"有所不同。《条例》未提及"实施主体"概念，仅规定零星更新项目可由物业权利人实施，但需在更新统筹主体统筹下进行。同时，物业权利人可与市场主体合作实施零星更新项目。

4. 明确了供地保障措施

《条例》为协议出让土地方式预留了空间，规定在特定条件下，经过市政府同意，可采取协议出让方式供应土地。同时鼓励在合法前提下创新土地供应政策，激发市场主体参与城市更新活动的积极性。《条例》也为市场主体自主归集房地产产权并重新设定土地使用期限提供了制度保障，允许物业权利人将房地产转让给市场主体，并由该市场主体依法办理相关手续，同时可依法重新设定土地使用期限。《条例》明确了土地评估依据，要求在城市更新涉及补缴土地出让金时，土地价格评估应综合考虑土地取得成本、公共要素贡献等因素。《条例》还明确了旧房征收拆迁的实施路径，保障了用地。

5. 建立城市更新信息系统

《条例》建立了一个全市统一的城市更新信息系统。这个系统的核心功能是信息公开和监督管理。首先，通过该系统，城市更新指引、行动计划、实施方案以及相关技术标准、政策措施等信息可以向社会公布，从而确保公众在城市更新活动中的知情权、参与权、表达权和监督权。其次，市、区政府及有关部门将依托该系统，对城市更新活动进行统筹推进和监督管理，为城市更新项目的实施和全生命周期管理提供服务保障。

6. 注重历史风貌保护

考虑上海市历史建筑存量的现状，城市更新指引的编制原则特别强调了"注重历史风貌保护"。《条例》第三十四条对优秀历史建筑周边的建设提出了相应的要求，要求周边建设在性质、高度、色彩等方面与优秀历史建筑相协调，确保不影响其正常使用。此外，《条例》还特别关注了公有房屋承租权在城市更新中的处理问题，明确为市场主体提供了更多参与承租优秀历史建筑、花园住宅等特殊类型房屋的空间。符合条件的市场主体可以归集这些公有房屋的承租权，以实施城市更新。

7. 建立全面监管体系

第一，《条例》建立了城市更新项目的全生命周期管理制度，要求将产业绩效、土地退出等内容纳入土地使用权出让合同，并将合同的履行情况纳入城市更新信息系统，实现管理部门的信息共享和协同监管。第二，《条例》明确了政府、审计、社会和人大在城市更新活动中的监督责任，以确保项目实施过程中的透明度和合规性。

8. 设立浦东新区专章

《条例》专门设立一章，对浦东新区城市更新进行特别规定，赋予浦东新区人民政府更大的自主权，支持其在城市更新机制、模式、管理等方面率先进行创新探索。首先，《条例》对浦东新区更新空间的垂直利用作出了专门规定，以贯彻落实《中华人民共和国民法典》和《中共中央 国务院关于支持浦东新区高水平改革开放打造社会主义现代化建设引领区的意见》的精神。明确要求浦东新区人民政府在编制更新行动计划时，应优化地上、地表和地下分层空间设计，明确强制性和引导性规划管控要求，并探索建设用地垂直空间分层设立使用权。其次，《条例》规定市、区人民政府应遵循公平、公开、公正的原则组织遴选更新统筹主体，但这一原则赋予了浦东新区人民政府更大的自主权。允许浦东新区人民政府直接指定更新统筹主体，统筹开展原成片出让区域等建成区的更新。同时，支持浦东新区加强旧区改造、空间复合利用、深化产业用地出让方式改革，探索不同产业用地类型的合理转换，以充分发挥浦东新区的引领示范作用[1]。

3.3.3 广州市城市更新政策

《广州市城市更新条例（征求意见稿）》（以下简称《征求意见稿》）的亮点如下：

1. 推进历史文化保护及活化利用

在城市更新过程中，始终将历史文化保护置于首要位置，并积极促进历史文化资源的活化利用。首先，对于涉及历史文化遗产的城市更新项目，必须严格遵守已批准的保护规划和相关法律法规，对保护保留对象进行妥善保护。其次，在确保规划可承载的条件下，对于那些对历史文化保护作出贡献的城市更新项目，将根据相关政策给予容积率奖励。为了解决历史文化遗产持续保护的资金问题，可以通过组合实施城市更新项目来实现，并强调优先对历史文化遗产进行保护和活化利用。

2. 提供高质量的产业发展空间

首先，以国民经济和社会发展规划、国土空间规划为指导，精确分配空间资源，确保提供高质量的产业发展空间。其次，以城市更新促进产城融合，合理规划产业发展与建设量的比例。为了更好地实现这一目标，鼓励微改造项目，为城市发展提供产业空间。对于符合区域发展导向的项目，允许用地性质的兼容和建筑使用功能的转变。通过这些措施，更好地促进城市更新与产业发展的融合，为城市的可持续发展提供有力支持。

---

① 上海市城市更新条例 [N]. 解放日报，2021-08-29（5）.

3. 强化多方主体权益保障

一是确保权益得到保障，对于村集体、村民、居民、利害关系人等权益，都作出详细的法律规定，以保障他们的合法权益。同时，畅通意见表达渠道，妥善处理群众的利益诉求。二是要通过多主体供给、多渠道保障、租购并举的方式，增加公共租赁住房、共有产权住房等保障性住房的建设和供应。这不仅改善了老百姓的居住条件，也实现了住有所居、住有宜居的目标。三是有序开展搬迁安置工作，确保安置到位。同时，设计相关制度，将争议纠纷解决方式纳入法治轨道，确保城市更新工作能够依法、有序地推进。

4. 加大对城市更新微改造的支持力度

针对微改造项目面临的挖潜空间难、审批许可难、资金筹集难等瓶颈问题，提出一系列解决措施。政府通过提供财政补贴、低息贷款等资金支持，减轻微改造项目的资金压力，激发市场和居民的参与积极性。简化了微改造项目的审批流程，加快了项目的推进速度。同时，对于一些小型项目，甚至可以采取备案制，极大地方便了居民和企业的微改造需求。积极鼓励居民参与微改造，通过居民自筹资金、居民自建等方式，实现微改造项目的多元化参与和共建共享。鼓励微改造项目实施节能改造，提升建筑的绿色低碳水平，并采用可再生能源技术进行绿色化改造。

5. 促进土地节约集约利用

《征求意见稿》主要致力于盘活低效的存量建设用地，通过成片连片更新来缓解建设用地的供给不足。该文件特别关注用地管理，对城市更新的土地整备、整合、异地平衡、土地置换、留用地统筹利用以及"三旧"用地审批和供应等方面进行了总结，以提升更新用地的管理经验，旨在为广州的城市更新工作提供法律保障，确保其高质量进行。

广州市城市更新政策的特点：从"政府引导"到"政府主导"。

在广州的城市更新工作中，政府发挥着主导作用，主要改造方向包括微改造和旧村改造。其中，全面改造以拆除重建为主，而微改造则侧重于局部拆建和功能置换。这种改造方式是为了适应广州地区历史悠久、改造难度大的特点，因地制宜提出的解决方案。

2016—2018 年发布的城市更新计划中，广州旧村改造占全面改造土地面积的比重高达 85.9%。具体到改造数量上，2019 年广州市已批复旧村 46 个，体量达 2200 万 m²；旧厂 323 个，体量达 1800 万 m²。2019 年 4 月 18 日，广州市发布《广州市深入推进城市更新工作实施细则》，创造性地提出了收购（市场评估价）→奖励（按时签约）→回购（建安成本价）模式。并且明确了各种旧厂房改造缴交土地出让金的标准。

3.3.4 深圳市城市更新政策

《深圳经济特区城市更新条例》(以下简称《条例》) 经深圳市第六届人民代表大会常务委员会第四十六次会议于 2020 年 12 月 30 日通过, 自 2021 年 3 月 1 日起施行。

《条例》亮点如下:

1. 关于市场化运作的更新方式

深圳市的城市更新工作以市场化运作为主, 政府在统筹规划、制定政策、制定标准方面发挥引领作用。市场主体负责具体的搬迁谈判和项目建设, 实现政府与市场的双轮驱动, 保持城市更新活力。对于重点城市更新单元、成片连片改造等市场难以发挥作用的领域, 政府负责组织实施, 确保公共利益和长远发展。

2. 明确了城市更新的原则目标和总体要求

城市更新工作在建设中国特色社会主义先行示范区中具有重要地位。针对这一要求, 需要明确城市更新的原则性、方向性问题。城市更新应遵循的原则: 强调政府统筹、规划引领、公益优先、节约集约、市场运作和公众参与。城市更新的具体目标: 加强公共设施建设, 提升城市功能品质; 拓展市民活动空间, 改善人居环境; 推进环保节能改造, 实现绿色发展; 保护历史文化, 保持特色风貌; 优化城市布局, 增强发展动能。城市更新的总体要求: 拆除重建和综合整治并重, 与土地整备、公共住房建设等工作有机衔接, 促进低效用地再开发。城市更新的公益优先导向: 城市更新项目应优先保障公共利益, 配套设施与项目同步实施。历史文化保护责任: 保护历史风貌区和建筑, 继承和弘扬优秀历史文化遗产, 促进文化与城市建设协调发展。

3. 关于严格规范城市更新规划与计划管理

深圳的城市更新规划体系包括市城市更新专项规划、城市更新单元计划和单元规划。为了实现全市城市更新的目标, 保障任务的有序实施, 并合理引导更新方向、规划功能和土地供应, 《条例》对城市更新规划与计划管理进行了规定: 一是市城市更新部门需按照全市国土空间总体规划编制城市更新专项规划, 作为划定更新单元和制定计划的重要依据; 二是城市更新单元实行计划管理, 计划需依据专项规划、法定图则等制定, 并设有效期; 三是更新单元规划是项目实施的依据, 需根据计划、技术规划及法定图则编制。

4. 关于规范城市更新市场主体行为

《条例》旨在规范城市更新市场，确保其健康发展。从四个方面进行了规定：设定市场主体准入门槛，要求参与城市更新的企业必须具备房地产开发资质；规定市场主体变更程序，确保更新项目实施的公正性；建立市场退出机制，确保市场主体的有效参与；规范市场主体的开发行为，对违规行为进行处罚，严重者追究刑事责任。

5. 关于保护城市更新物业权利人的合法权益

《条例》通过多个方面保障物业权利人的权益。一是信息公开：加强城市更新信息系统建设，依法公开关键环节和重要事项的信息，确保公众的知情权、参与权和监督权。二是搬迁补偿方式：物业权利人可自主选择产权置换、货币补偿或两者结合的方式，尊重其自主意愿。三是搬迁安置最低补偿标准：红本住宅采用原地产权置换的，按套内面积 1∶1 比例补偿；其他建筑和历史违建的补偿标准由市场主体与物业权利人协商确定。四是面积误差处置：产权置换面积误差在 3% 以内时，物业权利人不再支付超面积房价，增强获得感。五是不动产权属注销：市场主体与区城市更新部门签订项目实施监管协议并备案后，方可拆除建筑物。拆除后，物业权利人或其委托的市场主体需办理不动产权属注销登记手续，以最大程度保护其权益。

6. 关于破解城市更新搬迁难的问题

为了解决城市更新中的搬迁难题，《条例》创设了"个别征收 + 行政诉讼"制度。在旧住宅区中，当已签约的专有部分面积和物业权利人人数占比均不低于 95%，且在政府调解后仍无法达成一致时，为了维护社会公共利益和推进城市规划的实施，区人民政府可以对未签约部分房屋实施征收；对于未签约房屋的征收，可以不纳入全市年度房屋征收计划，由区人民政府依法作出征收决定，并参照国家和本市的国有土地上房屋征收与补偿规定进行补偿；在区人民政府依法作出征收决定前，若物业权利人与市场主体已协商并签订搬迁补偿协议，市场主体需在三个工作日内告知区人民政府，征收程序终止；征收取得的物业权利将由相关部门与市场主体协商签订搬迁补偿协议。

7. 深圳城市更新政策的特点：市场化程度高

深圳是全国首个城市更新项目无需土地招拍挂，可通过协议出让的城市。深圳的城市更新主要由市场主导，存量市场是土地供应的主力军，其最大特点是一二级市场联动，开发商自主性较强。

2016—2018 年深圳城市更新土地供应量高达 1.8 万亩，为一级土地成交量的 1.5 倍。

截至 2019 年 9 月，深圳已列入城市更新计划项目 805 个，已通过城市更新专规批复项目 469 个，通过率 58.3%，实施主体确认公示项目 306 个，实施率 38.1%。

2019 年 6 月 11 日，深圳市规划和自然资源局正式印发《关于深入推进城市更新工作促进城市高质量发展的若干措施》，其中提到，规范集体资产管理，严禁开发商私下进驻城中村及私下倒卖，降低改造成本及社会风险。同时，本次措施还提出，涉及以集体资产为主的城市更新项目，原农村集体经济组织继受单位通过公开招标方式选择市场主体[①]。

3.3.5　辽宁省城市更新政策

住房和城乡建设部与辽宁省人民政府于 2020 年签署了合作框架协议，共同建设城市更新先导区。经过实践探索，辽宁城市更新先导区的顶层设计、工作机制和实施路径已初步形成。沈阳成为全国首批城市更新试点城市，辽阳也被批准为国家历史文化名城，显示了城市更新先导区建设的初步成效。在此基础上，辽宁省十三届人大常委会第三十次会议通过了《辽宁省城市更新条例》(以下简称《条例》)，该条例自 2022 年 2 月 1 日起施行。《条例》旨在建立城市更新的基本制度框架，明确城市更新的行为准则和活动底线，以适应辽宁省城市更新先导区的建设要求。

《条例》亮点如下：

1. 立法规范保障更新

辽宁省作为老工业基地，城镇化率高，但城市部分空间与现代化不匹配，需更新升级。《条例》针对绿色、宜居、保护传统等目标，规定基础设施、区域功能、人居环境等更新内容，明确更新原则和范围，促进城市发展，管控开发密度和建设强度，转向品质提升。《条例》体现辽宁特点，总结经验，规范难题，努力探索治理新路，为城市更新提供了重要的法律依据和保障。

2. 坚持规划标准先行

《条例》要求建立"城市体检评估—城市更新专项规划—城市更新年度计划"三层次的城市更新规划及实施体系，强化对城市更新实践的方向引领。城市体检评估包括 8 个方面 65 项指标，结果作为编制城市更新专项规划的重要依据。城市更新主管部门需编制城市更新专项规划，明确总体目标、重点任务、实施策略和保障措施。依据城市更新专项规划和年度城市体检评估结果，编制城市更新年度计划，确定具体项目、区域规模、更新方式等内容。对于城市更新项目建设，还需编制区域更新方案，确保"一案一策"，符合实际情况[①]。

3. 划定重点，厘清路径

城市更新重点在存量治理和既有建筑改造。2019—2021 年，辽宁省已改造老旧小区 2599 个，涉及 113 万户居民，解决群众问题，提升居住品质，切实增强人民群众的获得感、幸福感。城市更新工作需结合老旧小区改造，采取修缮、保留、改造和拆除等方式。《条例》规定不得大规模拆除、增建和搬迁，利用居住区内空地、荒地等增加公共空间。同时，加强基础设施改造，提高监测能力，增设公共服务设施，鼓励数字化转型。

4. 保护历史保留记忆

辽宁历史资源丰富，如盛京皇城、辽阳白塔、朝阳红山文化等。城市更新需保护好历史建筑、文物和街区，同时展现新貌。《条例》规定编制城乡历史文化保护传承体系规划，与城市规划设计、生态和民生需求相结合。尊重街区风貌进行创新性更新改造，注重工业遗存保护和开发利用，建立工业遗存评估体系，鼓励公布重要工业遗产为文物保护单位和历史建筑。

5. 筑牢城市安全底线

《条例》规定运用物联网、大数据等高新技术提高市政管网监测能力，预警和应急处置管网漏损等问题。为解决高层建筑防火安全，加强超高层建筑消防安全管理，制定应急处置预案和风险防控方案。同时，建设立体化信息化社会治安防控体系，完善信息交流和联防联控机制，加强应急救援和抢险队伍建设，规范应急避难场所的规划、建设和使用，以提升城市安全韧性[②]。

辽宁省城市更新政策的特点是，《条例》根据辽宁老工业基地的特色，明确了以绿色低碳、便利宜居、保护传承和提升品质为核心的目标。《条例》强调了加强基础设施和公共设施建设的重要性，优化区域功能布局和空间格局，提升城市居住品质和人居环境，并特别关注城市历史文化的保护。同时，《条例》也强调了增强城市安全韧性的重要性。它详细规定了城市更新工作的组织机制、实施程序和底线要求，为城市更新工作提供了明确的指导。

①　辽宁省城市更新条例 [J]. 辽宁省人民代表大会常务委员会公报，2021（6）：24-29.
②　韩宇，关放，万义. 辽宁立法构建城市更新制度框架 [N]. 法治日报，2022-01-30（7）.

本章小结

　　介绍了政府主导、市场主导、政府引导市场运作三种不同类型的城市更新制度；介绍了城市更新政策的编制主体、实施程序和利益平衡机制；对北京、上海、广州、深圳、辽宁几个典型省市的城市更新政策亮点进行梳理。

思考题	1. 简述三种不同类型的城市更新制度。
	2. 简述深圳市城市更新制度特点。
	3. 城市更新政策的编制主体有哪些？
	4. 城市更新利益主体的博弈类型有哪些？
	5. 辽宁省城市更新政策亮点有哪些？

资料链接

建设美丽城市，推进美丽中国建设

美丽中国建设的主要目标

　　到 2027 年，绿色低碳发展深入推进，主要污染物排放总量持续减少，生态环境质量持续提升，国土空间开发保护格局得到优化，生态系统服务功能不断增强，城乡人居环境明显改善，国家生态安全有效保障，生态环境治理体系更加健全，形成一批实践样板，美丽中国建设成效显著。到 2035 年，广泛形成绿色生产生活方式，碳排放达峰后稳中有降，生态环境根本好转，国土空间开发保护新格局全面形成，生态系统多样性稳定性持续性显著提升，国家生态安全更加稳固，生态环境治理体系和治理能力现代化基本实现，美丽中国目标基本实现。展望 21 世纪中叶，生态文明全面提升，绿色发展方式和生活方式全面形成，重点领域实现深度脱碳，生态环境健康优美，生态环境治理体系和治理能力现代化全面实现，美丽中国全面建成。

打造美丽中国建设示范样板，建设美丽城市

　　坚持人民城市人民建、人民城市为人民，推进以绿色低碳、环境优美、生态宜居、安全健康、智慧高效为导向的美丽城市建设。提升城市规划、建设、治理水平，实施城市更新行动，强化城际、城乡生态共保环境共治。加快转变超大特大城市发展方式，提高大中城市生态环境治理效能，推动中小城市和县城环境基础设施提级扩能，促进环境公共服务能力与人口、经济规模相适应。开展城市生态环境治理评估。

资料来源：中共中央 国务院关于全面推进美丽中国建设的意见，中国政府网，2023 年 12 月 27 日

持续推进城市更新行动

2025 年 5 月 2 日，中共中央办公厅、国务院办公厅正式出台《关于持续推进城市更新行动的意见》，以下节选部分内容。

主要目标：

到 2030 年，城市更新行动实施取得重要进展，城市更新体制机制不断完善，城市开发建设方式转型初见成效，安全发展基础更加牢固，服务效能不断提高，人居环境明显改善，经济业态更加丰富，文化遗产有效保护，风貌特色更加彰显，城市成为人民群众高品质生活的空间。

主要任务：

1. 加强既有建筑改造利用；

2. 推进城镇老旧小区整治改造；

3. 开展完整社区建设；

4. 推进老旧街区、老旧厂区、城中村等更新改造；

5. 完善城市功能；

6. 加强城市基础设施建设改造；

7. 修复城市生态系统；

8. 保护传承城市历史文化。

支撑保障：

1. 建立健全城市更新实施机制；

2. 完善用地政策；

3. 建立房屋使用全生命周期安全管理制度；

4. 健全多元化投融资方式；

5. 建立政府引导、市场运作、公众参与的城市更新可持续模式；

6. 健全法规标准。

资料来源：中共中央办公厅、国务院办公厅关于持续推进城市更新行动的意见，中国政府网，2025 年 5 月 15 日

City ——————————

本章要点： 本章介绍了城市更新专项规划的原则、依据
与范围，分析了城市更新专项规划的目标与
实施策略，探讨了城市更新专项规划的主要
任务。

第 4 章

城市更新专项规划

4.1　城市更新专项规划的原则

城市更新专项规划是为高质量开展城市更新工作，实现城市发展的综合目标，针对城市建成地区制定和实施的改造、整治与重建的专门规划。要想做好城市更新专项规划，需要遵循如下原则：

（1）城市更新专项规划要遵循政府引导、规划先行原则

城市更新专项规划要求建立健全政府引导、多部门协同合作的工作机制，加强统筹协调，形成工作合力；以上位规划为统领，坚持规划先行，对城市更新的区位、范围、规模、时序等进行统筹安排，确保城市更新工作的有序开展。

（2）城市更新专项规划要立足市场运作、因势利导原则

在进行城市更新专项规划的过程中要理清政府与市场的关系，充分发挥市场在资源配置中的重要作用[①]。每一个市场主体和社会力量，都是城市更新的重要推动者，鼓励其参与到城市更新规划全过程中，形成多元改造模式，将为城市更新注入新的活力。

（3）城市更新专项规划要坚持产业优先、保护与治理结合原则

城市更新专项规划要科学划定城市更新中的产业发展保护区，并配套相关管理办法，为产业提升提供空间保障需求。在城市更新的宏伟蓝图中，村级工业园的整治与提升占据着举足轻重的地位；作为城市的重要组成部分，村级工业园不仅承载着历史的记忆，更是推动经济发展的重要引擎。我们要以村级工业园整治提升为重点，消除产业升级短板，我们必须加大政策扶持和资金奖励的力度，为产业转型升级注入强大动力。

（4）城市更新专项规划要倡导利益共享、多方共赢原则

城市更新专项规划中很重要的一个内容就是利益的兼顾，倡导在规划中建立完善的经济激励机制，协调好政府、市场、业主等各方利益，实现共同开发、利益共享；在城市土地利用层面的利益博弈中，我们必须坚守一条明确的原则：严格保护历史文化遗产、特色风貌，并确保公益性用地的合理安排，对于产业用地，我们应进行统筹安排，既要满足各产业的发展需求，又要避免用地浪费和过度集中，最终实现经济发展、民生改善、文化传承多赢。

（5）城市更新专项规划要树立因地制宜、规范运作原则

在城市更新规划的编制过程中要充分考虑各区经济社会的发展水平差异、自身的发展

---

① 赵文瑄. 双循环下江苏绿色循环经济产业发展研究 [J]. 中国管理信息化，2021，24（21）：170–172.

定位等，依据上位规划制定的城市总体发展格局，科学合理地确定城市更新的方向和目标，要注重分类实施，加强监管，保证城市更新规划工作规范运作、有序推进、顺利实施。

（6）城市更新专项规划要秉持公众参与、平等协商原则

城市更新专项规划要充分尊重规划区域人员群体的总体意愿，提高城市更新规划工作的公开性和透明度，保障被规划人员群体的知情权、参与权、受益权；建立健全城市更新工作的平等协商机制，始终要牢记以人为本。这意味着，我们要妥善解决人民群众的利益诉求，确保公平公正的规划，实现和谐有序的开发。

4.2　城市更新专项规划的依据与范围

4.2.1　城市更新专项规划的依据

城市更新专项规划的依据主要来源于与其相关的、对其具有直接指导意义的各层级法律法规、地方规章制度、行业规范与标准、上位规划体系等。典型的城市更新专项规划主要依据如下：

（1）中华人民共和国城乡规划法；

（2）中华人民共和国土地管理法；

（3）城市总体规划；

（4）国土空间总体规划；

（5）控制性详细规划；

（6）国民经济和社会发展规划；

（7）地方规章制度与法规；

（8）其他与城市更新专项规划有关的各层次规划。

4.2.2　城市更新专项规划的范围

1. 城市更新专项规划的空间范围

在城市更新的过程中，专项规划的空间范围是一个关键问题。通常，在没有明确的法律法规及约束条件下，城市更新专项规划的空间范围可以涵盖城市规划区内的任何区

域。这一范围主要取决于城市更新规划的规划重点和主要问题解决区域，如《北京市城市更新专项规划》中明确提出"本次规划范围为北京市行政区域，以首都功能核心区、中心城区、北京城市副中心、平原新城及地区、生态涵养区新城为主"；又如《沈阳市城市更新专项总体规划（2021—2035）》提出规划的空间范围为"城市建成区以及市政府确定的其他城市重点区域内，旧住区、旧村庄、旧厂区、旧市场以及历史文化要素等存量资源所在的城市空间区域"。

2. 城市更新专项规划的规划时限

在没有明确的法律法规以及其他条件的约束下制定城市更新专项规划时，应当密切结合上位规划的要求和指导。上位规划通常更为全面和宏观，它为城市更新专项规划提供了重要的参考依据。通过与上位规划的协调，可以确保城市更新专项规划在实施过程中不会与城市发展的整体方向相悖。一般近期规划以五年为单位，这样可以确保规划的实施具有足够的灵活性和可操作性，远景规划展望到十五年至二十年后，为城市的长期发展提供方向和框架。典型的上位规划有城市总体规划、国土空间总体规划、国民经济和社会发展规划等。如《北京市城市更新专项规划》中明确提出"本次规划期限为2021年至2025年，远景展望到2035年"，这与《北京市国土空间总体规划》的规划时限保持一致。

4.3 城市更新专项规划的目标与实施策略

4.3.1 城市更新专项规划的目标体系

城市更新目标的确定应坚持问题导向、需求导向、目标导向，以相应的上位规划为引领[1]，如《城市总体规划》《国土空间总体规划》等，以城市的街区为单元，从区域功能、布局结构、空间环境、建筑系统和配套设施等支撑条件为导向的功能性更新，激发城市的综合活力、改善民生福祉、加强生态保护、传承历史文化、提升治理能力[2]，促进城市高质量发展。

---

① 杨浚，文爱平．杨浚：规划引领，更新提质 [J]．北京规划建设，2022（1）：204-207．
② 余燕明．北京"十四五"城市更新规划：小规模、渐进式 严控大拆大建 [N]．中国经营报，2022-05-30（B12）．

城市更新的目标是以人民为中心，立足规划对象实际，突出地方特色，按照相应标准，通过构建多元主体共建、共治、共享的新发展格局，解决人民日益增长的美好生活需要和不平衡不充分的发展之间的矛盾，实现更新的目标体系。城市更新的目标体系应该包括实现城市空间品质的整体提升，城市人居环境的全面改善，充分激发市场活力，稳步发展产业经济，社会治理日趋完善，土地效率显著提升，城市的可持续发展持续推进等方向。

1. 激发城市经济活力

城市更新不仅是城市发展的必然过程，更是释放经济活力、驱动持续发展的重要途径。国家和区域战略为城市更新提供了方向和框架，应以其为基点，以科技建设、数字经济、市场消费联动为目标，充分释放市场能够推进城市更新的这一巨大潜力，培育发展新动能，畅通国内大循环，激发并提升经济活力，带动城市的持续发展。

2. 改善城市民生福祉

城市更新应始终坚持发展为民、更新惠民的思想，以解决危旧楼房、老旧平房院落和简易楼的安全隐患为着力点[①]，始终坚守安全底线，确保居民的基本安全。在此基础上，还应关注居民生活的各个方面，努力改善居住环境、完善基础设施、优化交通条件、提升环境品质，推进便民生活圈的建设，建立完整居住社区，从而提升居民生活的便利性和舒适度。

3. 践行绿色低碳发展

城市更新应以绿色发展为引领，以碳中和为目标，通过城市更新统筹人口资源环境，加大绿色基础设施的建设，为居民提供更多的休闲和运动空间，同时吸收大气中的二氧化碳，缓解城市热岛效应，提升城市的可持续性；将绿色低碳融入空间利用、节能、节水、选材等各方面，推广节水器具和雨水收集系统，减少水资源的浪费，优选低能耗、低排放、低污染的材料，促进建筑和交通用能电气化、居民生活方式低碳化。建设适度超前的韧性城市与安全城市，构建绿色生态体系，打好污染防治攻坚战，促进经济社会绿色低碳循环发展。

---

① 余燕明. 北京"十四五"城市更新规划：小规模、渐进式 严控大拆大建 [N]. 中国经营报，2022–05–30（B12）.

4. 弘扬与传承城市文化

城市更新应以老城整体保护与复兴为重点，老城区作为城市的历史和文化中心，拥有深厚的历史底蕴和丰富的文化资源。这些资源不仅是城市的宝贵财富，更是城市发展的独特优势。因此，城市更新应以保护和活化老城区为核心目标，通过一系列措施实现老城的可持续发展。以此彰显城市历史底蕴、提升文化品位、提高城市品质、激发消费活力，带动存量地区的活化更新。历史文化遗产是一个城市的灵魂，它不仅承载着城市的历史记忆，也是城市文化发展的根基。应加强历史文化遗产的保护与利用，挖掘城市文化内涵，打造文化创新区域，促进文化创意与消费产业的发展，为城市的发展注入新鲜活力。

5. 提升城市治理效能

城市更新应以智慧赋能城市管理、支撑社会治理。在更新改造中融入智慧元素，充分运用前沿技术，推进城市管理理念、管理手段、管理模式创新，实现城市智慧化管理。构建多元共治的新型治理体系，多途径吸引社会资本参与，充分激发市场经济活力，提升城市社会治理水平，促进共建共治共享。

4.3.2　城市更新专项规划的实施策略

城市更新应立足于更新目标谋划更新策略，确保能够安全、高效、有序地运行，深化生产生活融合，推动经济发展，提供更加公平均衡的公共服务，营造更加健康安全的生态环境[①]，提高城市科学化、精细化、智能化治理水平。通过精细化治理满足市民需求、提高管理效率和质量；通过智能化治理实现信息化、自动化和智能化；通过制度建设提供有力保障。只有全面推进精细化、智能化治理，才能实现城市的可持续发展和居民生活品质的提升。

1. 提升城市环境品质

统筹存量地区城市建筑布局、协调城市景观风貌，对城市公共空间和建筑形态提出精细化更新指引。一是改善人居环境。美化户外广告、公交站台及公共厕所等城市"家具"，推进城市景观亮化工程，让城市更新更有温度。二是擦亮生态底色。拓展公共绿地和开放空间，对街头巷尾零星地块、被废弃和闲置的微空间进行改造，打造一批街头游

---

① 张晓涛，李向军. 北京财经发展报告（2017—2018）[M]. 北京：社会科学文献出版社，2018.

园、绿地，增设休闲步道、儿童游乐设施等，满足居民休闲娱乐生活需求。三是延续城市文脉。可将历史文化元素融入城市设计，增强群众对城市文化的认同感和归属感，注重保护城市整体风貌、特色建筑，防止大拆大建。通过优化公共空间、协调建筑风貌、合理规划建筑布局、加强精细化指引等方面的措施，改善人居环境、延续城市文脉，打造更为宜居、舒适、美丽、绿色的城市环境，提升城市的整体形象和生活品质。

2. 科学配置资源要素

优化生产、生活、生态资源的空间结构布局，严格保护生态用地、农业用地，严格限制生产生活用地空间盲目扩张[①]。要以市场为导向，充分发挥其对资源配置的决定性作用，夯实民生保障、基础设施、生态环境等底线管控要求，同时政府要履行底线管控职责，调整优化居住用地布局，完善公共服务设施，拓展绿地空间，改善人居环境，促进职住平衡，实现城市功能优化和可持续发展。有助于提高居民的生活质量和幸福感，增强城市的竞争力和吸引力。

3. 盘活存量资源

目前，城市面临着土地、空间等资源日益紧缺的问题，盘活存量资源成为城市发展的重要途径。在存量资源盘活工作中，应以城市更新的理念为引领，以市场化运营作为核心驱动力，充分发挥市场优势，扩大投资、生产、消费需求，推动存量产业资源盘活和高效利用。形成需求带动供给、供给创造需求的循环。建立健全存量资源盘活政策体系，释放存量资源形成新空间供给，为新动能新产业发展创造条件、留足空间。鼓励老旧楼宇、传统商圈、老旧厂房、低效产业园区等存量资源升级改造，通过对老旧楼宇改造提升其硬件设施，优化空间布局，提高楼宇的品质和价值；对传统商圈进行业态调整和品牌升级等，加快"腾笼换鸟"，着力提高经济密度和投入产出效率，推动产业高质量发展。

4. 完善城市街区功能

城市更新过程中，在保持原有功能基础上，通过对街区的用地功能混合、建筑功能复合、空间环境融合，有序推动街区更新整体实施。利用存量资源，加强公共空间精细化管控。建立公共服务的共建共享机制，激发存量地区活力，实现街区价值提升。积极

---

① 王亚明，秦晓娟. 甘肃省镇域"多规合一"实证研究——以张掖市山丹县位奇镇为例 [J]. 甘肃科技，2019，35（11）：52-54.

应对人口老龄化问题，以街区和社区为单元，建设一批交通便利、生活舒缓、宜居宜养、医养结合的养老设施，满足周边老年人养老需求。

5. 提高城市安全体系

立足于防范在先，发现在早、处置在小，把着眼点放在开展前瞻治理上[1]，提升源头防范能力。适度提高建构筑物抗灾能力标准；加强城市规划和管理，健全安全法规；建立完善的应急救援体系，提高应急能力。综合设置多种类型疏散通道和避灾场所，加强人防设施与城市基础设施相结合，实现军民兼用，充分利用军队在应急救援方面的优势资源，提高城市的整体抗灾能力。

4.4　城市更新专项规划的主要任务

城市更新专项规划编制的主要任务包括城市保障能力的全面提升、城市宜居生活空间的缔造、城市高效生产空间的创造、城市活力公共空间的塑造四个层面。

4.4.1　城市保障能力的全面提升

城市保障能力的全面提升是城市更新专项规划的核心任务，主要包括以下内容：

1. 提升城市住房供给能力

规划要点如下：

（1）建立多层次的住房供给体系：针对不同收入群体和家庭需求的多样性，健全完善多主体供给、多渠道保障、租购并举的住房制度和住房体系，注重建设不同类型和档次的住房，包括保障性住房、共有产权房、商品房等，以满足不同层次、不同支付能力的住房需求。

（2）优化住房用地供应：在城市更新过程中，合理规划住房用地，优化用地结构，提高土地利用效率。同时，要注重保护生态环境和历史文化遗产，实现可持续发展。

---

① 杜家毫. 坚决打赢防范化解重大风险攻坚战 [J]. 新湘评论，2020（12）：5–7.

（3）鼓励住房租赁市场发展：规划应鼓励和支持住房租赁市场的发展，增加租赁住房的供应量，为新市民、青年人等群体提供更多的住房选择。同时，应加强对租赁市场的监管和管理，保障租赁双方的合法权益。

2. 多元设施服务供给

规划要点如下：

（1）全面评估与针对性规划：对城市更新区域进行深入的评估，了解设施、人口、交通和环境状况。基于评估结果，制定针对性的规划方案，确保满足不同居民的需求。

（2）优化公共设施布局：合理规划教育、医疗、文化和体育设施，确保生活圈的覆盖，促进居民日常使用的便利性。

（3）多层次供给与便民生活圈建设：提供适应不同需求的设施和服务，如养老、教育、健身等；以居民实际需求为导向，构建便民生活圈，满足日常生活需求。

（4）存量资源再利用与创新灵活性：充分利用闲置土地和旧建筑，将其转化为公共服务或便民设施；考虑未来的变化和不确定性，预留调整空间和灵活应对策略。

（5）城乡接合部与居民参与：关注城乡接合部地区的公共服务水平提升，鼓励居民参与规划过程，确保规划满足居民需求和期望。

3. 提升交通治理水平

畅通道路网络，提升绿色出行服务水平。强化轨道交通一体化建设，围绕轨道站点布局功能中心。补足交通设施短板，鼓励场站复合利用。提高治理水平，推动智慧交通先试先行。

规划要点如下：

（1）完善低等级道路系统：加强次干路和支路建设，增加路网密度，优化道路微循环系统，确保交通流畅。提升绿化覆盖率，通过道路林荫化设计，为市民提供更舒适、宜人的出行环境。

（2）公共交通优化：规划建设地面公交场站，增容外电设施，提升电动公交保障能力；构建"轨道＋慢行"交通系统，以轨道交通站点为核心，组织城市生活，优先发展步行和自行车交通。

（3）智慧交通发展：完善智慧交通基础设施建设，整合城市基础设施和资源，实现新能源补给基础设施的有序衔接；优化电动汽车设施布局，利用闲置用地增设充换电设施，增强交通基础设施韧性。

（4）交通场站与设施的融合发展：整合交通场站与市政、公共服务设施，提高土地利用效率，促进区域综合发展；建设智慧停车系统，推进大型公共服务设施周边的智慧停车系统，促进绿色交通设施改造；提升智慧交通建设水平，通过技术手段提高出行效率，增加绿色交通出行比例，缓解城市拥堵问题。

4. 完善市政供给体系

打破瓶颈、填平补齐，加强市政系统承载能力。实施市政管线更新改造和隐患排查治理，提升市政系统安全水平。推进基础设施高质量发展和功能融合。迈向碳中和，推进绿色低碳能源转型[①]。

规划要点如下：

（1）基础设施升级与优化：对于供水与排水系统，加强供水厂扩能，完善主干管网，建立社区污水微循环设施。对于电力与燃气设施，要提升智能配电网水平，完善天然气管网系统。对于供热与节能改造，重点整合老旧低效设施，推进建筑节能改造和分布式光伏发电。

（2）隐患治理与管线更新：更新改造老旧隐患管线，普查地下管线隐患，实施更新改造和隐患治理。

（3）提升公厕与垃圾处理设施：结合小微绿地等建设，解决公厕不足问题，完善垃圾收运设施。

（4）信息化与智能化推进：加快信息化建设，实现地下管线信息共建共治共享。构建感知监测体系，提升地下管线管理信息化智能化水平。推进热泵系统、风电、垃圾焚烧发电等清洁能源应用。

5. 增强安全保障能力

强化空间韧性，结合城市更新实现城市空间"留白增绿"，降低由于人口、产业和功能集聚造成的风险和压力。加大脆弱地区和薄弱环节的治理。加强风险防控，提升工程韧性。

规划要点如下：

（1）风险管控与安全保障：针对高风险涉危企业，实施有序转移或搬迁计划，坚决拆除违法建设，确保城市安全。持续监测和评估供水、供电、供气、供热等生命线系统，

---

① 张伟，武齐永，张忠霞，等 . 分布式光纤管道监测技术在长距离输水工程中的应用 [J]. 给水排水，2022，58（6）：124–129.

建立风险防控评估机制，确保稳定运行。建立严格的产业禁止和限制目录，降低城市风险，确保可持续发展。

（2）空间优化与绿色发展：积极推进城市空间的"留白增绿"策略，增强城市生态功能，提升绿色发展水平。对老旧小区、危旧楼房和城镇棚户区进行改造，增强历史街区的防灾减灾能力。重点整治地下空间，降低城市易损性，增强城市对灾害的承受能力。

（3）社区更新与共享空间：有效利用社区闲置空间，改造成居民文化、娱乐等活动场所，丰富社区生活。推广"共享＋产消一体"模式，创新社区服务方式，提升社区整体品质。

（4）隐患治理与及时响应：实施管线隐患的及时发现和消除计划，加强监测评估工作，确保生命线系统的安全稳定运行。对供水、供电、供气、供热等重要设施进行定期检查和维护，确保其安全稳定运行。

4.4.2　城市宜居生活空间的缔造

1. 深入开展老旧小区更新改造

老旧小区更新改造在城市更新进程中至关重要，它不仅关乎居民生活质量的提升和城市形象的塑造，更是激活区域经济活力、推动城市可持续发展的关键环节。更新改造老旧小区，就是为城市注入新活力、传承历史文化，让居民共享城市发展成果的重要一环。

规划要点如下：

（1）基础设施升级与优化：对供水、供电、供气、供暖等设施进行全面检查和升级，确保稳定性和安全性。对于老化的管线、管道，进行更换或维修。加强消防设施的完善，提升应对紧急情况的能力。

（2）环境改造与美化：对小区地面进行修补和美化，保持整洁。对楼道、墙面进行翻新，修补损坏和脱落部分，并修缮房屋结构和外墙，确保房屋安全。增加绿化植被，提升小区的绿化水平。改善小区照明系统，为居民提供充足的照明。

（3）适老化和无障碍改造：加强适老化改造设计管理，突出加装电梯、公共环境适老化改造和无障碍环境建设等重点任务，统筹养老、助残等相关政策，鼓励"物业服务＋养老服务"。

（4）智能化改造：建立智能化管理系统，实现安全监控、设备监测、能源管理等功能的智能化运营。安装智能门禁系统、智能照明系统等，提升小区的安全性和便利性。建立智能停车系统，提高停车位的使用效率和便利性。

（5）社区文化建设和居民参与：保留和发扬老旧小区的社区文化特色，通过文化活动等方式增进居民间的交流和认同。建立居民自治组织或业主委员会，让居民共同参与小区的管理和维护。定期收集居民的意见和建议，及时回应居民的需求和关切。

2. 稳步推进危房和简易楼房改建腾退

危旧楼房和简易楼要优先解危排险，保障安全底线，做好危旧楼房翻建和简易楼有序外迁腾退。改建和扩建符合规划的危旧楼房和简易楼，保障住宅安全，配齐厨卫空间，合理利用地下空间、腾退空间和限制空间补建配套设施。

规划要点如下：

（1）安全评估与综合规划：对楼房进行结构安全评估，确定需要翻建或腾退的楼房。综合规划，确保新楼房的功能、结构、外观和环境与周围协调，合理确定改造时序、改造方式并适度改善标准。

（2）资金筹措与补偿安置：通过政府补贴、社会投资、居民自筹等多种渠道筹措资金，确保项目实施。制定居民安置和补偿方案，提供临时住房、租房补贴等安置方式，补偿标准根据当地政策和法律法规确定，确保过程公平、合理。

（3）环保与长期管理：注重环保材料和技术，确保可持续发展。建立长期维护和管理机制，定期进行检查和维修，确保楼房的结构安全和使用性能。同时建立居民自治组织或物业公司等管理机构，加强楼房的日常管理和服务工作。

3. 全力推动城镇棚户区整治更新

为推进城镇棚户区改造，需精准界定改造范围、明确成本标准。创新政策和工作机制，强化全过程管理，加速征收拆迁，确保项目按时完成。同时，优先建设棚改安置房，并确保市政基础设施与改造工程同步规划、施工和交付，以提升居民生活质量，促进城市发展[1]。

规划要点如下：

（1）确定棚改范围：基于城市规划和现状调查，收集目标区域内的人口、建筑密度、建筑质量、基础设施状况等基础数据，确定需要改造的棚户区范围。

---

① 王子强，杨朝飞. 中国环境年鉴 [M]. 北京：中国环境科学出版社，1993.

（2）做好市政基础设施规划：确保供水、供电、供气等市政基础设施与棚户区改造同步规划，并根据改造后的功能定位，优化和完善市政基础设施布局。

（3）听取涉及群众意见：在规划过程中，通过问卷调查、座谈会等方式收集居民的意见和建议，并及时向公众传达棚改的进展情况，确保居民的知情权。

（4）做好回迁安置：根据居民的需求和实际情况，提供回迁、异地安置等多元化的安置方式。制定公平合理的拆迁补偿标准和安置方案。确保拆迁工作的安全、有序进行，防止出现纠纷和冲突。对于回迁的居民，要确保回迁房屋的质量与原居住环境相当或更好。

4.4.3　城市高效生产空间的创造

1. 全面推进老旧楼宇升级转型

不断扩张的国内各大城市，经历了突飞猛进的城市化进程后，都将老旧楼宇更新改造作为城市更新存量改造的重点。

规划要点如下：

（1）打造开放城市客厅：调研和评估现存的传统服务空间，了解其功能、使用率和居民需求；制定改造计划，将传统服务空间转型为公共休闲与文化聚集地；设计多功能空间，考虑举办文化活动、展览、社区聚会等可能性；确保空间开放性和可达性，方便周边居民使用。

（2）优化创新创业环境：调查现有办公空间的供应和需求情况；设计多样化的办公空间，满足初创企业、中小企业和大型企业的需求；鼓励利用楼宇开放区域引入第三方空间，如咖啡厅、共享办公空间等；提供商务交流和合作平台，促进创新和创业氛围的形成。

（3）楼宇与周边环境的协同设计：评估现有楼宇与其周边公共空间的关系；制定一体化设计策略，确保新旧建筑风格和功能的协调性；利用景观设计、艺术装置等方式营造具有艺术氛围的环境；考虑设置公共绿地、广场等开放空间，增强区域的公共性和活力。

（4）评估与奖励机制的建立：制定详细的评估标准，包括楼宇改造效果、税收贡献、企业入住率等；建立评估机制，定期对楼宇进行评估，确保改造计划的实施效果；设立奖励机制，对达到评估标准的楼宇给予一定的政策优惠或资金支持；通过媒体、网络等渠道宣传优秀案例，提高社会对老旧楼宇更新的关注度。

（5）匹配功能区产业定位：研究周边功能区的产业定位和发展方向；根据功能区需求调整老旧楼宇的产业定位和功能布局；引入与功能区相符合的企业入驻老旧楼宇，促进产业集聚效应的形成；加强与功能区管理部门的沟通合作，共同推动区域产业的发展。

2. 持续加强商圈商场品质提升

作为城市商业的重要载体，商圈是提升消费品质、改善消费体验、促进消费升级的重要平台，要抓好商圈提质升级，精准谋划商业布局，补齐商业生态短板。

规划要点如下：

（1）鼓励商业空间延伸与改造：合理设置外摆、策划分时步行街，并精细设计广告牌匾、灯光照明和艺术雕塑，以提升街区活力。

（2）补齐社区商业短板：利用疏解腾退空间和地下空间，补充社区商业设施，提升商业服务的均好性和水平。

（3）结合个性化需求丰富体验类业态：围绕业态品牌调整、空间品质提升和营销模式创新，打造品牌集聚、供给丰富、功能完善的消费承载地。

（4）鼓励功能混合与创新供给：将文化、旅游、体育、教育、健康、养老等功能与商业融合，创新服务供给方式，弥补服务短板。

（5）交通组织优化：在实际规划中应考虑商圈、商场的交通可达性和内部交通组织，提升顾客体验和商业活力。

3. 深入推进产业园区升级改造

城市更新通过打造新空间，引入新产业、创造新生态、带来新消费，从而培育城市经济新动能。深入推进产业园区升级改造有利于提升城市的创新能力和竞争优势，完善城市功能和提升品质，推动城市更新进程。

规划要点如下：

（1）促进传统产业转型升级：聚焦低效产业园区，优化产业结构，提升产业能级；鼓励企业加大技术改造和设备更新投入，推动传统产业向智能化、绿色化转型。

（2）完善产业链和集聚发展：加强园区内企业间的协作与配套，形成完善的产业链条；鼓励企业入驻园区，实现上下游产业的集聚发展，提高整体竞争力；提升基础设施和配套服务水平，满足企业生产、生活需求。

（3）推进绿色化发展：加强环保监管，确保企业达标排放，推动产业绿色化进程；推广清洁生产技术和绿色制造模式，提高资源利用效率；优化能源结构，鼓励使用可再生能源，减少对环境的负面影响。

（4）支持改建宿舍型租赁住房：对园区内非居住建筑进行评估，确定是否具备改建条件；制定改建标准和规范，确保改建后的宿舍型租赁住房符合安全、卫生等方面的要求；创新租赁住房管理模式，建立完善的租赁服务平台，为企业员工提供多样化的居住选择。

（5）产居融合与保障模式创新：结合园区产业发展需求，合理规划居住区与产业区的空间布局；完善公共交通、教育、医疗等配套设施，提升产居融合度；探索多元化的住房保障模式，满足不同人群的居住需求，促进产城融合发展。

4. 综合提升老旧厂房价值功能

推进老旧厂房更新改造，促进创新引领、功能调整和高效利用。

规划要点如下：

（1）分级分类确定工业遗存的价值，引导老旧厂房引入新业态。根据园区的投资、地价、产出等情况，开展综合效益评估，推动"腾笼换鸟"和提质增效。中心城区老旧厂房引入产业创新项目，完善城市功能、补齐配套短板。

（2）特色文化商业区内老旧厂房鼓励发展文化、旅游等新型服务消费载体，打造特色文化地标与体验空间。利用老旧厂房补充公共服务设施、公共空间和居住设施，改建租赁住房等。

（3）结合实际需要，科学规划老旧厂房的改造方向和用途，确保与城市发展相协调。

4.4.4 城市活力公共空间的塑造

1. 提升城市公共空间品质

完善与丰富城市整体景观体系，细化公共空间与风貌管控重点地区城市设计要求，提升公共空间品质与服务效能，建设具有地域特色、符合市民使用需求的高品质场所。提升城市历史文化遗存、活力节点和小微空间的场所品质。

规划要点如下：

（1）强化城市格局性轴线和线性空间的景观品质：确立城市重要线性空间，如主要道路、河流等，并对其进行景观设计，包括绿化、照明、公共艺术装置的规划和实施，确保沿线的建筑物和公共空间与轴线或线性空间的设计风格相协调，形成统一而连贯的城市风貌。

（2）优化交通组织，提升道路交通与公共空间的协调性：评估现有城市环路和重要干线的交通状况，识别交通瓶颈和安全隐患；重新设计交通流线，优化信号灯控制和交通标志标线，确保交通流畅和安全；在道路两侧设置连续的步行道和非机动车道，提供便捷的慢行交通网络；合理规划非机动车停放区域，避免乱停乱放现象。

（3）激活城市节点和小微空间，打造特色公共场所：识别城市中的重要节点和小微空间，如历史文化遗址、小广场、街头绿地等，并对这些空间进行改造和活化利用，如修复历史建筑、增设公共艺术装置、提供休闲设施等，确保这些空间与周边环境的协调性和连通性，形成有吸引力的公共场所。

（4）利用零散空间和消极空间，打造小型便民开放空间：调查城市中的腾退空间、闲置空间等零散空间以及桥下等未被充分利用的消极空间，根据空间大小和位置，合理规划和设计小型开放空间，如广场绿地、休闲公园等，并提供必要的便民设施和服务，如座椅、灯光、公共厕所等，方便市民使用。

（5）鼓励公共空间的一体化治理与多主体参与：推动建筑与公共空间的一体化设计和管理，打破传统的管理界限，鼓励多个市场主体参与共享空间的设计和改造，提供多样化的第三空间和共享空间，建立公共空间的管理和维护机制，确保空间的持续利用和品质提升，通过政策引导和激励机制，鼓励市民和社会组织参与公共空间的治理和使用。

2. 打造城市特色景观环境

在适用、经济、绿色、美观的基础上，通过建筑更新形成适宜的风貌，做到形式符合功能、形制符合身份、形象符合角色、形态融入环境。

规划要点如下：

（1）建筑界面与街景优化：对重要节点空间和传统街巷沿街立面进行整治改造，确保与整体城市风貌相协调；促进形成丰富多样的城市街景，通过建筑界面的设计，围合出亲切宜人的公共空间。

（2）保护与更新老旧建筑：对于具有历史文化价值和风貌特色的老旧建筑，应着重保护其建筑风貌，深入挖掘其文化价值；对于品质较差但仍有改造潜力的老旧建筑，通过更新改造提升其建筑空间品质，使其符合当代设计标准。

（3）城市家具与设施的更新引导：加强对城市家具、广告牌匾、市政设施等的更新引导，确保其与城市风貌的协调融合；对街道空间范围内的各类箱体和线杆进行整合，推动设施的集中化、小型化、隐蔽化设置，提高街道空间的利用效率和秩序。

（4）街道空间整合与设施优化：对街道空间范围内的各类设施进行整合和布局，如电力、通信、交通、监控等设施。鼓励多箱并集、多杆合一、架空线入地等措施，以提高街道空间的利用效率和秩序。

3. 优化城市蓝绿空间格局

完善城市蓝绿空间体系，从环境品质、服务供给和管理运营等多方面加强更新和治理，提升城市绿地、滨水地区的景观环境，优化周边区域城市功能，激发城市空间活力和价值。

规划要点如下：

（1）强化绿色空间体系与设施：确保城市绿色空间的连通性、开放性和功能性，不仅强调绿化，更注重其公共服务供给和公共活动内容的丰富性；提升各级公园绿地、小微绿地的品质和功能，包括景观化、智能化、节能环保等方面的改进；在现有公园中增补休闲设施和活动场地，满足市民的不同需求。

（2）口袋公园与林荫街道建设：利用城市零散空间建设口袋公园，包括公共建筑前空间、商业建筑附属绿地等，使其成为市民休闲的好去处；提升林荫街巷的连续性和舒适性，结合道路改造增加行道树和中央绿化带；提升三维绿化效果，包括垂直绿化与屋顶绿化的设置，提高绿色空间的心理舒适度。

（3）滨水空间品质提升：改善历史风貌型和公共活力型河道的生态环境，提升滨水空间的可达性、连通性和品质；加强水系互联互通，促进水体流动和植被恢复，保证河湖水质；构建完善的滨水设施，提供多样化的活动场地，并塑造协调有序的建筑风貌和街区环境。

（4）历史河道人文环境塑造：结合历史水系保护与恢复工作，强化生态缓冲带、公共空间与建筑管控；建设连续开放的亲水岸线，形成人水和谐的文化魅力场所，提供市民休闲和体验历史文化的场所。

本章小结

城市更新专项规划应遵循政府引导、市场运作、产业优先、利益共享、因地制宜、公众参与等原则；编制城市更新专项规划要明确空间范围和规划时限；城市更新专项规划旨在实现激发城市经济活力、改善城市民生福祉、践行绿色低碳发展、弘扬与传承城市文化以及提升城市治理效能等目标；城市更新专项规划的实施策略包括提升城市环境品质、科学配置资源要素、盘活存量资源、完善城市街区功能以及提高城市安全体系等；城市更新专项规划编制的主要任务包括城市保障能力的全面提升、城市宜居生活空间的缔造、城市高效生产空间的创造以及城市活力公共空间的塑造四方面。

思考题

1. 城市更新专项规划的原则包括哪些？
2. 城市更新专项规划的依据有什么？范围包括哪些？
3. 简述城市更新专项规划的目标体系。
4. 城市更新专项规划的实施策略有哪些？
5. 城市更新专项规划的主要任务是什么？

资料链接

《支持城市更新的规划与土地政策指引（2023 版）》解读

将城市更新融入国土空间规划体系。《中共中央　国务院关于建立国土空间规划体系并监督实施的若干意见》建立"五级三类"国土空间规划体系。《支持城市更新的规划与土地政策指引（2023 版）》（以下简称《政策指引》）明确各级各类的国土空间规划应充分适应城市高质量发展的需要，将城市更新的规划要求纳入国土空间规划"一张图"实施监督信息系统，加强实施管理。特别是当前市县级国土空间总体规划的编制工作基本完成，正在加快报批，详细规划和专项规划已经成为今后一个阶段的工作重点。因此，要把城市更新工作的有关要求贯穿到总体规划、详细规划、专项规划中。

总体规划层面。规划编制的方法和实施管理有相应的调整。首先，在市县域层面，要明确所在城市的更新在规划方面的总体要求，总体规划要发挥优化空间布局的作用，要明确城市更新在总体规划工作中的重点和近期行动计划的内容，制定城市更新的规划目标、实施策略、规划重点、管控引导等措施，要明确更新对象和更新范围。其次，在城区层面，针对存量空间地区，要进一步明确更新区域和重大更新项目，拟定近期的城市更新任务清单，纳入总体规划的近期行动计划。

详细规划层面。分为更新规划单元和更新实施单元两个层级。首先，更新规划单元层级，根据总体规划明确的更新规划单元来编制详细规划，分解落实总体规划的有关要求，明确更新规划单元的发展定位、主导功能、建设规模总量等，对于城市更新对象的更新方式提出指引措施。在传导总体规划到更新规划单元的详细规划过程中，要按照总体规划的思路来逐级逐步落实。其次，更新实施单元层级，更新实施单元的详细规划，要安排细化更新规划单元的各项规划管控和引导措施。过程中，可能会因为原权利人、市场主体以及政府之间对于城市更新的不同认识、不同考虑，需要做大量的协调工作。要根据更新项目的规划情形来制定新的规划条件，依法依规按程序进行动态维护和修改，保证城市更新项目规划管控的精准性和合理性。依据总体规划编制更新规划单元的详细规划，依据实际的需求编制更新实施单元的详细规划，是预先安排与市场需求的结合，是刚性与弹性的兼顾。这两层级详细规划之间，必须依法依规按程序办理，关键在于要保障利益相关方的诉求，更好地使更新实施单元的详细规划成为抓好城市更新工作的重要手段，来促进多元主体的互动，提高规划实施和未来项目运营的水平，推动城市更新的顺利开展。

专项规划层面。在城市更新的过程中，不完全是地上既有建筑物的更新，还包括地下空间、历史保护地区，以及公共服务设施、市政基础设施的更新。规划的相应内容就会涉及相关的专项规划，因此，专项规划要因地制宜、多措并举适应城市更新的需要。需要注意的是，如果专项规划的内容涉及详细规划调整，必须依法履行调整程序。

改进国土空间规划方法。为更好发挥规划的引领作用，改进规划方法势在必行。首先，必须开展针对性的调查，特别要利用好自然资源部门的优势，梳理好、用好国土调查、地籍调查、不动产登记有关的权益信息，夯实规划基础。其次，要做好国土空间规划体检评估，针对更新特点进行评估更有利于明确更新的规划导向，结合更新特点要求来提高详细规划的适应性和对市场的及时响应能力。再次，更新过程中要加强各相关专题研究，更新过程是激发城市活力、营造高品质环境的过程。因此，要特别强调深入应用城市设计方法，树立大设计观，加强城市更新项目的运营维护和收益分配，以及建筑工程投资测算等方面的专题研究。研究结论要按程序纳入详细规划，成为规划实施的重要参考依据。最后，更新过程要注意搭建平台，更新过程是合作协商的空间治理过程，政府部门和责任规划师，以及规划更新对象涉及的基层群众，都要成为协商合作的主体。

自然资源部门要牢记"严守资源安全底线，优化国土空间布局，促进绿色低碳发展，维护资源资产权益"四个工作定位，作为支持城市更新的重要工作原则。在《政策指引》起草过程中，也逐步明确了三个政策价值取向。第一应当坚持民生公益来提高人居环境的品质。第二要坚持节约集约，优化国土空间布局。第三要充分尊重权益，来激发多元主体的活力。这三个方面是贯穿《政策指引》重要的政策价值取向。《政策指引》主要包括五个方面政策导向内容。

优化核定容积率。城市更新不是简单的以旧换新，不能通过简单的增容来解决更新问题。城市更新目的是要保障民生，首先，应以激励公益贡献为导向，如果需要新增容积率，应当指向保障居民的基本生活需求、补足短板，即在对周边不产生负面影响的前提下，实施城市基础设施、公共服务设施、公共安全设施，以及老旧小区成套房改造等项目。其次，奖励或转移容积率应以"两多"为导向，即在城市更新项目的规划条件之外，如果能够多保留不可移动文物历史建筑，能够多无偿移交未来开发出来的公共服务设施，能做出更多公益性贡献，按照相应的面积，可以给予一定的奖励。此外，新增的建筑量直接涉及民生改善的，可不计入容积率。

鼓励用地功能转换兼容。城市发展中土地混合使用是一个必然的趋势，这是增强城市活力、提高城市实际功能效益的重要手段，要从简单机械化的功能切割转向土地用地功能的兼容，要允许非公益向公益以及公益之间互转等。在制定配套的细则中，要明确正负面清单和比例管控的要求，加强后期的监管，使得功能转换以后的使用和运营的手续管理能够指向对民生的改善，指向公共服务的补足。

推动复合利用土地。在符合安全使用的各种国家标准规范前提下，推动城市更新的复合利用和节约利用来方便群众的生活。如通过土地组合出让的方式，统筹地上地下空间，分层设置权益，提高土地节约集约利用水平。

细化年限税费地价计收规则。适应市场的需求，鼓励灵活确定土地出让年限和租赁的年期，以"无收益、不缴税"为原则，更新项目可依法享受行政事业性收费减免和税收优惠政策，此外，要加强对国有建设用地使用税的征管。同时鼓励优化地价计收规则。

妥善解决历史遗留问题。要依法依规尊重历史，公平、公正、包容、审慎。如在今年印发的《关于在超大特大城市积极稳步推进城中村改造的指导意见》中，明确超大特大城市以及城区人口 300 万以上的城中村改造项目，对第二次全国土地调查和第三次全国国土调查均调查认定为建设用地的，在符合规划用途前提下，允许按建设用地办理土地征收等手续。所以在更新中解决历史遗留问题时，要认真把握好政策边界。

资料来源：自然资源部办公厅印发《支持城市更新的规划与土地政策指引（2023版）》，自然资源部网站，2023-12-07.

City

本章要点：本章介绍了城市更新项目投资、固定资产折旧、价值构成等城市更新经济分析的基本要素；介绍了盈利能力分析、偿债能力分析等确定性分析法；介绍了盈亏平衡分析、敏感性分析等不确定性分析法；分析了整体重建类城市更新项目财务平衡的难点和策略；分析了局部修建类城市更新项目财务平衡的难点和策略；分析了修缮维护类城市更新项目财务平衡的难点和策略。

第 5 章

城市更新的经济分析

5.1 城市更新经济分析的常用方法

5.1.1 城市更新经济分析的基本要素

1. 城市更新项目投资

投资是为了在未来获得价值增值而预先进行货币或其他资源垫付的经济行为，它是城市更新经济分析中的重要概念。经济理论家认为，投资是经济增长的基本动力。投资也是技术进步的载体，任何技术成果都是人力资本和资源投入的产物。项目投资是以特定项目为对象，与新建项目或改造项目直接相关的长期投资活动。对于一般建设项目，建设项目总投资是指投资者为了获得预期收益，对选定的建设项目从建设到运营所投入的全部资金。

（1）投资的概念

城市更新项目投资是以固定资产建造和购置为中心的活动与投入，是资源变资产的过程。城市更新投资一方面为城市内的社会活动再生产创造物质条件，另一方面为政府实现职能、满足居民物质文化生活需要提供必要条件和消费品。若缺乏一定量的投资，城市更新项目难以启动和发展。

（2）投资的构成

城市更新项目投资主要包含建筑安装工程费、设备及工器具购置费、工程建设其他费用、预备费、建设期贷款利息和流动资金等。

1）建筑安装工程费

建筑安装工程费是指建设单位对建筑安装工程的投资。为了合理确定工程造价，加强工程建设管理，国家统一了建筑安装工程项目费用构成元素，这使工程建设参与主体在编制工程概预算、工程招标投标、工程成本核算等方面有了统一规范。根据《建筑安装工程费用项目组成》，主要有两种划分方式。第一，按费用组成划分，主要包括人工费、材料费、施工机具使用费、企业管理费、利润、规费和税金；第二，按工程造价形成顺序划分，主要包括分部分项工程费、措施项目费、其他项目费、规费和税金。

2）设备及工器具购置费

设备及工器具购置费是固定资产投资中的组成部分，主要包括设备购置费和工器具及生产家具购置费。设备购置费是指购置或自制的达到固定资产标准的设备所需的费用；工器具及生产家具购置费是指购置保证新（扩）建项目前期正常运营的没有达到固定资产标准的设备所需的费用。设备及工器具投资是建设工程中的积极投资，是其他部门创造的价值向工程建设项目的转移，这部分投资占比越高，意味着生产运营技术越先进、项目资本构成更趋合理。

3）工程建设其他费用

工程建设其他费用是指在建设期发生的，用于土地使用权购置、与整个工程项目建设和未来经营有关的，除建筑安装工程费用和设备及工器具购置费用以外的工程费用。主要包括三类，一是建设用地购置费，二是与工程建设有关的其他费用，三是与未来企业生产经营有关的其他费用。建设用地购置费是指建设主体为了获取建设用地使用权而支付的土地征用和搬迁补偿费。与工程建设有关的其他费用主要包括建设单位管理费、施工机构迁移费、勘察设计费、引进技术和进口设备的费用、研究试验费、工程监理费、工程保险费、工程承包费、临时设施费等。与未来企业生产经营有关的其他费用主要包括联合试运转费、生产准备费、办公和生活家具购置费等。

4）预备费

根据我国现行规范规定，预备费主要包括基本预备费和价差预备费。基本预备费是指在城市更新项目实施过程中为不可预见但可能发生的工程量而预留的费用，包括在设计施工中工程量变动导致可能增加的费用、一般灾害造成的损失和预防灾害所产生的费用以及地下障碍物清理、超规超限设备运输中可能增加的费用。价差预备费是指在项目建设期间，由于利率、汇率或价格变动而产生的可能增加的预留费用。

5）建设期贷款利息

建设期贷款利息指在项目建设期内为城市更新项目筹措资金所产生的债务资金利息及融资费用，包括向国内银行和其他非银行金融机构贷款、出口信贷、外国政府贷款、国际商业银行贷款以及在境内外发行的债券等在建设期间应计的借款利息。贷款利息计入固定资产总投资中。如果建设期限比较长，就需要分年份投资建设，贷款也应分解到相应的年份。若贷款按年平均发放，当年可选择在年中放贷，即当年贷款的利息只按半年计算，上一年度贷款及其产生的利息按全年计算；但分年度贷款在建设期各年年初发放，当年借款和上年贷款则都按全年计息。所以，一般不会在建设初期就将项目全部贷款从银行贷出，这样会产生更多的贷款利息。

6）流动资金

流动资金是指企业生产经营活动中供周转使用的资金，是流动资产的货币表现，主要包括现金、应收账款和存货。在项目建设期间主要用于购置原材料以及支付工资和其他建设费用。流动资金管理的基本任务就是保证建设运营所需的资金得到正常供给，并在此基础上减少资金占用，加速资金周转。流动资金周转是否顺畅对企业经营成果具有重要影响。

（3）投资形成的资产

1）固定资产的概念及特征

城市更新项目固定资产是指在城市更新项目建设或运营过程中，可长期使用并保持原有实物形态，单位价值在规定标准以上的劳动资料和其他物质资料，包括房屋及建筑物、机器设备、运输设备、工具器具等。

城市更新项目固定资产具有以下几点特征，从实物形态上看，城市更新项目固定资产在连续多次服务生产过程中，能始终保持原始状态而不改变原有形态；从价值形态上看，能为城市更新项目连续多次服务，以折旧的方式计入城市更新项目产品价值之中；从利用寿命上看，除城市更新项目涉及的土地外，其他固定资产的寿命都是有限的并可估量的；从资金运动来看，固定资产的折旧部分将转化成货币资金的形式，投入固定资产的资金循环周期较长。

2）无形资产的概念及特征

在城市更新活动中，自然人或经济法人拥有的或控制的，没有物质实体形态的，可长期收益的非货币性资产。它有助于城市更新项目自然人或法人获取超过一般水平的收益，由城市更新项目建设其他费中技术转让费、商标权和商誉等形成，主要包括可辨识的专利权、商标权、著作权、特许经营权和不可辨识的外购商誉等。

城市更新项目无形资产的特征是有偿取得、无实物形态、长期为拥有者提供收益但收益存在不确定性。无形资产中，与固定资产折旧费相对应的称为摊销费，如技术转让费，在城市更新项目建成后分批计入管理费用，在计算项目现金流量时，也可将其列入折旧类一并计算。

3）流动资产的概念及特征

在城市更新活动中，流动资产是指在1年内（含1年）或超过1年的一个营业周期内变现或消耗使用的资产，包括流动资金和流动负债（包含预收账款、应付账款）。

城市更新项目流动资产的特点是：①资产价值一次性消耗或转移，如城市更新项目建设过程使用的原材料等一经使用，其价值一次转移到产品之中；②周转期限短，如城市更新项目建设过程中对货币资金的使用，由于其具备流通性，随时可被用于购置设备和原材料，保持自身形态的时间很短，一般不超过一年。

4）递延资产的概念及特征

递延资产，又称长期摊销费，本身没有交换价值、不可转让，一经发生就已消耗，不能全部计入当年损益，应在以后年度内较长时期分期摊销的除固定资产和无形资产以外的其他费用支出，包括开办费、为保证正常运营而发生的人员培训费、提前进场费以及投入运营使用初期必备的生产生活用具、工器具等的购置费用。

　　城市更新项目递延资产与待摊费用相似，区别在于期限不同。待摊费用是指一年以内一个月以上的分摊费用，超过一年的部分即为递延资产。递延资产没有实体。

2. 城市更新项目的固定资产折旧及其计算

　　（1）固定资产折旧的概念

　　城市更新项目固定资产折旧是指固定资产在服务城市更新活动的过程中，因损耗而转入城市更新产品价值的部分。城市更新项目固定资产原值是指在城市更新项目完成初期，以货币化形式核定的资产价值。固定资产原值扣减折旧的部分就是固定资产净值。城市更新项目固定资产残值是指扣减城市更新项目固定资产拆迁费后，可以出卖的部分的价值，此值可以为负值。

　　（2）固定资产折旧的影响因素

　　影响固定资产折旧的因素主要有以下几个方面：

　　1）固定资产原价，即固定资产成本。

　　2）预计净残值是指假如固定资产预计使用年限已满，城市更新企业从该项固定资产处置中获得的扣除预计处置费用后的净额。

　　3）固定资产的使用寿命，是指城市更新企业使用固定资产的预计期间，或者该固定资产所能提供运营产品的数量。城市更新企业在确定固定资产的使用寿命时，主要考虑如下因素：一是产品运营能力，二是预计有形损耗或无形损耗，三是相关法律法规对资产使用的限制。

　　（3）固定资产折旧的计算方法

　　企业应依据与固定资产价值的预期实现方式，合理选择折旧方法。固定资产折旧方法主要采用年限平均法、工作量法、双倍余额递减法、年数总和法等。折旧方法一经确认，不得随意变更。

　　1）平均年限法

　　平均年限法是指将固定资产的可折旧价值均衡地分摊到可折旧年限内的一种方法。

　　其计算公式为：

$$年折旧率 = \frac{1- 预计净残值率}{预计使用寿命（年）} \times 100\% \qquad （5-1）$$

$$月折旧率 = \frac{年折旧率}{12} \qquad (5-2)$$

$$月折旧额 = 固定资产原价 \times 月折旧率 \qquad (5-3)$$

2）工作量法

工作量法即作业量法，是根据固定资产使时的实际工作量平均计算资产折旧额的一种方法。

计算公式如下：

$$单位工作量折旧额 = \frac{固定资产原值 - 预计净残值}{预计总工作量}$$

$$= \frac{固定资产原值 \times (1 - 预计净残值率)}{预计总工作量} \qquad (5-4)$$

$$月折旧额 = 单位工作量折旧额 \times 当月实际完成工作量 \qquad (5-5)$$

3）双倍余额递减法

双倍余额递减法即递减折旧法，是指在不考虑固定资产残值的情况下，在每年年初依据固定资产账面净值和直线折旧率的两倍计算固定资产折旧的一种方法。这是一种加速折旧方法。

计算公式如下：

$$年折旧率 = \frac{2}{预计使用寿命（年）} \times 100\% \qquad (5-6)$$

$$月折旧率 - \frac{年折旧率}{12} \qquad (5-7)$$

4）年数总和法

年数总和法即年限合计法，是指将固定资产原值减去净残值的余额，乘以一个以固定资产尚可使用年限为分子、以使用期限逐年数字加和为分母的逐年减小的分数计算每年的折旧额。

$$年折旧率 = \frac{尚可使用年限}{预计使用寿命的年数总和} \times 100\% \qquad (5-8)$$

$$月折旧率 = \frac{年折旧率}{12} \qquad (5-9)$$

$$月折旧率 = （固定资产原价 - 预计净残值）\times 月折旧率 \qquad (5-10)$$

以上使用的四种方法中，平均年限法和工作量法均为直线法，双倍余额递减法和年数总和法均为加速折旧法，加速折旧法较直线法的优势在于前期加速计提折旧，后期减少计提折旧，从而加快折旧效率，使得固定资产投资在使用期限内快速得到补偿，减少投资风险。

3. 城市更新项目运营期成本费用分析

（1）成本费用的概念

总成本费用是指城市更新项目在一定时期内（一般为一年），为建设销售产品或提供劳务所产生的所有费用，由生产建造成本和期间费用两部分组成。

生产建造成本是指在城市更新项目实施过程中，能和城市更新产品相联系的支出，包括费用发生时的直接材料费、直接工资、其他直接支出和制造费用。直接材料费是指在城市更新项目实施过程中，直接用于城市更新产品生产的各种资料的费用，包括实际消耗的原材料、备品配件、燃料、包装物以及其他直接材料的费用。直接工资是指在城市更新项目实施过程中，直接从事建设建造人员的工资性支出，包括工资和各类津贴奖金。其他直接支出是指城市更新项目建设运营过程中的其他建设支出，主要包括直接从事城市更新项目建设建造人员的福利费等。制造费用是指城市更新项目建设单位为组织和管理建设建造发生的各项支出，包括城市更新建设单位管理人员工资、职工福利费、房屋建筑费、机器设备折旧费，其他还包括无法直接计入产品成本中的机器物料消耗、低值易耗品费用、劳动保护费、季节性及修理期间的停工损失等费用。

期间费用是指与城市更新建设项目无直接关系的费用，包括管理费用、财务费用和营业费用等。管理费用是指城市更新项目建设运营单位为组织和管理建设运营活动所产生的费用，包括管理部门人员的工资、福利费，单位管理部门固定资产折旧费、无形资产及递延资产摊销费及其他管理费用。财务费用是指城市更新项目建设运营单位筹集建设运营所需资金所发生的各项费用，包括建设运营期间发生的利息净支出、汇兑净损失、支付给金融机构的手续费等。销售费用是指城市更新项目建设运营单位在销售城市更新产品或提供劳务过程中产生的费用，包括运输费、装卸费、展览费、广告费等，以及销售部门的职工工资、福利费、业务费用等经营费用。

（2）成本费用主要构成的计算

依据上述成本费用的概念，总年成本费用的计算公式为：

$$年成本费用 = 外购原材料 + 外购燃料动力 + 工资及福利费 + 修理费 + 折旧费$$

$$+ 维简费 + 摊销费 + 利息支出 + 其他费用 \qquad (5-11)$$

①外购原材料的计算公式为：

$$原材料成本 = 年建设量 \times 单位建设量原材料成本 \qquad （5-12）$$

年建设量可依据设计建设能力加以确定；单位建设量原材料成本是依据原材料消耗定额和单价确定。城市更新项目企业所需原材料种类较多，计算时可选用建设使用量较大的原材料，依据相关规定和经验数据进行计算。

②外购燃料动力成本的计算公式为：

$$燃料动力成本 = 年建设量 \times 单位建设量燃料和动力成本 \qquad （5-13）$$

公式中相关数据的取值方式同上。

③工资及福利费的计算

工资及福利费包含在生产建造成本、管理费用和销售费用之内。为便于计算，可将工资和福利费单独核算。

工资的计算有两种方法，一是按整个城市更新企业的职工定员数和人均年工资数计算年工资总额，其公式为：

$$年工资总额 = 企业职工定员数 \times 人均年工资额 \qquad （5-14）$$

二是按照不同的工资职级进行区分，分别计算同一级别职工工资，然后再相加确定年工资总额。一般可分为五级，其中管理人员三级，分别是高级、中级、初级；技术人员两级，分别是高级和初级。

福利费包含职工的保险费、医药费、医疗经费、职工生活困难补助以及按国家规定开支的其他职工福利支出，不包括职工福利设施的支出。一般可按照职工工资总额的一定比例提取。

④折旧费的计算，请参看本章中"城市更新项目的固定资产折旧及其计算"这部分内容。

（3）经营成本的计算

经营成本是为了进行城市更新项目经济分析和计算以及进行财务平衡而设置的一种项目成本形式。它是城市更新项目运营期间经常性现金支出，用于财务平衡的现金流量分析，是现金流量表中运营期现金流出的主要部分。

其公式为：

$$经营成本 = 总成本费用 - 折旧费 - 摊销费 - 维简费 - 利息支出 \qquad （5-15）$$

经营成本中不含折旧费、摊销费、维简费和利息支出的原因，一是折旧费、摊销费和维简费在投资开始时就已计入现金流出项，为避免重复计算，在经营成本计算时要将其扣除；二是利息支出属于全部投资内部的现金转移，不是现金流出，因此，经营成本中也不包括利息支出。

（4）固定成本和可变成本的计算

城市更新项目产品按照其生产建造量的变动关系，可分为固定成本和可变成本和混合成本。

①固定成本是指在一定时期和产品建造规模范围内，不随产品建造量变化的费用。它一般包含在城市更新项目的建设费用中，如固定资产的折旧费、管理人员工资及福利费等。这些单位产品的固定成本，在一定产品建造数量范围内，随着业务量的增加而呈现降低，从而形成规模效益，降低单位产品总成本。

②可变成本是指随着城市更新项目产品建造量的增减呈现正比例相关的费用，包含直接原材料费、直接燃料和动力费、产品包装费等。就单位产品而言，可变成本是一致的。

③混合成本是指在城市更新项目建设运营过程中，某些成本随产品量的变化而呈现非成比例变动的成本。如某些建设材料，随着订单量的增加而导致单价降低，数量在不同区间，单价显示不同。

4. 城市更新项目的销售收入、税金及附加与利润

（1）销售收入

城市更新项目建设完成开始运营后，在销售城市更新产品和提供城市更新服务的过程中获取的货币收入称为销售收入。

销售收入包括两部分内容：一是产品销售收入，是指出售产品所获得的货币收入，它是城市更新项目经营活动的重要收入来源，占有较大的比重，直接影响城市更新项目的经济效益；二是其他销售收入，是指城市更新项目除产品销售以外的其他销售或其他业务、服务的收入。

销售收入是反映城市更新项目收益的一个重要经济参数，是项目建设完成投入运营后上缴税金、偿还债务、保证企业连续运营的前提，是计算利润、销售税金及附加和增值税的基础数据。销售收入是衡量城市更新项目经营效率的重要依据，应根据市场行情变化，采用科学方法预测，对于城市更新项目决策尤为重要。

（2）销售税金及附加

销售税金是根据商品或劳务的流转额征收的税金，是纳税义务人依照税法向国家缴纳的税款，属于流转税的范畴。与城市更新项目有关的销售税金包括增值税、消费税、

企业所得税、城市维护建设税、城镇土地使用税、车船使用税等。附加即教育费附加，其征缴情况与城乡维护建设税相似，所以，在城市更新项目经济分析中，将教育费附加并入销售税金项内，视同销售税金处理。

增值税是以商品生产、流通和提供加工、修理、修配劳务等各环节的增值额为征税对象的一种流转税。增值税的计税依据是增值额，即对生产经营过程中劳动所新创造的价值课税，对商品生产和流通中各环节的新增价值或商品附加值进行征税。

消费税是指对一些特定消费品或消费行为的流转额或流转量作为课税对象的一种税。根据规定，在境内生产、委托加工和进口应缴纳消费税的消费品（简称应税消费品）的单位和个人，为消费税的纳税义务人，应按规定缴纳消费税。

企业所得税是以企业生产、经营和其他所得，包括来源于中国境内、境外的所得为课征对象的一种税。按税法规定，在我国境内实行独立经济核算的企业（外商投资企业和外国企业除外）都是企业所得税的纳税人。

城乡维护建设税是为保证城乡维护和建设有稳定的资金来源而征收的一种税。凡有经营收入的单位和个人，除另有规定外，都是城乡维护建设税的纳税义务人。

城镇土地使用税（简称土地使用税）是对在城市和县城占用国家和集体土地的单位和个人，按使用土地面积定额征收的一种税。

车船使用税是对行驶于公共道路的车辆或航行于国内河流、湖泊和领海口岸的船舶，按照其种类（如机动车船、非机动车船、载人汽车、载货汽车等）、吨位和规定的税额计算征收的一种税。拥有并使用车船的单位和个人为纳税义务人。

教育费附加是为了支持教育事业发展、扩大教育经费来源而征缴的一种附加费。根据相关法律法规，凡缴纳消费税、增值税的单位和个人，都需缴纳教育费附加。教育费附加的缴纳依据是各缴税人实际缴纳的消费税、增值税的税额，征收率为3%。

（3）利润

利润是城市更新建设经营单位在一定时期内全部建设经营活动的最终成果。利润指标能综合反映出企业的经营水平和管理水平。企业利润既是国家财政收入的基本来源，又是企业扩大再生产的重要资金来源。在城市更新项目中，利润一般可分为利润总额和净利润两个层次。

利润总额是销售收入扣除总成本费用和销售税金及附加之后的剩余。

其公式为：

$$利润总额 = 销售收入 - 销售税金及附加 - 总成本费用 \qquad (5-16)$$

净利润是销售利润再减掉所得税后的余额。

其公式为：

$$净利润 = 销售总额 - 所得税 \qquad （5-17）$$

由于增值税是价外税，即税金与销售价格相分离，故销售收入中不包含增值税。因而在计算利润时，不需要扣除增值税。利润是企业经营活动的最终成果，是考核企业方案或项目盈利能力的重要财务指标。在城市更新项目经济分析中，通常以利润指标的多少来考核项目的盈利能力和清偿能力，产品销售量和质量的变化、成本的大小、流动资金的周转状况等都可以在利润指标上集中体现出来。

5.1.2　确定性分析法

1. 盈利能力分析

盈利能力分析的主要指标有总投资收益率、项目资本金净利润率、静态投资回收期、财务净现值、财务内部收益率等指标。在进行城市更新项目的财务平衡时，可根据项目的特点及财务分析的目的、要求等进行选用。

（1）总投资收益率

总投资收益率（ROI）表示总投资的盈利水平，是指城市更新项目设计建造完成后正常运营年份的年息税前利润或运行期内年平均息税前利润（EBIT）与城市更新项目总投资（TI）的比率。它表明城市更新项目的正常运营年份中，单位投资每年所创造的息税前利润额。它常用于财务分析的静态盈利能力分析中。

总投资收益率的计算公式为：

$$ROI = \frac{EBIT}{TI} \times 100\% \qquad （5-18）$$

式中　ROI——总投资收益率；

$\quad$ EBIT——项目正常年份的年息税前利润或运营期内年平均息税前利润；

$\quad$ TI——项目总投资，即项目总投资 = 固定资产投资 + 流动资金投资。

其中，年息税前利润 = 年销售收入 - 年销售税金及附加 - 年总成本费用 + 利息支出 = 年利润总额 + 利息支出。

总投资收益率高于城市更新行业收益率参考值，表明城市更新项目的总投资收益率表示的盈利能力满足要求。

（2）项目资本金净利润率

城市更新项目资本金净利润率（ROE）表示项目资本金的盈利水平，是指项目达到设计运营能力后正常运营年份的年净利润或运营期内年平均净利润（*NP*）与项目资本金（*EC*）的比值。

项目资本金净利润率 *ROE* 的计算公式为：

$$ROE = \frac{NP}{EC} \times 100\%$$ （5-19）

式中　*ROE*——项目资本金净利润率；

　　　NP——项目正常年份的年净利润或运营期内年平均净利润；

　　　EC——项目资本金（项目公司股东投入的资金）。

其中，年净利润 = 年销售收入 – 年销售税金及附加 – 年经营成本 – 年折旧摊销费 – 利息支出 – 所得税 = 年息税前利润 – 利息支出 – 所得税。

城市更新项目资本金净利润率大于同行业的净利润率参考值，表明用城市更新项目资本金净利润率表示的盈利能力满足要求。

（3）静态投资回收期法

静态投资回收期是在不考虑资金时间价值的条件下，以城市更新项目建设运营方案的净收益回收其总投资（包括固定资产投资和流动资金）所需要的时间，一般以年为单位。城市更新项目投资回收期宜从城市更新项目建设开始年算起，若从城市更新项目运营开始年算起，应予以特别注明。

静态投资回收期的表达式为：

$$\sum_{t=0}^{P_t} (CI-CP)_t = 0$$ （5-20）

式中　　P_t——静态投资回收期；

（*CI–CP*）$_t$——第 *t* 年净现金流量。

静态投资回收期可借助城市更新项目投资现金流量表来计算。

使用净现金流量回收全部投资的思路是建立在当年经营性支出在当年销售收入中已经得到了回收的前提下，这样，各期净利润和所提取的折旧和摊销便可作为净现金流量以收回全部投资。

（4）财务净现值

财务净现值（*FNPV*）是将城市更新项目在整个计算期内各年的净现金流量，按某个给定的折现率（如基准收益率 i_c）折算到经济活动起始点（建设初期）的现值之和。

净现值的表达式为：

$$FNPV = \sum_{t=0}^{n} (CI-CO)_t (1+i_c)^{-t}$$ （5-21）

式中 FNPV——财务净现值；

（CI-CO）$_t$——第 t 年的净现金流量（应注意正负号）；

n——城市更新项目的计算期；

i_c——设定的折现率。

若 FNPV=0，说明该方案基本能满足城市更新行业的基准收益率要求的盈利水平；若 FNPV>0，表明该方案除了达到基准收益率要求的盈利水平外，还有超额收益，方案可行。反之，则一般认为方案不可行。

（5）财务内部收益率

财务内部收益率（FIRR）是城市更新项目净现值为零时的折现率。内部收益率容易被误解为是城市更新项目初期投资的收益率。事实上，内部收益率的经济含义是投资方案占用的尚未回收资金的获利能力，是城市更新项目正好能够回收投资的年收益率，能反映项目自身的盈利能力，其值越高，方案的经济性越好。这一指标仅由项目固有的现金流量决定。

内部收益率的表达式为：

$$\sum_{t=0}^{n}（CI-CO）_t（1+FIRR）^{-t}=0 \tag{5-22}$$

式中 FIRR——财务内部收益率。

如果 $FIRR \geqslant i_c$（基准收益率）则认为该方案是可以考虑接受的；当 $FIRR<i_c$（基准收益率）时，该方案应予拒绝。内部收益率越高，该方案的效益越好。

2. 偿债能力分析

（1）利息备付率

利息备付率（ICR）是指在借款偿还期内的各年可用于支付利息的息税前利润（EBIT）与当期应付利息（PI）的比值。它从付息资金来源的充裕性角度反映项目偿付债务利息的保障程度和支付能力。其计算公式如下：

$$ICR=\frac{EBIT}{PI} \tag{5-23}$$

式中 ICR——利息备付率；

EBIT——息税前利润；

PI——计入总成本费用的应付利息。

利息备付率是分年计算。利息备付率高，表明利息偿付的保障程度高。利息备付率表示使用项目利润偿还利息的保证倍率。一般情况下，利息备付率应大于 1，我国不宜低于 2，并结合债权人的要求确定。利率备付率小于 1，表示付息能力保障不足。

（2）偿债备付率

偿债备付率是指项目在借款偿还期内，各年可用于还本付息的资金（$EBITDA-TAX$）与当期应还本付息金额（PD）的比值，它表示可用于还本付息的资金对借款本息的保障程度。其计算公式为：

$$DSCR = \frac{EBITDA-TAX}{PD} \qquad (5-24)$$

式中　$DSCR$——偿债备付率；

　　　$EBITDA$——息税前利润加折旧和摊销；

　　　　　TAX——企业所得税；

　　　　　PD——本息总额。

可用于还本付息的资金包括：可用于还款的折旧和摊销，成本中列支的利息费用，可用于还款的所得税税后利润等。如果城市更新项目在运营期内有维持运营的投资，那么可用于还本付息的资金应扣除这部分投资。

偿债备付率也是分年计算。偿债备付率高，表明可用于还本付息的资金保障程度高。

偿债备付率表示可用于还本付息的资金偿还借款本息的保证倍率。正常情况应当大于 1，并满足债权人的要求，我国不宜低于 1.3。利率备付率小于 1，表示当年资金来源不足以偿付当年债务，需要通过短期借款偿付已到期债务。

（3）借款偿还期

借款偿还期是根据国家财政规定及城市更新项目的具体财务条件，以城市更新项目投入使用后可作为偿还贷款的收益（利润、折旧及其他收益）来偿还项目投资借款本金和利息所需要的时间。其计算公式如下：

$$I_d = \sum_{t=1}^{P_d} \left(R_P + D' + R_0 - R_r \right)_t \qquad (5-25)$$

式中　P_d——借款偿还期（从借款开始年计算，当从投入建设年算起时，应予以注明）；

　　　I_d——建设投资借款本金和利息（不包括已用自有资金支付的部分）之和；

　　　R_p——第 t 年可用于还款的利润；

　　　D'——第 t 年可用于还款的折旧和摊销费；

　　　R_0——第 t 年可用于还款的其他收益；

　　　R_r——第 t 年企业留利。

在实际工作中，借款偿还期可直接从财务平衡表中推算，以年表示。具体比较实用的推算公式如下：

$$P_d = （借款偿还后出现盈余的年份数 -1）+ \frac{当年应偿还借款额值}{当年可用于还款的收益额} \qquad （5-26）$$

一般只要借款偿还期满足贷款机构的要求期限时，即认为城市更新项目是有借款偿债能力的。借款偿还期适用于那些计算最大偿还能力，尽快还款的项目，不适用于那些预先给定借款偿还期的项目。对于预先给定借款偿还期的项目，应采取利息备付率和偿债备付率指标来分析项目的偿债能力。

（4）资产负债率

资产负债率（LOAR）是综合反映城市更新项目各年所面临的财务风险程度及偿债能力的指标，它是各期末负债总额（TL）与资产总额（TA）的比值。

$$LOAR = \frac{TL}{TA} \times 100\% \qquad （5-27）$$

式中　LOAR——资产负债率；

　　　TL——期末负债总额；

　　　TA——期末资产总额。

适度的资产负债率，表明城市更新项目经营安全、稳健，并具有较强的筹资能力。资产负债率的合理范围应结合国家宏观经济和行业发展状况、企业所处竞争环境等因素综合判定。一般认为，资产负债率在 0.5~0.7 之间较为合理。

（5）流动比率

流动比率是反映企业各个时刻偿付流动负债能力的指标。用来衡量企业流动资产在短期债务到期以前，可以变为现金用于偿还负债的能力。一般情况下此数值越高，代表企业资产变现能力越强，即偿还短期债务的能力越强，反之越弱。

其计算公式为：

$$流动比率 = \frac{流动资产总额}{流动负债总额} \qquad （5-28）$$

需要注意的是，由于流动资产总额中包括存货，这些存货在通常情况下也不易变现，因此该指标不能确切地反映瞬时的偿债能力。流动比率应当保持在一个适当的幅度，既能保障短期的债务偿还，也可以增强流动资产的周转速度。一般地，流动比率应不小于1.2。

（6）速动比率

速动比率是反映企业在各个时刻可以立即变现的货币资金偿付流动负债能力的指标。它用于评价企业流动资产中能立即变现用于偿还流动负债的能力。

其计算公式为:

$$速动比率 = \frac{流动资产总额 - 存货}{流动负债总额} \qquad (5-29)$$

与流动比率不同,速动比率在计算过程中需将存货扣除,只计算货币资金、短期投资、应收票据、应收账款、其他应收款项等可以在短时间内变现的流动资产。因此,速动比率是衡量城市更新企业立即还债水平的非常苛刻的指标。一般来说,速动比率应不小于1.0,它表明企业每1元流动负债就有至少1元易于变现的流动资产来抵偿,短期偿债能力较强。当流动比率和速动比率过小时,应设法减少流动负债,可通过减少利润分配或库存等办法增加盈余资金。

3. 财务生存能力分析

城市更新项目的财务生存能力分析应在利润与利润分配表的基础上编制财务计划现金流量表,通过合并城市更新项目计算期内的投资、融资和经营活动所产生的各项现金流入和流出,计算净现金流量和累计盈余资金,分析城市更新项目是否有足够的净现金流量维持正常运营,以实现财务可持续性。利润与利润分配表见表5-1,财务计划现金流量表见表5-2。

财务可持续性首先体现在有足够大的经营活动净现金流量,其次体现在各年累计盈余资金不应出现负值。若出现负值,应进行短期借款,同时分析短期借款的年份长短和数额大小,判断财务可持续性是否受到影响。短期借款应体现在财务计划现金流量表中,其利息需计入财务费用。

利润与利润分配表   表 5-1

序号	项目	合计	计算期		
1	营业收入				
2	营业税金及附加				
3	总成本费用				
4	补贴收入				
5	利润总额(1-2-3+4)				
6	弥补以前年度亏损				
7	应纳税所得额(5-6)				
8	所得税(25%)				

续表

序号	项目	合计	计算期			
9	净利润					
10	期初未分配利润					
11	可供分配利润（9+10）					
12	提取法定盈余公积金					
13	可供投资者分配的利润（11-12）					
14	应付优先股股利					
15	提取任意盈余公积金					
16	应付普通股股利（13-14-15）					
17	各投资方利润分配 其中：甲方股利 　　　乙方股利					
18	未分配利润（13-14-15-17）					
19	息税前利润（利润总额 + 利息支出）					
20	息税折旧摊销前利润 （息税前利润 + 折旧 + 摊销）					

财务计划现金流量表　　　　　　　　　　　　　　　　　　　　　　　表 5-2

序号	项目	合计	计算期			
1	经营活动净现金流量（1.1-1.2）					
1.1	现金流入					
1.1.1	营业收入					
1.1.2	增值税销项税额					
1.1.3	补贴收入					
1.1.4	其他流入					
1.2	现金流出					
1.2.1	经营成本					
1.2.2	增值税进项税额					
1.2.3	营业税金及附加					
1.2.4	增值税					
1.2.5	所得税					
1.2.6	其他流出 投资活动净现金流量（2.1-2.2）					

续表

序号	项目	合计	计算期			
2.1	现金流入					
2.2	现金流出					
2.2.1	建设投资					
2.2.2	维护运营投资					
2.2.3	流动资金					
2.2.4	其他流出					
	筹资活动净现金流量（3.1–3.2）					
3.1	现金流入					
3.1.1	项目资本金投入					
3.1.2	建设投资借款					
3.1.3	流动资金借款					
3.1.4	债券					
3.1.5	短期借款					
3.1.6	其他流入					
3.2	现金流出					
3.2.1	各种利息支出					
3.2.2	偿还债务本金					
3.2.3	应付利润（股利分配）					
3.2.4	其他流出					
4	净现金流量（1+2+3）					
5	累积盈余资金					

5.1.3 不确定性分析法

1. 盈亏平衡分析

盈亏平衡分析，也称量本利分析法，是通过对城市更新项目的风险情况及项目对各个因素不确定性的承受能力进行科学地分析判断，从而为城市更新项目投资决策提供依据。

盈亏平衡分析是在一定市场和经营管理条件下，根据达到城市更新项目设计运营能力时的成本费用与收入数据，通过求取盈亏平衡点，研究分析项目成本费用与收益的平衡关系的一种方法。

盈亏平衡点计算公式：

$$城市更新项目盈亏平衡点销售量 Q$$

$$= \frac{固定成本\ C_F}{单位产品售价\ p - 单位变动成本\ C_u - 单位营业中税金及附加\ T_u} \quad (5-30)$$

$$城市更新项目运营能力利用率 = \frac{盈亏平衡点销售量\ Q}{设计运营能力\ Q_d} \times 100\% \quad (5-31)$$

城市更新项目运营能力利用率 ≤ 70%，项目运营安全。

2. 敏感性分析

（1）敏感性分析的概念

当对一个城市更新项目进行评价和决策时，掌握的信息情报越多，对未来结果的预测就会越准确，因此，应尽量取得适当的情报，并慎重使用这些情报，以便对未来作出尽量可靠的估计。但城市更新项目经济分析与决策的特点是预测未来，而未来的事物是千变万化的，要受多种因素的错综复杂的影响，在对某一城市更新项目进行分析时，各参数的估计值不可避免地总会有一定的误差。

敏感性分析是城市更新项目经济分析中一个很实用的技术方法，经济分析所使用的各种参数，其数值并不是一个固定的值，而总是在（甚至超出）一定范围内变动，敏感性分析可以说明对分析方案来说，预期参数在一定范围内变动，将对方案的有关分析指标影响到什么程度，也就是说，通过敏感性分析，可以预见到预期参数在多大范围内变动，还不会影响原决策结论的有效性，超过一定范围，原来的选择就不得不进行修正了。即原来认为可行的方案会变成不可行的，原来确定的最优方案，会变成不是最优的。这样就可避免对分析结论作绝对化的理解，而事先考虑好较为灵活的应变对策和措施，以利于在工作中争取主动，防止决策上的失误。

（2）敏感性分析的步骤

城市更新项目经济分析中的敏感性分析，是在确定性分析的基础上，通过进一步分析、预测项目主要不确定因素的变化对项目分析指标（如内部收益率、净现值等）的影响，从中找出敏感因素，确定分析指标对该因素的敏感程度和项目对其变化的承受能力。敏感性分析的基本步骤为：

①确定分析指标，如：NPV、NAV、IRR、P_t 等；

②选择需要分析的不确定性因素，如：投资、价格、产量、成本、折现率等，并设定这些因素的变化范围和变化幅度；

③分析每个不确定性因素的波动程度及其对分析指标可能带来的增减变化情况；

④确定敏感性因素。

（3）确定敏感性因素

反映敏感程度的指标是敏感度系数（S_{AF}），是衡量变量因素敏感程度的一个指标。其数学表达式为：

$$S_{AF} = \frac{\Delta A/A}{\Delta F/F}　　　　　　　　　　（5-32）$$

式中　　$\Delta F/F$——不确定性因素 F 的变化率；

　　　　$\Delta A/A$——评价指标 A 的变化率。

$S_{AF}>0$，评价指标与不确定因素同方向变化，$S_{AF}<0$，评价指标与不确定因素反方向变化，$|S_{AF}|$ 越大，越敏感。

5.2　城市更新财务平衡的难点与策略

城市更新项目的财务平衡主要包含三个类型，一是整体重建类项目的财务平衡，二是局部修建类项目的财务平衡，三是修缮维护类项目的财务平衡。

5.2.1　整体重建类项目的财务平衡

1. 含义

整体重建类城市更新项目，即原址"以新换旧"。重建是根据最新的国土空间规划要求，将原址上的建筑先行拆除，然后重新建设新的建筑，以满足城市发展的需要，可以分为一次性整体拆迁重建和滚动拆迁重建。此类城市更新项目实施前，地块的容积率往往较低，这时只要将规划后的地块容积率提高，就可以从新增的容积率中获得城市更新所需的融资。

2. 财务平衡的难点

（1）缺乏深入细致的成本分析

此类城市更新项目前期投入资金密集，资金压力较大，资本金收益率偏低。多数城市更新实施主体仅测算静态收益指标，忽略对项目收益率、资本金收益率等动态经济效益指标的分析，并且存在盲目提升土地预期收益、虚测项目资金平衡情况，导致项目在执行过程中土地成本一旦超出原实施方案，无法实现项目资金平衡或者因前期资金投入过大导致现金流断裂，增加项目实施风险。

（2）项目成本体系不完善

1）专项成本审核政策不健全。作为惠及民生的重点工程，此类城市更新项目自推行以来，一直以"政府主导与市场运作"相结合模式为主。中央与地方政府发布了一系列实施此类项目的政策，如《国务院关于进一步做好城镇棚户区和城乡危房改造及配套基础设施建设有关工作的意见》等，但并未出台项目的成本审核政策，目前仍以参照土地一级开发模式为主，导致具体执行过程中出现较多模糊地带，项目各参与方之间容易产生推诿、扯皮现象，且容易产生寻租行为。

2）成本列支内容不完善。目前此类城市更新项目无统一的成本科目，在执行过程中部分征地拆迁工作由政府主导，实施主体与属地政府签订委托管理合同，合同费用因项目而异，约为总拆迁补偿款的1%~3%，但该项合同费用无法计入项目总投资，难以争取金融机构融资，进一步增大实施主体资金压力。

3）成本基础数据管理薄弱。此类项目涉及征地、拆迁、安置房建设、市政基础设施建设，上述工作的基础数据均来源于入户调查及相关权属认证，但在项目立项阶段，各数据均为预估，因人口流动存在不确定性，立项报告中的拆迁人数、安置规模等容易与入户调查后的数据产生较大偏差。政府如调整农转非安置模式，将致项目总投资发生较大调整，资金成本及融资难度进一步加大。

（3）成本分析人员专业性亟待提升

此类城市更新项目不同于普通房产开发项目，参与项目成本分析的人员除了需深入研究拆迁补偿政策，还需具备审核项目入户调查、评估数据等基础信息的能力，并掌握项目实现资金平衡的敏感性分析方法。

3. 财务平衡的策略

（1）项目成本管理工作方案

此类项目涉及大量征地拆迁工作，成本要素与普通建筑工程相比存在较大区别，全过程审计以及全过程造价咨询的管理方式亦不同于普通商品房开发，针对此类城市更新项目特点，提出各阶段工作方案。

1）论证阶段。依据评估实施方案及市场情况，对项目成本进行估算，评估开发项目的经济合理性。在此类城市更新项目实施方案批复前，实施主体应深度参与编制工作，对其中征地拆迁数据采集、资金平衡方案进行全面论证，避免信息不对称导致投资估算失真。

2）方案设计阶段。该阶段已基本完成项目拆迁工作，实施主体应根据市场信息、论证阶段的投资估算、已取得批复的方案设计图纸等编制项目成本，并作为实施主体在施工阶段控制成本的主要依据。项目方案目标成本一经确认，实施主体应将项目目标成本逐一分解到分项合同中，启动合约规划管理。

3）施工图设计阶段。根据施工图设计编制项目成本预算，确定项目及各单项工程的目标成本，分解成本费用控制目标，组织项目目标成本的具体落实。该成本预算将作为招标控制价的主要编制依据。

4）竣工验收环节。实施主体与承包人依据合同完成情况，根据现场施工记录、设计变更通知书、现场变更鉴定等资料，进行合同价款的增减或调整计算。竣工结算应按照合同有关条款和价款结算办法的有关规定执行。

（2）项目成本管理的改进建议

建议相关部门，尽快出台成本管控相关政策，细化成本科目，明确可计入土地开发成本的范围及依据；统一属地政府收取的拆迁管理费标准并纳入土地开发成本范畴；划清政府各职能部门的项目工作职权界限，避免部分工作存在失管行为。

项目实施主体应认真收集各项基础数据，推动项目建立和完善相关动态经济效益评估机制。目前较多实施主体采用的是静态效益评估方法，即以利润指标作为项目效益评价要素，但就实际而言，由于此类城市更新项目前期投入资金量较大，成本及利润确认滞后，因此应提倡用动态效益评估方法开展可行性研究。

5.2.2　局部修建类项目的财务平衡

1. 含义

若城市更新统筹或改造主体（企业）拥有两个以上更新项目的，其中一个因历史风貌保护需要（或其他原因），需保留原主体部分，不能全部拆除重建，只对部分建筑予以更新，必须降低容积率，那么可以在另一个项目中得到容积率补偿，创造更多的销售收入，达到企业内部项目间的财务平衡。

2. 财务平衡的难点

（1）保留保护建筑占城市更新项目地块建筑面积比例过高

前期，城市更新改造模式主要以拆除重建为主，项目成本控制相对比较简单。部分城市出台相关政策，提出城市更新改造要贯彻"留改拆并举、以留为主"的原则，规定纳入保留保护的城市更新地块，在编制城市更新地块改造方案时，须经历史风貌规划评估和认定后才能实施改造。对于需保留保护的建筑，按照"留房留人"或"征而不拆"等方式，进行改造和利用。这一方式的转变，对城市更新项目资金平衡提出了新的挑战。城市更新项目地块范围内存在不同数量保留保护建筑，部分地块规划要求保留建筑占征收范围建筑比例在 40%~50% 左右，个别地块规划要求保留保护历史建筑面积甚至占城市更新地块征收范围住宅建筑面积的 70% 以上。城市更新项目地块中过多的保留保护建筑不仅会改变城市更新项目地块的性质，更增加城市更新项目筹资压力和资金平衡的难度。

（2）征收安置成本不断攀升

近年来，随着房地产市场价格上扬，城市更新项目征收安置成本不断攀升。例如，2018 年末，上海黄浦、静安、虹口区城市更新地块户均安置成本平均 373 万元，人均安置成本 112.9 万元。与 2013 年黄浦、静安、闸北区类似区域房屋征收地块户均安置成本 183.2 万元、人均安置成本 47.3 万元相比，分别提高了 203.6% 和 238.7%（据上海土地储备部门资料）。征收安置成本不断提高，成为影响城市更新项目财务平衡的最大困难。

（3）"融资难""难融资"并存

"融资难"，指融资渠道少。目前城市更新项目融资除了银行抵押贷款和发行少量债券外，没有其他更好的渠道；"难融资"，指由于城市更新项目企业自身的原因，如资本金不足、抵押物不够等，未能满足银行放贷的条件，因而无法及时、足额获得银行的城市更新项目贷款。

（4）支持城市更新资金平衡政策力度不够

为加快城市更新项目推进，各个城市陆续出台一些优惠政策，比如上海给予城市更新项目范围内历史风貌建筑每平方米 4000 元的补贴；减免此类城市更新项目的税费等。但支持政策比较零碎，对重点城市更新地块融资和财务平衡问题的聚焦不足，支持力度不够。

3. 财务平衡的策略

（1）打破居住区建设规划容积率指标束缚，适当提高城市更新地块的容积率

容积率指单位土地面积上可建筑面积与土地面积的比率。在土地开发成本确定的前提下，适当提高容积率指标可以大幅度降低单位楼面地价，增加可销售面积。例如，

上海中心城区新建居住区规划容积率指标一般控制在 2.5 左右，每个项目的土地前期开发成本都在每亩 1 亿元以上，如按容积率 2.5 计算，每平方米的楼面地价不低于 6 万元，再加上建设和配套费用，每平方米实际成本不低于 10 万元；如在 2.5 的基础上把容积率提高 1，则楼面地价相应可降低 1 万元左右，同时可增加销售面积 30% 左右；如容积率增加 1.5，则效益更加明显。

（2）拓宽"财务平衡组合"思路，实现跨区域、跨用途地块基于成本平衡的"组合"

将城市更新亏损地块与周边城市更新盈利地块组合开发，实现投入产出的综合平衡是城市更新项目中财务平衡的可行方式。但受行政区划的限制，城市更新亏损地块周边可供选择组合的地块数量少、余地小，影响了财务平衡组合模式效应的发挥。进一步拓宽"财务平衡组合"思路，扩大组合地块的选择范围。一是跨区域组合。将城市更新地块与相邻行政区的城市更新盈利地块组合。二是跨用途地块组合。将城市更新地块与本区范围内其他用途调整地块组合，如退"二"进"三"地块等。三是两者结合。即将城市更新地块与其他行政区用途调整地块组合。通过跨区域、跨用途地块的组合，最大限度地发挥地块"组合"的财务平衡效应。

（3）建立城市更新项目基金，吸纳民间资本和社会资金

广州市 2017 年建立了城市更新基金，其做法是经政府批准，由国有企业发起，向机构投资者发行。筹资规模 2000 万元，用于城市更新项目。下一步可以向社会个人投资者发行，吸收民间资本。成功发行城市更新基金的关键是通过政府给予城市更新项目各项支持政策的实施和城市更新项目企业的良好运营，实现城市更新项目稳定的投资收益。

（4）创新城市更新项目企业信用保证制度，提升筹资能力

实行差异化、分阶段项目资本金政策。项目资本金是企业信用和投资能力的体现。根据国家有关规定，房地产开发项目中保障性住房和普通商品住房项目资本金为 20%，其他项目为 25%。由于城市更新项目动辄十几亿、几十亿元资金，且改造周期长、风险大，即使企业按照 20% 资本金比例先期到位，资金量也很大。在不违反国家及金融机构有关规定前提下，对城市更新项目实行差异化、分阶段的资本金政策。即将城市更新项目分前期开发和后续开发两个阶段，前期开发阶段执行金融机构最低资本金比例；后续开发阶段资本金比例适度提高。综合两个阶段项目资本金比例高于或不低于国家规定最低资本金比例要求。这一做法可一定程度上缓解城市更新项目企业前期的筹资压力。

（5）打破行业界限，引进大企业集团参与城市更新项目

改革开放以来，我国的企业在投身市场，参与激烈的市场竞争中奋发有为，不断壮大，形成了一批具有全球视野和雄厚经济实力、丰富市场运作经验的企业集团。鼓励和

引进这些大企业集团参与城市更新，不仅可以加快城市更新速度，还可以形成新的产业格局，促进城市经济的良性发展。引进大企业集团参与城市更新项目，应打破行业界限、地域界限和所有制界限，不同行业、不同所有制的企业只要他们有志于城市更新改造，都应欢迎。引进大企业集团参与城市更新，应允许采取灵活多样的经营方式，如可以独立组建城市更新项目公司，承担某地块的改造，也可以由几家大公司一起与市或区的城市更新公司合作，共同承担更新任务。

5.2.3　修缮维护类项目的财务平衡

1. 含义

修缮维护类城市更新项目是针对尚能正常使用的建筑物或城市区域采取恰当的措施，对旧建筑进行整体外立面的整饰和内部装修，加强基础设施和公共服务设施建设，使其可以继续使用的一种改造方式。

2. 财务平衡的难点

（1）修缮维护类城市更新项目多涉及城市内老旧小区，表现出一定的典型性、较高的复杂性，资金平衡存在一定难度。

（2）就空间协调而言，老旧小区众多，因建成年代较早，配套设施缺口较大。住宅增容模式存在人口、规模双增量及对公共服务进一步加压等问题，企业无法通过出售住宅快速回收成本，必将面临经营增收模式的收益风险和不确定性挑战。

（3）就作用环节而言，改造实施与物业管理完善的需求均较为强烈。老旧小区 80%以上的住宅长期无物业管理，极大地加速了社区老旧的进程。

（4）就改造成本而言，资金需求量较大。改造需求方面，由于老旧小区建成年代较早，老旧问题较为严峻、改造需求较多；改造质量方面，此类小区居民老龄化程度较高，对于无障碍性、安全性等改造需求迫切且品质要求较高，相应地增加了改造造价；改造投资主体方面，作为社会资本参与老旧小区改造，政府可能不负担区域内基础类改造项目的财政投资，较大程度上加重了企业的投资负担。

（5）就改造收益而言，存在多重复杂的实施、运营挑战。针对设施经营收益，设施经营的规模存在四个方面的挑战：其一，在不增量的基础上挖掘既有资源成为保障经营空间规模的巨大阻力；其二，老旧小区一般地处城市已建成区的核心地带，周边空间几乎没有剩余资源可与项目进行捆绑开发、平衡收益；其三，社区内部存量资源总量较为有限，存量用房面积小、停车位数量少；其四，资源利用难度较大，其分布较为零散，权属复杂、协调难度大，且既有资源中公益性设施用地若调整用途为经营性用地存在路径障碍，同时由于历史原因，大量用房缺少完整的房权手续，亦存在盘活利用的困难。设施经营的效益存在两方面挑战：其一，社区当前公共服务设施存在缺口，改造为公共服务设施用房不仅无法产生经营收益，还会挤压既有的可盈利空间资源，这将极大地制约社会资本改造公益性设施的积极性；其二，社区内部及周边的商业服务设施较为成熟完善，如便利店、小超市等，居民对于新增商业服务的需求较为有限，新增设施如何与既有商业设施形成错位发展，保障长期、稳定经营增收的挑战较大。针对服务管理收益，核心难点在于如何提高物业费的收缴率，老旧小区内部很少为商品房，大部分住宅原为单位公房，居民们习惯了单位统包统管的服务模式，对于物业服务付费存在较强的抵触心理，基础物业管理的自平衡难度较高。

3. 财务平衡的策略

此类项目的财务平衡需要打破静态思维，引入动态财务平衡的理念，以城市修补为导向，结合人群构成特征，通过补充社区缺口较大的生活性服务业设施和社区便民服务（如养老照料、维修等）进行增收，充分考虑居民的实际需求挖掘盈利点，从"什么赚钱干什么"的盈利思维转为"需要什么补什么"的民生思维。

在整体、动态资金平衡导向下的改造内容和收益方式，企业以"投资—设计—建设—运营"一体化实施模式深度参与改造，各环节的联动亦可令资金平衡压力更好地倒逼成本管控和收益增值，实现高精度的需求把脉、高效率的资源利用和高品质的服务管理。

（1）严格成本控制

建设成本控制：以需求的精准对接优化实施时序、提升资金投放效率企业通过大样本问卷调查、规划师亲身入住的"沉浸式"设计、意见征求等方式深度换位思考、搜集民意，统筹问题及需求，深度挖掘居民呼声最高的定制化改造需求，并结合老龄化人群特征，优先实施需求迫切的项目，以有限改造资金的精准投放实现改造成本控制和资源高效利用。

物业成本控制：以片区整体规模化运营降低管理成本，由于物业管理收益存在较大的不可控性，其运营成本的压缩显得尤为重要。基于企业长期的改造实践经验，若物业服务规模达 80 万 m² 以上，可有效降低管理成本，进入成熟期后基本可实现盈亏自平衡。

（2）保障经营规模

以资源的精细挖潜保障设施规模。老旧小区中普遍潜藏着规模较为可观的存量资源，如随着基础设施的升级和生活质量的改善而被闲置或低效利用的堆煤场、锅炉房、自行车棚等，但这类空间由于规模较小、零星分布而往往易被忽视，若能将小微资源聚少成多、有序匹配化整为零的改造需求，将有效缓解资源不足的困境。

以产权不完整资源的过渡期利用保障企业的收益期权。老旧小区内的大量存量用房普遍因历史原因无完整房权手续，若能充分利用此类既有用房增补设施，既可缓解空间供给不足的资源矛盾，又可产生经营收益并节约设施新建成本，对于满足功能完善和资金平衡双重需求具有积极意义。对于此类用房改造应重点完善两方面管控措施：一是给予特许经营的政策保障，探索经营手续办理的简易程序；二是以街镇等基层管理部门为主体，建立严格的用途、时限等使用约束及违约惩罚机制，经营权到期后应进一步研究此类空间的产权、用途及其实施路径等相关问题。

以土地的使用权和经营权分离保障低成本利用。基于我国当前土地制度，存量土地用途变更引发的土地收益增值需通过上市"招拍挂"或补缴土地出让金等方式实现利益分配和共享，若令社会资本能够以较低成本与产权主体分享经营增值收益，需要以土地使用权和经营权分离给予经营保障，涉及存量划拨用地、出让用地及用房的再利用等多种情形，其中划拨公益性用地更新为经营性用地的实施阻力最大。对于此类资源改造利用，应重点完善两方面管控措施，一是简化用途变更的审批、管理及授权等流程，节约时间成本，如部分用房的功能改变可通过土地兼容规则的修改实现，由区规划管理部门审定，而土地的用途改变应不涉及权属变更、不走"招拍挂"流程，并给予不缴纳土地出让金等成本保障；二是建立严格的用途、时限等相关约束与违约惩罚机制。

（3）提升经营效益

以经营业态精确配置保障收益的稳定持续。为实现资源高效利用、精准化配置设施业态，基于社区内部及周边商业设施较为完善的特征，企业重点聚焦半公益性设施的增补。因该类设施较低的收益难以负担较高的市场租金，在市场经营挤压和规划管控盲区的双重作用下，实际多为占道或流动经营，此类设施的缺失成为老旧小区的共性问题，完善该类空间供给对于回应民需及保障经营收益的可持续性均具有重要意义。

以经营方式升级提升收益、产出效益。较低的租金导致对该类资源的需求扩张，必然与资源紧缺产生矛盾，进而引发改造不平衡、不充分的问题。企业可积极探索股权经营合作等模式，基于资源及经营能力差异化进行合作，以经营方式的升级实现经营风险的分摊和经营的增收。

以政府购买或规划激励推动公益性设施的改造运营。为改善公益性设施不产生经营收益带来的实施动力制约，建议采用灵活多元的激励机制如资金激励，可按照一定的租赁标准作为高质量改造的经营奖励；或规划指标奖励，允许新增同等规模的经营性设施等。

（4）基础物业管理收益保障

提升居民对社区的责任意识和对企业服务的信赖是提高物业费收缴率的关键因素之一，因此企业积极优化服务方式并深入开展治理，以"先尝后买"暖民心、以社区活动聚民心、以民需改造得民心，逐步获取居民认可，以确权户数同意率及面积同意率"双过半"获取物业进驻资格。一方面，企业承诺提供3个月物业服务无偿体验期，先期亦采用与房管所持平的低收费，以先服务、再体验、后收费的方式，让居民在看得见、摸得着的成效中打消对管理品质的顾虑。另一方面，改造设计方案充分吸纳居民意见，使居民更加珍视融入自身改造设想的社区环境；同时，频繁组织趣味运动会、周末观影、消夏集市等社区活动，居民社区归属感的持续增长亦为服务付费的意识提升奠定了坚实基础。

此外，物业的规范化引入、先期的无偿服务和平价的收费标准是社区物业管理获取3年财政扶植的重要原因，可将此类因素作为财政扶植规范化的约束机制。

本章小结

城市更新经济分析的基本要素包括城市更新项目投资、固定资产折旧、价值构成等；确定性分析法包括盈利能力分析、偿债能力分析和财务生存能力分析；其中利用总投资收益率、项目资本金净利润率、静态投资回收期、财务净现值和财务内部收益率等指标进行盈利能力分析；利用利息备付率、偿债备付率、借款偿还期、资产负债率、流动比率和速动比率等指标来进行偿债能力分析；不确定性分析主要包括盈亏平衡分析和敏感性分析；整体重建类城市更新项目财务平衡在深入的成本分析、完善的成本体系、人员专业性等方面面临着难点；局部修建类城市更新项目财务平衡在保留保护类项目比例、征收安置成本、融资渠道、政策支持等方面面临着难点；修缮维护类城市更新项目财务平衡在空间协调、物业管理、成本负担、收入机会等方面面临着难点；应在规划设计、成本管理、融资渠道等方面，采取有针对性的策略加以解决。

思考题

1. 城市更新经济分析的基本要素有哪些？
2. 城市更新经济分析常用的方法有哪些？
3. 哪些指标适用于盈利能力分析？
4. 哪些指标适用于偿债能力分析？
5. 不同类型的城市更新项目在财务平衡方面各面临哪些难点？
6. 局部修建类城市更新项目如何保持财务平衡？

City ————

本章要点：本章介绍了城市更新中的国家财政政策和地方财政政策；探讨了财政政策工具组合创新的路径；介绍了城市更新常见的投融资模式及创新模式；探讨了城市更新基金、PPP 和 REITs 在城市更新中的应用。

第 6 章

城市更新的投融资问题

6.1　城市更新中的财政政策

6.1.1　国家财政政策

1. 财政政策的含义

财政政策是指国家为了完成预定的就业和国民收入等发展任务，对调整税收、借债水平和政府财政支出等所做出的选择或决策。税收是一种通过人们的收入和物品、生产要素等影响整体经济、激励机制和行为方式的国家财政政策形式之一，政府财政支出包括政府购买和转移支付，其中政府购买是指政府花钱在购买军用物资或支付建桥修路等公共事业、在这些方面对物品或劳务的花费；转移支付则是以实现公平为目标的各级政府之间资金的调整。政府财政支出的增加或减少，会对总需求起到刺激作用或抑制作用，进而改变国民收入的数额。国家财政政策是国家经济政策的组成部分之一，同其他经济政策有着密切的联系，其制定和执行需要与金融、产业、收入分配、货币等各类政策相结合。

2. 财政政策工具的分类

财政政策工具是指国家为了实现既定的财政目标而采取的财政手段和措施，主要包括财政收入、财政支出、国债和政府投资。

（1）财政收入

财政收入主要是指税收。税收是国家凭借政治权力参与社会产品分配的重要形式，具有无偿性、强制性、固定性、权威性等特点。并且，它可以灵活运用和调整税率和税种等各种税制要素，调节产业结构，优化资源配置，促进财政目标的实现，实现公平分配。如通过设置相互配合的税种和税目形成合理的税收体系，从而确定税收调节的范围和层次；确定税率，明确税收调节的数量界限；规定必要的税收减免和加成。

（2）财政支出

财政支出是政府为满足公共需求的一般性支出。它包括购买性和转移性支出。购买性支出是社会公益事业的必要开支，如行政管理、国防、文教科卫等，政府的投资能力和投资方向对社会经济结构和发展具有关键作用。转移性支出是政府进行宏观调控和管理的重要工具，尤其在调节社会总供求平衡方面起着重要作用。例如，社会保障和财政补贴可以起到"安全阀"和"润滑剂"的作用，在经济萧条和失业增加时，政府增加这些支出可以增加社会购买力，有助于恢复供求平衡；反之，则减少相应支出，避免需求过旺。

（3）国债

国债是国家按照信用原则筹集财政资金的方式，也是实现宏观调控和财政政策的重要手段。在市场上，它是沟通财政政策与货币政策的耦合点。国债对经济的调节作用主要体现在三个方面：一是排挤效应，通过发行国债减少民间部门的投资或消费资金；二是货币效应，通过发行国债改变货币的供求关系；三是利率效应，通过调整国债利率影响市场利率水平，进而影响经济。

（4）政府投资

政府投资是指财政资金用于形成固定资产的资本项目支出。政府投资项目主要涉及基础性产业、公共设施以及新兴高科技产业，这些项目通常具有自然垄断特征、显著的外部效应和产业关联度。政府投资可以促进经济增长，并且具有乘数效应，即每增加一个单位的投资能引发多倍的收入增长。

3. 财政政策工具的作用

第一，通过财政支持某些资源严重不足的行业、地区的建设，有助于资源的合理配置，实现资源的优化配置。

第二，通过控制财政收支数量与方向，实现社会总需求和总供给的平衡及结构的优化，保证国民经济的持续、快速、健康发展，促进国民经济平稳运行。

第三，通过财政大力支持无经济收入或收入有限的科教文卫等事业单位，促进科学、教育、文化、卫生事业的发展。

第四，通过国民收入的再分配，缩小收入分配差距，促进社会公平。并通过税收和社会保障支出，建立社会保障体系与基本医疗卫生制度，促进社会稳定和谐，提高人民生活水平。

第五，通过财政建立起强大的国防，可以巩固国家政权，保卫国家独立和领土完整，实现人民的安居乐业。

6.1.2　地方财政政策

我国的财政体系由中央财政和地方财政组成。地方财政是国家财政体系的重要组成部分，它是中央财政以下各级财政的统称。地方财政承担着满足地方性公共需求的责任，负责提供地方性公共物品，并在其管辖范围内进行收支活动。地方财政的收支活动是国家财政分配关系的重要体现，反映了地方政府与企事业单位、社会组织、居民以及各级政权之间的经济关系。在资金安排方面，国家层面的文件一般未统一做出规定，当前城市更新的财政资金筹措以因城施策为主。为响应国家政策要求，各地政府出台了一系列鼓励城市更新的政策文件与办法。

从各地政策文件来看，政府在城市更新行动中发挥引导推动作用，市场作为被引导的投资运作主体；从资金渠道来看，既有银行贷款等市场融资手段，也有财政资金，中央和地方财政资金及专项债均可参与城市更新，而越是经济发达、市场化程度较高和政府治理能力较强的地区，城市更新中市场化融资的占比相对越高；此外各地也在为城市更新项目提供一定程度的税费减免和其他优惠政策。部分城市的财政资金投资政策参见表6-1。

部分城市的财政资金投资政策

表6-1

城市	政策文件	内容
重庆	《重庆市城市更新工作方案》	积极借力中央政策性资金和专项债，提出"充分利用中央财政城镇保障性安居工程专项资金等政策性资金，探索通过专项债等方式将更多的国家政策性贷款用于城市更新项目"。市级财政资金给予支持，提出"加大市级财政对试点项目的支持力度，推动试点项目实施发挥示范效应"。鼓励采用政府和社会资本合作项目建设模式（PPP）推进城市更新项目的实施。鼓励企业通过直接投资、间接投资、委托代建等多种方式参与更新改造
深圳	《深圳市城市更新办法》	提出由"市发展改革部门负责拟定城市更新相关的产业指导政策，统筹安排涉及政府投资的城市更新年度资金"，其中涉及基础设施和公共服务设施建设，应当从土地出让金中安排相应的项目资金。要求"市、区政府应当保障开展组织实施城市更新的工作经费，对城市更新项目提供适当的资金扶持。"
上海	《上海市城市更新条例（草案）》	鼓励通过发行地方政府债券等方式，筹集改造资金。市、区人民政府应当安排资金，对旧区改造、旧住房更新、"城中村"改造以及涉及公共利益的其他城市更新项目予以支持
天津	《天津市老旧房屋老旧小区改造提升和城市更新实施方案的通知》	研究纳入更新范围的国有资产注入等支持措施强调依法依规给予城市更新项目行政事业性收费减免和税收优惠等支持
北京	《北京市人民政府关于实施城市更新行动的指导意见》	对老旧小区改造、危旧楼房改建、首都功能核心区平房（院落）申请式退租和修缮等更新项目，市级财政按照有关政策给予支持。对老旧小区市政管线改造、老旧厂房改造等符合条件的更新项目，市政府固定资产投资可按照相应比例给予支持鼓励市场主体投入资金参与城市更新；鼓励不动产产权人自筹资金用于更新改造；鼓励金融机构创新金融产品，支持城市更新

6.1.3 政策建议：积极探索"财政+"，实现财政政策工具组合创新

在城市更新过程中，应创新发展理念，充分引入海绵城市、绿色建筑、装配式建筑和城市设计等现代城市建设理念。将这些先进理念与美丽宜居住区、街区和小城镇建设相结合，同时注重城市特色空间的塑造和历史文化保护。为了实现这些目标，应制定有效的技术标准，并探索建立适合本省实际情况的城市更新标准体系和财政政策体系：

1. 用好财政政策自身工具，实现"财政收入+财政支出"

根据不同项目实际，综合灵活运用税费减免、购买性支出、转移支付、政府债券、政府固定资产投资等各类财政政策工具。积极争取上级专项资金，抢抓国家专项债券发放政策的机遇。在现有政策框架和财政承受能力范围内，最大限度做好各专项债发行工作，有效补充更新项目资金，全力做好中央、省级各类专项补助资金申报。

2. 加大信贷支持力度，实现"财政+信贷"

引导政策性银行加大信贷资金投入，发挥政策性信贷资金长期稳定、额度大、成本低的优势，强化对城市更新项目金融服务的持续性，稳定性。加强与国家开发银行的合作，重点加大对城市基础设施建设，棚户区改造等的支持力度。鼓励农业发展银行重点支持老旧小区改造，管网管廊设施、市政公用设施数字化改造等项目。

引导商业银行加大对重点项目信贷支持，充分利用商业银行现有的城市更新贷款政策，加强城市更新试点项目融资对接，探索建立可复制的城市更新贷款模式，有效解决城市更新项目银行贷款资源。支持大中型商业银行加快开发城市更新贷款产品，有效拓宽城市更新贷款渠道。鼓励商业银行开展银团贷款。

3. 增强市场主体融资能力，支持其发行债务融资工具，实现"财政+市场主体"

针对大规模、长周期的城市更新项目，鼓励市场主体参与。政府或国有平台通过招标、遴选、竞争性谈判引入社会资本，并与投资人签订合作协议，明确改造内容、资金和权利义务。投资人按协议进行更新工作。鼓励债券发行，提高融资担保和资产证券化能力，吸引更多社会资本参与城市更新，促进城市可持续发展。

4. 争取基础设施不动产信托投资基金试点项目，推广 PPP 等融资模式，实现"财政 + 金融工具创新"

筛选符合基础设施不动产信托基金试点项目条件的城市更新项目，积极推荐争取纳入国家基础设施试点项目库，通过发行 REITs 产品募集城市更新项目基金。我国自 2014 年秋季以来的新一轮 PPP 热目前已进入规范发展阶段，对于确有资金需求又能给社会资本带来稳定可持续收益的城市更新项目，鼓励推广应用 PPP 模式，并探索"PPP+REITs"等模式组合。

5. 全力争取保险资金支持，发挥保险资金融通桥梁作用，实现"财政 + 保险"

保险资金规模大，期限长，来源稳定，是城市更新项目资金的重要来源。建立保险资金服务城市更新协调机制，监管部门，保险公司与项目实施主体之间要加强融资对接，信息共享，鼓励支持保险资金投资更新项目。

6.2　城市更新投融资的常见模式

当前，我国货币政策收紧，城市更新项目的融资面临着很多问题，不仅建设资金筹集困难，地方债的风险也越来越大。融资主体也从政府主导式逐渐演变为民间资本广泛参与的多元化模式，从传统的政府财政投资转向市场化融资模式。要解决更多问题，需要更加积极探索城市更新模式中不同的融资方式，寻找新的融资渠道。按照城市更新"更新程度"的不同，公益性较强、资金需求较低的综合整治类项目，收效明显而资金需求大的拆除重建和有机更新类项目，融资方式也各有不同。对于经营性较强、规划明确、收益回报机制清晰的项目，多采用外部融资，对于公益性要求高、收益回报机制还需要政府补贴、规划调整较复杂的项目，多由政府财政支持。

6.2.1　政府财政支持

1. 财政拨款

财政拨款是政府部门利用财政资金直接进行投资建设。该方式可以快速落地项目，并对项目有一个整体把握，但由于主要是政府财政直接出资提供资金的，且财政资金总量有限，所以这种模式适合于资金缺口小的综合整治项目，公益性较强的民生项目，或是收益未知的土地前期开发项目。如 2018 年南京市玄武区建设房产和交通局负责建设的项目，为解决环境、配套设施、交通拥堵等问题，该项目拆迁、整治历经一年半，全部投资 4.1 亿元均由政府财政资金支出。又比如，四川省成都市对政府投资的城市更新项目，以直接投资方式予以支持，对城市发展需要且难以实现平衡的项目，经政府认定后采取资本金注入、投资补助、贷款贴息等方式给予支持。

2. 专项债

专项债是政府部门通过城市更新专项债，或是财政资金与专项债形式相结合进行投资。该模式主要通过商业租赁、停车位出租、物业管理等经营性收入以及土地出让收入等获取收益。2014 年起，有关部门开始重视地方政府债务风险的防控，将经济工作的重心逐步转移到当下，把短期应对措施与长期制度建设结合起来，更好地化解地方政府债务风险的工作[1]。由于该种模式是专款专用，因此虽然资金成本低，但专项债总量也少，投资强度有限，所以对项目的盈利能力有较高要求，需要能够覆盖专项债本息、实现资金自平衡。以青岛市政府为例。2020 年 9 月，济南路片区历史文化街区城市更新项目概算总投资 11.6091 亿元，其中，73.32% 的融资来自政府专项债券。项目收入主要为客房出租收入、商业出租收入等，债券存续期内项目总收益 17.4554 亿元，项目可偿债收益对债务融资本息覆盖倍数为 1.31 倍。当期发行专项债利率为 3.82%，期限为 15 年[2]。

3. ABO 模式

ABO 模式是指地方政府通过公开招标等竞争性程序或签署协议委托授权属地国有平台公司履行管理职责，依照招标或授权内容向政府提供项目投建营全过程一体化服务，政府负责监管、考核，并按照约定进行财政支持或奖励。该模式可解决地方政府与国有平台公司政企分开及契约化管理问题[3]，整合城市更新各种收益，充分利用国企在资金支持、专业化运作、人才支撑等方面的优势，但收益平衡期限较长、较难，在目前国家投融资体制政策下融资面临挑战。当某一项目具有一定收益，但需要政府进行整体规划和给予一定补贴，且投资回报期限较长时，可采用该模式，通过承接债券资金与配套融资、

---

① 陈树隆. 积极稳妥化解地方政府债务风险 [J]. 经济研究参考，2014（6）：29-30.

② 住房与城乡建设部办公厅. 关于印发实施城市更新行动可复制经验做法清单（第一批）的通知.

③ 张琳卿，王悦颖. 社会资本参与视角下的城市更新投融资模式研究 [J]. 住宅与房地产，2022（Z1）：87-91.

发行债券、政策性银行贷款、专项贷款等方式筹集资金。2020 年，由于石榴新村小区配套设施落后，有很多年久失修的安全隐患问题，南京市秦淮区政府授权南京越城建设集团承担该项目，并给予其国家及省老旧小区改造、棚改等专项资金。除了居民承担的改造投入外，该项目资金由集团自筹资本金，并通过银行贷款进行融资。2021 年 1 月本项目成功获得建设银行首批项目前期贷 3828 万元。

6.2.2　市场外部融资

1. 开发商主导模式

开发商主导模式是指政府将城市更新用地出让给开发商，由开发商负责项目的拆迁、安置、建设和经营管理，政府仅进行规划审批[①]。该模式适用于商业改造价值高、规划清晰的项目。优势在于快速推进建设和运营，但开发商可能忽视公共设施，缺乏整体统筹。融资受限时，可持续融资挑战大。核心是顺利获取土地和实现容积率突破。若无相关政策支持，开发商动力不足，不可持续。尽管部分城市出台政策，但国家层面规定缺失，效果有限。

2. ABS（Asset Backed Securitization）

ABS 资产证券化是国际大型项目常用的融资方式之一，起源于 20 世纪 70 年代的美国，并在 20 世纪 80 年代开始流行。我国首个以城市为基础的 ABS 证券化融资方案于 1998 年由重庆市实施。它利用已有资产，以未来收益为保障，通过发行高级债券等金融产品实现融资。在国际市场，低利率 ABS 债券发行能降低筹资成本，分散原始权益人的风险。

6.2.3　混合模式及创新

1. 混合模式

（1）PPP 模式

PPP 模式即政府与社会资本方合作，共同出资成立专门用于项目投融资、建设及运营管理的项目公司。项目投入资金有赖于股东资本金及外部市场化融资。该种模式适用

---

① 马佳丽，王汀汀，杨翔 . 城市更新概要和投融资模式探索 [J]. 中国投资（中英文），2021（13）：4.

对象为边界较为清晰，经营需求明确，回报机制较为成熟的项目 [①]。优势是市场化运作，引入社会资本提高更新效率及经营价值，风险收益合理分摊，减轻政府财政压力；劣势是受 10% 红线影响，运作周期较长，符合 PPP 回报机制的项目偏少。重庆市 2020 年九龙坡区老旧小区改造项目，即采用了政府公开招标与北京愿景华城复兴建设公司等社会资本相结合的 PPP 模式，共同出资组建了 SPV 项目公司，完成了基础设施改造和提升工程建设等任务。PPP 项目的运作方式主要包括委托运营、合同管理、BOT（由社会资本或项目公司进行项目的设计、融资、建造、运营、维护等工作，合同期满后将其资产与权力移交给政府）、TOT（政府将资产有偿转移给社会资本或项目公司，代替政府对其运营维护，合同期满后再转移给政府）等。

（2）地方政府 + 房地产企业 + 产权所有者模式

由地方政府负责公共配套设施投入，房地产企业负责项目改造与运营，产权所有者协调配合并分享收益。这种三方合作模式能加快项目进度并提高运营收益。它适用于盈利能力好、公共属性及配套要求强、项目产权复杂的情况。优势在于整合各方资源，快速解决产权问题，推进项目有效运营；劣势在于涉及主体多，协调难度高，易受村集体影响。以深圳市福田区的一个规模约为 8000m² 综合整治类项目为例，共涉及 35 栋统建村民楼。地方政府负责整治公共配套部分，如供水供电、天然气管道等。合作企业深业集团负责村民楼部分的改造和运营公寓建设，向水围股份公司（产权所有者）统租 29 栋村民楼，改造后出租给政府，获得经营收益实现各方共赢。该项目 2018 年完成，为福田区政府提供了 504 套人才公寓。

2. 创新模式

（1）城市更新基金

城市更新项目资金需求量大，且需要政府支持。当前，由政府支持、国有企业牵头、联合社会资本设立城市更新基金成为一种新的模式探索。这种基金适用于政府重点推进、资金需求量大、收益回报明确的项目。优势在于整合各方资源，多元筹集资本金和实施项目融资，加快项目推进。然而，目前城市更新投资回报收益水平、期限等与城市更新基金资金的匹配性不强，成本较高，退出机制不明确，面临实施上的挑战 [①]。

目前城市更新基金的投资人以房地产和建筑施工企业为主，资金期限较短，对于投资回报及附加要求多。基金构架一般为母基金 + 子基金，子基金主要针对城市更新的

---

① 张秋实 . 城市更新项目开发模式与要点 [J]. 住宅产业，2022（7）：27-31.

各个阶段或子项目。广州市、上海市、无锡市均已经落地城市更新基金。北京市、重庆市等地发文鼓励和探索设立城市更新专项基金。这里以上海市设立的城市更新基金为例：为广泛吸引社会力量参与城市更新，上海地产集团联合招商蛇口、中交集团、万科集团、国寿投资、保利发展、中国太保、中保投资等多家房企和保险资金成立 800 亿元基金，定向投资城市更新项目，促进城市功能优化、民生保障、品质提升和风貌保护 ①。

（2）投资人 +EPC

针对城市更新中的大量工程建设，工程建设企业提出了投资人 +EPC 模式。政府下属国企与工程建设企业共同出资成立合资公司，负责城市更新项目的投资、建设和运营。收益主要来自运营和专项补贴。此外，还有 ABO+ 投资人 +EPC 模式，适合成片区域更新。部分企业采取联合产业基金进行投资，优势在于引入大型单位和专业运营商，整合资金推动大体量项目。但目前满足回报机制的片区开发项目少，主要依赖政府补贴，存在隐性债务风险，融资难度大、成本高。

广东东源县城乡基础环境综合提升工程项目，采用投资人 +EPC 模式实施，投资额约为 409240 万元。工程内容包括土地综合整治、饮水工程建设、环保基础设施建设、灾害治理和流域综合治理等。其中，土地综合整治涉及垦造水田和灯塔镇、顺天镇的全域土地整治。东源县政府已授权其本土的城乡建设投资公司作为项目投资主体，并通过对外招标，与中标联合体（如中铁二十三局集团、中铁建发展集团等）共同组建项目公司。项目的回报来源主要是农田垦造指标交易等。这一项目的实施将有力地提升东源县的城乡基础环境，促进该地区的可持续发展。

（3）REITs

REITs 是房地产金融的创新方式，其将房地产转变为"轻资产运营"，并且间接地带动了地产运营能力的提升。这里面就体现一个"城市运营商"的概念，通过以社区运营为主导的多元化运营和城市化配套，或者是采取土地一级开发、二级房地产开发、三级产业联动的全项目周期模式，城市运营商们能够影响城市发展的路径，也能够更全面完善地实现对居住的改良。REITs 有一定的扩大旧城区改造投融资渠道的能力。深圳市一般将更多的旧城改造项目交给市场，本质上是想通过改造项目来吸引市场资金，避免外流。与此同时，开发商主导的模式可以降低改造风险，在一定程度上减轻政府的投资。在面临巨大资金需求量的背景下，政府出台的支持资产证券化政策、REITs 的融资政策，

---

① 住建部办公厅：关于印发实施城市更新行动可复制经验做法清单（第一批）的通知．

都能够为开发商降低融资的成本，提高融资的效率，由于其准入门槛条件的要求，开发商之间的恶意竞争会被限制，政府与市场的平衡得到维持。

2014 年底，住房和城乡建设部初步确定北上广深为 REITs 试点城市，试点范围初定为租赁型保障房。由于它们是我国城市更新的代表城市，所以和保障房 REITs 具有先天的关联。保障房 REITs 在缓解开发商成本资金的同时，也符合"在棚改、民生等国民经济的重点领域实现金融创新"的政策导向。这种模式（保障房 REITs）解决了保障房的融资问题，实现了投资的收益，通过将保障房资产证券化，盘活了存量，为后续建设提供足够的资金，形成良性循环。

（4）EOD（Ecology-Oriented Development）

EOD 模式以项目实践为载体，以生态优先为原则，以生态文明为引领，具有明显的正外部性，有助于提升生态环境质量和自然资源价值，引领产业经济绿色发展，提高区域经济的发展质量。通过组建政企联合经营主体，实施生态修复、环境治理与提升等工程项目，采用生态和产业联动开发、延伸原有产业链等方式，将高收益的关联产业与低收益的生态环境治理项目有效融合，解决了项目资金问题，减轻政府债务负担，实现自平衡，走出"烧钱项目的缺钱困境"，努力达成城镇综合产业开发与生态环境治理和修复的共赢局面。采用 EOD 模式在生态治理部分融资时，政府会联合平台公司通过市场化手段成立 EOD 项目公司，使其作为总承包单位，负责项目的统筹实施、资本运作和风险规避，同时兼顾生态治理相关工程及资产的运营与管理，构建可行的商业模式，结合项目依托的水体、土地、森林等资源，提高其持续经营能力。项目本金根据股权分配，按比例由社会资本和有政府背书的平台公司联合出资。在产业导入部分，通过 EOD 项目公司完善多元化的投融资运作。

6.2.4　相关建议

对于不同类型的城市更新项目，在政府出资、居民出资、社会资本出资的选择上应各有侧重。对于基础类的城市更新项目，涉及民生安全、基础设施和基本生活保障等，应以政府财政资金投入为主；对于完善类的城市更新项目，可本着"谁受益，谁出资"的原则，鼓励社区居民进行资金投入；对于提升类的城市更新项目，往往资金需求量大、经营性特征相对明显，可以鼓励企业和社会资本以 PPP、REITs 等新型投融资模式参与，同时鼓励银行金融机构的直接和间接积极参与。

另外，从目前各地的城市更新实践来看，纯市场性基金机构对于项目投资回报率和盈利性的要求较高，慢功、微利的城市更新项目对其吸引力不足。为了弥补城市更新资金缺口、鼓励市场性基金加入，政府可以以财政政策性资金为牵引，并辅以税收等优惠政策，鼓励纯市场性基金进入城市更新领域。随着我国城市进入存量优化发展阶段的趋势更加明朗、以往短期高回报的投资渠道日益缩窄，未来可能会有越来越多的纯市场性基金转而进入城市更新领域。

6.3　城市更新基金

6.3.1　城市更新基金的发展

城市更新基金，是城市发展基金之一，就是围绕城市更新中的综合整治类、功能改变类、拆除改造类业务以权益工具形式开展投资。在 20 世纪 80 年代以前，英国的城市更新以政府拨款为主，私人资本（私人公司）在城市更新中的贡献小到可以忽略。1982年，英国保守党提议提高私人资本（私人公司）在城市更新中的地位。同年，英国政府为了熄灭城市衰退的火焰，设立了"城市开发基金"（UDG），其政府投资仅占四分之一旨在推进城市更新建设、配合城市开发行动。后来，UDG 被城市重建基金等取代。此外，还有很多针对城市更新、城市重建的专门基金，它们直接投资私营开发商如商业地产、房地产。这些基金的代表有曼彻斯特城市中心重建基金、废弃地基金等。近年来，城市更新基金不断蓬勃发展。自 2014 年至今，已在中国证券投资基金协会备案的名称中含有城市更新字样的私募基金共 57 只，且基金规模体量都很大，动辄几十亿或者数百亿。2016 年 2 月，国务院对推进新型城镇化建设提出相应意见，如积极鼓励地方实现财政资金和社会资金的融合，对政府投资平台进行重新整合，设立城镇化投资平台和城镇化发展基金。同时，支持各地政府推行基础设施和租赁房的资产证券化，提高基础设施项目的直接融资比重。此后，作为一种新型模式，城市更新基金成为政府和企业在城市更新中解决资金短缺的有效措施。

6.3.2　城市更新基金的概念

城市发展基金其中之一就是城市更新基金，同时，城市更新基金也是产业投资基金的一种模式，是专门投资于与城市更新有关的大型投资项目基金，可以解决重大城市更新项目的融资问题。我国最初的城市更新基金主要由万科、保利、碧桂园等房企联合海内外知名基金公司发起设立。城市更新投资基金往往以股份公司形式运行，采用半开放半封闭的运作模式，募集资金并通过证券市场发售。此外，为了降低融资风险，要建立城市更新投资基金公司，基金的受益者要真正参加到项目中，协助控制成本和风险。

城市更新基金是一种投融资模式，专注于投资城市更新项目的全过程，包括土地整理、拆迁安置、修缮维护、基础设施建设和产业发展等。这种基金通过利益共享、风险共担的原则，为基础设施建设提供投融资工具。设立城市更新基金可以解决项目必要的资本金和部分土地整理费用，为城市更新项目资本金筹集提供合规通道，是解决城市更新中资金短缺的有效措施。同时，各类建筑类企业可以通过认购基金份额参与城市更新，为社会资本参与城市更新提供良好途径。在项目的运作期间，其收益主要由贷款利息和开发盈余分成两部分构成。

6.3.3　运作方式

从发起人的角度来看，城市更新基金主要有政府主导型和企业主导型两种方式。由于城市更新项目具有强烈的政策导向性、较长的开发周期、涉及多方主体以及实施难度大等特点，通常由政府主导、属地国有企业牵头，联合社会资本，采用设立母子基金架构的方式进行设立。子基金主要针对城市更新中边界清晰、性质统一的具体子项目，有助于提高基金的针对性和运作效率。

1. 政府主导的城市更新基金

政府主导的城市更新基金通常由财政部门负责实施，当地国资公司则负责具体代为出资人职责。为了规范政府引导基金的行为，2017 年 4 月，六部委发布了相关文件，明确禁止了多种行为，包括承诺回购社会资本方的投资本金、承担社会资本方的投资本金损失、承诺最低收益以及对有限合伙制基金等任何股权投资方式附加条款变相举债等。此后，政府引导基金采用设立优先级和劣后级或者以明股实债保证投资者收益的增信方式受到了限制。目前，有些政府引导基金参考优先股的做法，即投资人之间按约定回报率获取收益。在城市更新基金的设立方式上，政府主导的方式主要有两种：直接设立单一投资基金模式和采用设立母子基金模式。

以北京市海淀区为例。2021 年 5 月，海淀区中关村设立科学城城市更新与发展基金，政府分别与北京建工集团有限责任公司、中国建筑第七工程局有限公司、上海宝冶集团有限公司三家大型建筑集团签订了战略合作协议，基金总规模达 300 亿元。协议规定在具体投资项目时，按照基金设立框架，将由各签约企业组建的基金公平竞争，择优选定。

2. 企业主导的城市更新基金

在城市更新工程的持续推进下，全国范围内的基础设施建设和其他旧城改造工程将产生大量的投资空间。在面临着巨大投资潜力的情况下，需要健全多种投融资体制，加快各级财政资本、社会资本、金融机构等之间的合作机制的建立，充分调动企业的积极性，特别是要充分利用大型施工企业本身在投资、设计、施工和运营等方面的综合优势。允许企业以市场化的方式参与城市更新项目，将股权类的城市更新基金作为企业的一种市场化途径，以产业基金作为一种投资渠道，使更多的社会资本参与进来，发挥并放大其投资效应。

以上海为例，为推进上海市的旧城改造，吸引更多社会资本参与投资，且加快旧改资金平衡，上海设立总规模 800 亿元的城市更新基金，该基金由上海地产集团作为基金管理人，采用城市更新母基金、一级开发子基金及针对自持商业运营的子基金的母子基金架构。自 2015 年起，上海建工投资公司就开始与知名投资机构、金融机构开展合作，设立城市更新基金投资和改造现有业务中的困境资产和低效资产，积极布局城市更新领域。参与项目更新改造一般有三种方式：一是通过设立基金，以司法拍卖的形式收购资产；二是通过设立母基金投资 SPV 公司，增资扩股、以债转股；三是通过设立基金，以承债式收购资产，赋予项目新的功能。

表 6-2 为部分地区成立的以地方国企牵头的城市更新基金：

我国部分城市的城市更新基金表　　　　　　表 6-2

基金	城市	时间	基金规模（亿元）	代表企业
中关村科学城城市更新与发展基金	北京	2021.5.18	300	北京建工集团、中建七局、上海宝冶等
成都市金牛区城市更新基金	成都	2021.5.18	580	华润、万科、大悦城等
上海城市更新基金	上海	2021.6.2	800	上海地产、招商蛇口、中交集团等
无锡城市更新基金	无锡	2021.7.10	300	无锡城建发展集团、平安建投、中交投资等
天津城市更新基金	天津	2021.8.6	600	天津城投集团、中交集团、中国中铁等

6.3.4 城市更新基金的适用性

城市更新基金的认购主体主要包括属地国有平台公司、房地产企业、建筑类企业和银行等金融机构。这些主体能够整合各自的优势资源，加速项目的推进。城市更新基金筹集资金的方式灵活，成本较低，可以解决项目资本金筹集的问题，并进一步撬动银行贷款。此外，作为一种权益性融资工具，城市更新基金可以进行出表设计。这种基金适用于政府重点推进的项目，这些项目通常在前期需要大量资金，并且具有明确的收益回报和退出机制。例如，2021 年 6 月成立的全国规模最大的上海城市更新基金，其基金管理人为上海地产集团，总体规模约为 800 亿元。该基金采用母子基金架构：政府和社会资本直接出资设立城市更新母基金，母基金再与金融机构合作设立一级开发子基金，以重点解决土地开发和征拆补偿资金问题；同时设立针对自持商业运营的子基金，以解决资产持续运用问题。上海城市更新基金作为多元化投融资机制的有益尝试，吸引了众多社会资本参与城市建设，提高了城市功能和生活品质，推动了城市的可持续发展。

6.4 PPP 与城市更新

6.4.1 PPP 的概念

PPP 模式，是指在基础设施和公共服务领域中，政府与社会资本基于"利益共享、风险共担"的原则建立合作关系。在这种模式下，社会资本被引入组建项目公司，该公司全面负责项目的整体策划、投融资、工程建设、运营维护以及期满后的移交等全生命周期工作。PPP 模式的核心目标在于通过政府和社会资本之间权责和风险的合理分配，确保社会资本获得合理收益的同时，实现公共产品及服务质量与效率的提升。

6.4.2 运作方式

PPP 模式的运作方式包括 BOT、BOO、TOT 和 ROT 等，每种方式都有其特定的适用范围和特点。在城市更新项目中，地方政府需要按照实施步骤完成前置合规流程。随后，授权主管部门作为实施机构，进行 PPP 项目的"两评一案"及入库工作。通过公开招标投标，选择合适的社会资本来组建项目公司。项目公司负责城市更新项目的实施工作，通过此过程获得合理收益。在合作期满后，项目公司将资产无偿移交给政府或指定机构。

6.4.3　模式适用性

PPP模式通过引入社会资本进行市场化运作，旨在减轻政府当期的财政压力。该模式将项目风险与合理收益相匹配，从而提高项目实施效率，并兼具提升质量和效益的功能。PPP模式主要适用于公共服务领域项目。然而，由于其程序相对烦琐且耗时较长，同时对项目合作期限和政府财政支出责任等要求较高，因此更适合于边界清晰、经营条件明确、回报机制成熟的城镇老旧小区改造项目。如重庆市九龙坡区老旧小区改造项目，该项目采用ROT（投资改造—运营—移交）运作模式，由北京愿景华城复兴建设有限公司联合体与其他国有公司共同投资并组建项目公司，负责项目的全过程施工，实施机构由九龙坡区政府授权当地住房和城乡建设委员会，共同建立"居民受益、企业获利、政府减压"的多方共赢模式。

6.4.4　我国城市更新项目运用PPP模式的意义

PPP模式运用于城市更新有以下四点意义：

PPP模式有利于促进政府与社会资本之间的合作，拓宽融资渠道，使社会投资多元化，获得更多的项目建设资金，为老旧小区改造、历史文化遗产保护等项目提供资金支持。

采用PPP模式，有利于提高城市更新项目的建设质量和经济效益。由于更多社会资金的加入，使项目被赋予了更多的经营性特征，项目不仅拥有了先进的技术、规范的制度和科学的管理，还克服了由政府投资建设的项目缺乏竞争、经济效益差的问题。

PPP模式有利于通过风险重新分配，进而控制和分散风险，提高项目的综合价值。它可以统筹公共利益，基于"谁最有能力降低风险，谁承担风险"的原则，合理分配和防范项目各项风险，提升项目综合价值。

PPP模式有利于实现社会、经济、生态效益的统一。在城市更新过程中，采用PPP模式可有效协调社会、经济、生态效益等不同利益代表之间的关系，实现政府部门、社会投资者、SPC、金融机构、工程承包公司、原材料供应商、用户等众多利益相关者的合作共赢。

6.4.5　PPP 在城市更新中的应用案例

项目名称：南京市鼓楼区铁北片区城中村改造更新及产业发展项目（中华人民共和国财政部 PPP 入库项目）。

投资规模：本项目总投资 182.7 亿元，包括前期费用 3.8 亿元、拆迁安置费 111 亿元、土地费用 25.2 亿元、基础设施建设 5.8 亿元、保障房建设 13.5 亿元、产业打造 19.1 亿元、建设期利息 4.3 亿元。

收入来源：①金陵文化创意区收入：金陵埠文化创意空间 & 金陵埠历史文化街区租金收入、金陵埠船舶科技博物馆门票收入、金陵埠船坞咖啡租金、金陵埠电子竞技基地、绩效收入等。②幕府绿色智谷收入：配套科研用房出售收入、配套科研用房出租收入、配套房屋出租收入、配套人才公寓出租收入、辅助业务收入、绩效收入。③小市看世界收入：租金收入、税收绩效收入等。④保障房收入：底商出租收入、保障房安置收入。

合作模式：采用 BOT（建设—运营—移交）的方式实施。

项目回报机制：采用可行性缺口补助 + 使用者付费的回报机制。

项目合作期：共 20 年，其中建设期 6 年。

资金来源：项目资本金比例为项目总投资的 20%，资本金以外部分，拟以自有资金或债务融资方式筹集，占项目总投资额的 80%。

案例评价：本项目以"一纵一横两组团"为产业发展格局，是南京市拥江发展、走向滨江时代的重点区域，为产业发展注入新动能。本项目在 2020 年入选江苏省 PPP 示范项目，对持续提升 PPP 项目质量、强化项目管理和财政管理具有示范意义。

6.5　REITs 与城市更新

6.5.1　REITs 概念及特征

REITs（Real Estate Investment Trusts），即不动产投资信托基金，是房地产资产证券化的方式之一。它的运作方式是通过股票或收益凭证筹募资金，将资金交给特定机构进行管理并按比例分配利润。该模式在城市更新中往往由商业银行发起，面向投资者，通过发行基金受益份额筹募资金。投资者则主要以提供股权投资帮助等方式获利。房地产投资信托资金往往间接参与到城市更新项目中。该模式一般是由大型商业银行组织，首先在其销售网点公开募资，随后联合大型房地产企业、海外投资机构，采用封闭式、契约型等方式共同设立。在初期，基金受益凭证暂不可转让，在各方面条件满足时，可在二级市场进行交易。在税收方面，主要分为以下三种优惠方式：一是对基金持有者投资所得免交所得税；二是对基金在投资过程中收购、持有、转让房地产等环节免除各项税费；三是对基金管理公司给予一定时期内的所得税优惠。

其特征包含以下几点：

1. 可以上市交易，流动性强，投资者结构丰富。REITs 将完整物业资产分成了机构投资者和个人投资者相对较小份的投资单位，降低了投资者的门槛和投资风险，并拓宽了地产投资退出机制。

2. 资产组合多元化。可利用的资产种类多，包括商业、公寓、写字楼、酒店、仓库、工业厂房等各类可以产生稳定收益的房地产。

3. 经营管理专业化。公开交易的 REITs 大多为主动管理型公司，他们通常会主动、积极地运用专业的经营管理模式运营公司，从而大幅度提高房地产运营绩效，提升 REITs 的证券价格，使投资者可以获得更多投资的成果。

4. 税收中性。REITs 作为一种新兴的融资手段，很多地区给予了 REITs 产品一定的税收优惠政策，因此并不会因为 REITs 本身的结构带来新的税收负担。

5. 高比例派息。REITs 与股市、债市的相关性较低，且长期回报率高，一般其 90% 以上的收益都会分配给投资者。

6. 用低杠杆运作。同房地产上市公司相比，REITs 杠杆经营的杠杆率适中，美国的 REITs 资产负债率长期低于 55%。

6.5.2　REITs 模式的优势及劣势

1. 优势

（1）该模式帮助物业持有者盘活了不动产，将固定资产变为收入，减轻了开发商的资金压力。

（2）该模式减少了政府资金的回收周期，在资金有限的情况下可以增加建设的项目。此外，项目风险也可以实现政府到投资者的转移。

（3）在该模式下，证券化的资产与发起人进行破产隔离并采用信用增级手段，因此该模式将增加债券的信用等级，较大地降低融资成本。

（4）该模式资本市场上的投资产品种类丰富，优化了融资方式。对投资者来说，降低了投资门槛，拓宽了小额投资者参与投资的渠道，让更多公众分享到城市现代化带来的好处。

（5）该模式可以在政府开发的项目中，由独立的信用评级机构评级，不仅解决了委托代理问题，同时提高了建设项目的质量。

（6）该模式的发展促进了整个行业的精细化和专业化发展，高流动性和低股市相关性的特点有利于引导其他资金进入商业地产。

（7）房地产证券化的法律法规日趋完善，使资本市场能够在法律框架下按照规则运作，为房地产证券化在城市更新中的实践提供了法律依据。

2. 劣势

（1）不动产投资信托基金的发展面临着两大风险，建设经营不善和资金募集失败。相较能产生稳定收益的不动产而言，它对项目的施工效果和财务经营有较高的要求。不动产证券化的资金募集成功与否与参与投资的社会大众或法人机构的投资意愿关系较大，同时，也容易受到市场景气和利率等因素的影响。而一旦基金募集失败而宣告解散时，募集者需要负担费用损失，投资人则需要承担机会成本。

（2）房地产投资信托基金的发展需要投资者对项目的收益能力有较高的预期值。项目的盈利能力与项目的规模、区位条件有很大的关系。而稍具规模的项目，其涉及的人员方面也更广，项目的周期、成本都会随之增加，投资风险加大，在整个沟通、落实等阶段也会遇到更多困难。同时，并不是所有地区都适合基础设施证券化，该模式对项目的区位条件也有较高的要求。

（3）房地产投资信托基金的发展需要一个稳定的环境，否则会具有局限性。其一，需要一个活跃且具有一定规模的二级市场，没有相当规模的二级市场，流动性就会降低，证券收益率随之降低；其二，需要完善的法律法规，为其发展保驾护航；其三，需要理性的机构投资者。就我国来说，因为各自的经营管理、资金、法律规定以及安全性等问题，社保基金、保险基金、证券投资基金和商业银行在短时间内难以成为资产证券化的有力承担者。

6.5.3　REITs 在城市保障性住房领域的应用

保障性住房是指政府为了满足住房困难家庭的住房需求，改善人民群众的居住条件而提供的一种具有保障性质的廉租住房。根据住房和城乡建设部的测算，现有的各类资金供给每年只能提供 40% 的保障性住房需求，若要基本尽量满足社会对保障性住房的需求，每年的资金缺口约在 300 亿元，资金严重短缺。

1. 可行性分析及意义

REITs 具有适应性较强、风险分散等特点，同时，投资者范围广，投资者数量多，投资门槛低等特点使其能够充分吸收民间资本。目前，我国的 REITs 模式仅在上海、天津等地开展了小规模的试点工作。但在保障性住房项目方面，该领域的市场吸引力不足，且回收期长、收益率低，以及信托基金相关的法律不够完善，导致部分投资者购买这一类信托基金的意愿不强。然而，随着金融市场的不断完善，信托基金定会成为保障性住房的一种新型发展模式。它实现了保障性住房建设与市场的接轨，充分利用社会公众投资，缓解了政府的财政支出压力，有利于拓展保障性住房的覆盖度，并为政府在未来保障性住房管理中提供了可借鉴的经验。对于保障性住房 REITs 模式的相关参与企业来说，也在参与建设和运营过程中，实现了转变观念、培养人才、提升效率以及提升可持续竞争力的目标。

2. 我国城市保障性住房领域 REITs 模式应用现状

在 2003 年国家中央银行还在严格控制房地产信贷的时候，我国房地产行业从业者首次重点关注和讨论 REITs。2004 年，毛志荣、刘洪玉等正式将 REITs 的概念引入国内，引发人们对房地产信托的更多关注。2007 年，随着市场需求的不断扩大，中央银行在《中国金融市场发展报告》一文中表达了推出 REITs 产品的意愿。随后的 2008—2009 年，REITs 正式成为国务院钦点的、拓宽企业融资渠道的新方式，并且相关部门成立了"REITs 试点管理协调小组"，这为 REITs 在国内的发展提供了坚实基础。2006 年，"越秀"作为我国最早引入 REITs 的商业地产企业在香港上市。2014 年，"中信启航专项管理计划"是内地首次引入 REITs 的新尝试。2015 年，"鹏华"基金以公募基金身份首次参与万科合作的房地产信托项目。目前，国家政策允许和鼓励在基础设施和城市保障性住房等领域探索和应用 REITs 模式。总体来说，我国的 REITs 发展时间较短，但它作为一种新型的基础设施投融资和商业地产发展模式，一定程度上解决了城市保障性住房的融资难题，为促进城市保障房建设提供了新思路。

3. 发展城市保障性住房 REITs 的建议

目前，我国经济已步入高质量发展时期，住房供给侧结构性改革、房地产去库存的任务十分繁重，而公共租赁住房与经济适用房的需求弹性较小。在租金上，可以借鉴美国公共租赁和经济适用房 REITs 中常用的三净租赁（Triple Net Lease，简称 TNL），也就是承租人只对承租人的各种税费、保险以及非结构性维修和维修等费用进行扣除，并将这些费用连同其他有关的运行成本一起向服务商支付。通过这样的方法，减少了租房和消费的变动对房租和入住率的影响。为了优化租赁费用的管理，建议我国将租赁费视为在法律上优于非营业费用的营业费用。在支付时，租户应先支付未清偿的本息和优先股普通股红利，然后再支付租金，直到租约结束。此外，为了保障资金链的稳定和提高公租房 REITs 的盈利能力和吸引力，我们可以将公租房和保障性住房的租约设置与 REITs 股价评估相结合。研究基于 REITs 平均租约期限和租约种类来预测该 REITs 的股价走势，将为投资者和管理者提供有价值的参考。

在 REITs 模式的实施过程中，由于涉及众多参与者和更为复杂的特性，我们需要充分考虑当前的国情和市场状况，制定适合的发展模式。具体来说，政府应作为产权主体，发挥主导作用，协调各相关责任主体。开发公司则作为建设主体，负责工程建设和维护保养等任务，并受到政府的监督。资金的筹集工作由第三方信托公司承担，负责资金的募集、运作和管理。在 REITs 模式中，政府作为项目的监管者，应当加大对各责任主体的监管力度，确保投资者的资金安全，增强投资者对 REITs 保障性住房的信任度，进而提升保障性住房项目在市场上的吸引力。

6.5.4　REITs 在城市文化街区更新领域的应用

文化街区更新项目一般是由政府和开发商共同参与。其中，政府主要负责旧城区改造、区域功能再定义、区域功能再规划等宏观把控，提高城市的文化、功能和经济的发展，具体体现在修复和维护文化街区和旅游景区、提升产业园区和商业街区的功能、改造棚户区、城中村和建设保障住房等。而开发商的着重点主要是大规模综合项目，主要表现在商业综合体、酒店、创意园区等，这些项目的共同特点是投资较大和周期较长。历史文化街区的更新在选择金融支持体系时，与传统房地产开发类似，如拆迁重建、更新后销售、重资产运营等。但是这类金融支持系统的资金来源对银行有着高度依赖性，而仅有银行融资渠道难以满足历史文化街区更新的巨额资金需求。因此，在拓展融资渠道方面，需要有针对性地就金融市场和房地产开发商二者的合作模式进行调整。

传统房地产企业在历史文化街区领域，一般是先拿地，然后开发，最后销售。而目前，房地产企业更加注重资本的运营，通过资本运营来串联各个环节，形成"投资—转型—运营"的新模式，通过平台来满足每个环节的资本融资需求，从而加速城市空间的个性化升级，进而促进转型房地产价值的提升。很多投资机构或是房地产都是通过先收购一些一、二线城市有潜力的资产，然后通过聘请资产管理公司或自己的团队出资对收购的资产重新升级和定位，使其能够产生稳定的现金流。这种发展模式在海外十分流行。REITs 的优势在于，它可以以很低的成本对存量房地产进行升级改造，提高其盈利能力，使其成为具有稳定现金流的基础资产。同时，REITs 或其他新型资产证券化方式作为房地产金融的创新方式，还可以解决以历史文化街区更新为例的一系列城市更新项目长期以来共同存在的资金缺口大的问题，尤其是在流动性低的房地产投资领域，借助 REITs 等金融工具为开发商及投资方降低融资成本，提高融资效率。在运营过程中，还可以不断地盘活存量资产，且毫无"副作用"地吸引市场资金，为项目的后续发展提供充足的建设资金，形成良好的资金循环。另外，REITs 在推动房地产企业资产运营模式转变上发挥了重要作用，促进房地产企业"重资产运营"到"轻资产运营"的转向，将固定资产直接转化为证券资产，拓展了投资者的投资渠道，并且极大地提升了地产商的运营能力，对历史文化街区的活化及整个存量地产市场发展都产生了积极影响。

未来，随着政策的逐步完善，以及政府和各类市场主体关于 REITs 的经验积累和操作能力提升，REITs 模式在城市租赁住房、商业地产、养老地产、基础设施改造、历史文化街区改造以及城市更新的其他诸多领域，将有更为广阔的发展空间。

本章小结

城市更新中的财政政策工具主要包括财政收入、财政支出、国债和政府投资；中央财政资金和地方财政资金都是城市更新重要的资金来源；可通过积极探索"财政 +"，实现城市更新财政政策工具组合创新；城市更新既可采用政府财政支持、市场外部融资、混合模式等常见的投融资模式，也可采用城市更新基金、"投资人 +EPC"、REITs、EOD等创新模式；城市更新基金、PPP 和 REITs 等在城市更新中的应用有其各自特征和适用性，应具体情况具体分析。

思考题

1. 城市更新中的财政政策工具有哪些？

2. 简述城市更新常见的投融资模式。

3. 城市更新基金的运作方式有哪些？

4. 简述我国城市更新项目运用 PPP 模式的意义。

5. REITs 在城市更新中有哪些应用？

City ——————————————————

本章要点：本章介绍了城市更新投融资环境评价、城市更新潜力评价和城市更新项目绩效评价等不同类型的城市更新评价；从经济、社会、生态、技术、利益相关者、财政政策 6 个方面，构建了城市更新项目绩效评价指标体系。

第 7 章

城市更新的绩效评价

7.1 城市更新评价的分类

7.1.1 城市更新投融资环境评价

从以往高投入、高周转、高回报的城市开发建设方式转变为以空间经济为核心、以现金流为手段、以城市运营增值服务为支撑，具有场景化、长周期、可持续特征的城市更新，优化提升城市更新投资环境是我国政府改革与治理转型面临的迫切任务。中央财经大学 CURIE 城市更新投融资实验室研究发布了国内首个《中国城市更新投资环境指数报告》，从政府、市场、基础条件三大维度来评估我国各地城市更新的投资环境，充分利用数据工具，促进政府、市场和社会共同推动城市更新的规范化、制度化、高质量发展。

基于经典的供需理论，提出城市"政府管理、市场环境、基础条件"三位一体的分析逻辑框架，以刻画和阐释中国城市更新投资环境的构成要素和内涵维度，从上述三方面构建城市更新投资环境评价指标体系，计算投资环境指数，旨在科学量化城市更新投资吸引水平，客观反映城市投资环境的表现，指征城市未来的发展潜力。

按照科学性、系统性、可操作性的原则，提出城市更新投资环境指数。该指数由 3 个一级指标、11 个二级指标及 30 个三级指标构成（表 7-1）。

城市更新投资环境指数指标体系 表 7-1

一级指标	二级指标	三级指标
城市更新政府管理分指数	机构健全度	城市更新专门机构设置
		城市更新机构层级
	政策完善度	城市更新政策精准度
		城市更新政策层级
	财政支持度	城乡社区政府预算支出占比（%）
		城市更新项目政府补贴制度安排
城市更新市场环境分指数	市场活跃度	投资活跃度排名
		非国有经济在全社会固定资产总投资增速
		土地出让复合增长率（%）
	市场潜力度	城镇常住人口变化率（%）
		居民人均消费支出（元）
		1990—2000 全社会房屋竣工面积占比

续表

一级指标	二级指标	三级指标
城市更新市场环境分指数	市场风险度	甲级写字楼空置率（%）
		政府负债率（%）
		银行不良贷款率（%）
城市更新基础条件分指数	经济发展条件	GDP 复合增长率（%）
		第三产业占 GDP 比重（%）
		人均地方财政收入（元）
	社会人口条件	常住人口城镇化率（%）
		15~59 岁人口占比（%）
		城市国内外游客量（人）
	科技创新条件	全社会 R&D 支出占 GDP 比重（%）
		万人拥有高新技术企业数量（个）
		每万人普通高校毕业生数量（人）
	资源环境条件	一般工业固体废物综合利用率（%）
		空气质量优良天数比率（%）
		单位 GDP 电耗（千瓦时/万元）
	基础设施条件	建成区绿化覆盖率（%）
		高铁车次开行数量（对）
		万人拥有城市轨道交通里程（公里）

数据来源：中央财经大学城市更新 CURIE 实验室，《中国城市更新投资环境指数报告（2022）》

选取我国不同地域的 32 个主要城市作为城市更新投资环境评价样本，量度我国主要城市投资环境特征和更新投资潜力。

通过数据标准化、指标赋权和指数计算，基于多渠道行业权威数据，计算得出 32 个城市的城市更新投资环境总指数以及政府管理分指数、市场环境分指数和基础条件分指数。

7.1.2　城市更新潜力评价

城市体检是通过综合评价城市发展建设状况、有针对性制定对策措施，优化城市发展目标、补齐城市建设短板、解决"城市病"问题的一项基础性工作，是对城市更新潜力进行科学评价、提升城市更新规划科学水平和行动措施有效性的重要手段。

从内容上来看，目前我国的城市体检工作一般从生态宜居、健康舒适、安全韧性、交通便捷、风貌特色、整洁有序、多元包容、创新活力 8 个方面建立城市体检指标体系。样本城市可以结合自建房安全专项整治、老旧管网改造和地下综合管廊建设等工作需要，适当增加城市体检内容。

从方式上来看，一般采取城市自体检、第三方体检和社会满意度调查相结合的方式开展城市休检。

（1）城市自体检。样本城市政府是城市体检工作的主体，通过开展自体检，摸清城市建设成效和问题短板，依法依规向社会公开体检结果。结合自体检成果，编制城市更新五年规划和年度实施计划，合理确定城市更新年度目标、任务和项目。

（2）第三方体检。国家住房和城乡建设管理部门组织技术团队对样本城市开展第三方体检，评价样本城市人居环境质量及所在都市圈、城市群建设成效，总结推动高质量发展方面的优秀经验及做法，针对共性问题制定出台政策措施。地方住房和城乡建设部门可以在以往工作基础上，增加省级样本城市数量并组织开展第三方体检。

（3）社会满意度调查。城市自体检和第三方体检同步开展社会满意度调查，国家住房和城乡建设管理部门组织技术团队对样本城市开展社会满意度调查。通过问卷调查、实地走访等方式，调查分析群众对城市建设发展的满意度，查找群众感受到的突出问题和短板，调查结论和有关建议纳入城市自体检、第三方体检报告。

7.1.3　城市更新项目绩效评价

城市更新项目绩效评价是指通过对城市更新项目进行全面、系统、科学的评估，从而判断项目实施的效果和影响，以便更好地规划和实施城市更新项目。城市更新项目绩效评价的主要指标包括如下：

1. 经济效益

城市更新项目的实施需要耗费大量的资金和人力资源，因此必须从经济效益角度来评估项目的价值。经济效益主要体现在项目的投资回报率、税收贡献等方面。在评估经济效益时，需要考虑项目的成本、效益、风险等因素，以确保项目的经济效益达到最优化。

2. 社会效益

城市更新项目的实施，应该以提高城市居民的生活质量、增加社会福利、增强城市文化氛围等为目标，为城市居民带来更多的实际利益。社会效益主要包括项目对城市就业、交通、文化、社会安全等方面的改善程度。评估项目的社会效益需要考虑项目对城市居民的影响和反响，以及项目的可持续性和长期效果。

3. 环境效益

城市更新项目的实施应该以改善城市环境、提高城市生态水平为目标，从而为城市居民带来更好的生活环境。环境效益主要包括项目对城市空气、水质、噪声等方面的改善程度。评估项目的环境效益需要考虑项目对城市环境的影响和反响，以及项目的可持续性和长期效果。

4. 技术效益

城市更新项目的实施需要借助先进的技术手段和管理模式，以确保项目的实施效果和质量。技术效益主要包括项目的技术先进性、技术创新性、技术成果转化等方面。评估项目的技术效益需要考虑项目的技术水平、技术成本和成果，以及项目在技术上的可持续性和长期效果。

在实际运用中，还需要根据具体项目的特点和目标，对不同的指标进行权衡和优化，以确保评估结果的科学性和实用性。

7.2　城市更新绩效评价指标体系

7.2.1　经济指标

1. 经济收入

经济收入是生产要素所有者在生产过程中投入生产要素而获得的报酬的总和。GDP（国内生产总值）是衡量经济收入的常用指标，用于计算一个国家或地区所有常驻单位在一定时期内生产活动的最终成果。人均 GDP 增长率可以更好地反映出城市更新活动所带来的人均收入增长情况。

2. 财政收入

财政收入是政府为了履行其职能、实施政策和提供公共物品与服务而筹集的一切资金总和。财政收入增长率是反映政府推进城市更新政策之后相比于推进城市更新政策之前财政收入增长情况的指标。

7.2.2　社会指标

社会指标是可以衡量社会进步、社会成员全面发展情况以及政策社会效果的指标。以下将社会指标分为五类进行介绍，即城镇就业率、人均市政基础设施存量、教育医疗体育和娱乐设施情况、历史建筑物保护程度和自然景观情况。

1. 城镇就业率

城镇就业率是反映城镇从业人数、城镇总劳动力人数以及城镇失业人数对比关系的指标。城镇就业增长率，是能够反映政府推进城市更新政策之后相比推进城市更新政策之前城镇从业人数增长情况的指标。其可以较好地反映出城市更新政策拉动就业增长的情况。

2. 人均市政基础设施存量

加强城市交通、给水排水、电力、燃气、通信等市政基础设施建设，扩大规模、优化结构、提升供给质量，始终是城市更新活动的最主要任务之一。随着城市人口规模的增加，从人均存量的角度分析城市更新带来的市政基础设施改善更有实际意义。

3. 教育、医疗、体育和娱乐设施情况

建设以人为本的城市、促进城市高质量发展，要求我们在进行经济性城市基础设施建设的同时，也要更加关注教育、医疗、体育和公共娱乐等社会性基础设施建设，增加其供给数量，提升其服务水平。

4. 历史建筑物保护程度

建筑不仅凝聚了人类的科学和文化，也铭刻着历史深刻的记忆。保护城市历史建筑，对弘扬中华优秀文化、传承城市历史文脉有着重要意义。城市更新活动中对历史建筑物的保护，具有极其重要的社会意义。

5. 自然景观情况

自然景观的美可以表现在具体的形式上，还可以体现人类文明程度。文明程度越高，美的价值就越大。成功的城市更新项目往往也会提升城市自然景观保护程度以及城市的美学价值。

7.2.3　生态指标

生态指标是反映有关生态经济系统输入、输出、内部结构及整体功能经济信息的数值，是衡量、对比、分析和评价生态经济系统状况和发展趋势的基础，也是制定社会—经济发展规划的依据。以下将生态指标分为四部分进行介绍，即污水排放、固废排放、废气排放和居民对环境满意水平。

1. 污水排放

污水是指受到一定污染的生活和生产的排出水，其掺入了新的物质或者外界环境发生了变化，一般丧失了原来的使用功能。污水排放要求，禁止向生活饮用水源地和一级保护区的水体排放污水；在生活饮用水源地、风景名胜区等各类水体保护区内，不得新建排污口；在保护区附近新建排污口，必须保证保护区水体不受污染。

2. 固废排放

固废排放即固体废弃物排放，固体废弃物是指人类在生产、消费、生活和其他活动中产生的固态、半固态废弃物质（国外的定义则更加广泛，动物活动产生的废弃物也属于此类），通俗地说，就是"垃圾"。

3. 废气排放

废气是人们在生活和生产过程中排放出的有危害气体。特别是城市中的钢铁工厂和石油工厂等重工业企业，如环保措施不当，其排放的废气将严重污染环境和影响人体健康。

4. 居民对环境满意水平

城镇居民是构成城镇生活的主体，居民对所生活环境的满意程度将直接影响城市人才引进、经济发展和财政状况。

7.2.4 技术指标

技术指标是反映城市更新项目技术情况的指标。以下将技术指标分为三个方面进行介绍，即城市更新规划、建筑结构功能安全性和项目管理。

1. 城市更新规划

城市更新是一种将城市中已经不适应现代化城市社会生活的地区作必要的、有计划的改建活动，城市更新规划的科学合理性将直接影响城市更新活动的效果。

2. 建筑结构、功能安全性

建筑结构是指在建筑物中，由建筑材料做成的用来承受各种荷载或者作用，以起骨架作用的空间受力体系。建筑功能用于满足人们具体的目的和使用要求。建筑安全性是指建筑使用过程中的安全程度，而建筑结构和建筑功能的科学合理性也直接关系到建筑安全。

3. 项目管理

项目管理是指在项目活动中运用专门的知识、技能、工具和方法，使项目能够在有限资源限定条件下，实现或超过设定的需求和期望的过程。好的城市更新项目管理具有节约成本、加快施工进度、兼顾项目的经济性与社会性等特点。

7.2.5 利益相关者指标

利益相关者是组织外部环境中受组织决策和行动影响的任何相关者。以下从两个方面进行描述，即政府部门城市更新组织管理能力和城市更新项目初始产权人满意水平。

1. 政府部门城市更新组织管理能力

政府部门组织能力是政府开展组织工作的能力，其需要建立科学、高效、合理分工、职责明确、制度健全的组织体系，是对城市更新中组织领导能力的考验与挑战。

2. 城市更新项目初始产权人满意水平

城市更新项目初始产权人包括原项目的居民或企业，项目在实施的过程中对居民生活环境影响程度、居民满意度将直接影响其他城市更新项目的开展。

7.2.6　财政政策指标

财政政策是国家在一定时期内，为了实现社会经济持续稳定发展，综合运用的各种财政调节手段，下面从三个方面进行描述，即财政政策合理性、财政资金管理水平和财政资金绩效。

1. 财政政策合理性

财政政策的合理性体现在：充分就业、稳定物价和促进经济增长等方面，其可以维护国家利益、改善市场情况、维护良好的社会秩序和促进市场的健康成长。

2. 财政资金管理水平

财政资金管理是对资金来源和资金使用进行计划、控制、监督、考核等多项工作的总称，是财务管理的重要组成部分。

3. 财政资金绩效

财政资金绩效是指运用一定的评价方法、量化指标及评价标准，对为实现其职能所确定的绩效目标的实现程度，以及为实现这一目标所安排预算的执行结果进行的综合性评价（表 7-2）。

城市更新绩效评价指标体系　　　　　　表 7-2

一级指标	二级指标	三级指标	指标描述
经济指标 A1	经济收入 B1	人均 GDP 增长率 C1	定量
	财政收入 B2	财政收入增长率 C2	定量
社会指标 A2	城镇就业 B3	城镇就业增长率 C3	定量
	人均市政基础设施存量 B4	人均市政基础设施存量增长率 C4	定量
	教育、医疗、体育、娱乐设施（每万人）B5	教育设施增长率（每万人）C5	定量
		医疗设施增长率（每万人）C6	定量
		体育设施增长率（每万人）C7	定量
		娱乐设施增长率（每万人）C8	定量
	历史建筑物保护 B6	历史建筑物保护程度 C9	定性
	自然景观保护 B7	自然景观保护程度 C10	定性

续表

一级指标	二级指标	三级指标	指标描述
生态（环境）指标 A3	污水排放 B8	污水排放降低率 C11	定量
	固废排放 B9	固废排放降低率 C12	定量
	（其他）废气排放 B10	（其他）废气排放降低率 C13	定量
	居民对环境满意水平 B11	居民对环境满意度 C14	定性
技术指标 A4	城市更新规划 B12	城市更新规划的科学合理性 C15	定性
	建筑结构、功能、安全性 B13	建筑结构的提升 C16	定性
		建筑功能的提升 C17	定性
		建筑安全性的提升 C18	定性
	项目管理 B14	项目管理水平 C19	定性
利益相关者指标 A5	政府部门城市更新组织管理能力 B15	政府部门城市更新组织管理能力的提升 C20	定性
	城市更新项目初始产权人满意水平 B16	城市更新项目初始产权人满意度 C21	定性
财政政策指标 A6	财政政策合理性 B17	财政资金投向合理性差 C22	定性
		财政资金规模合理性 C23	定性
		财政政策工具组合合理性 C24	定性
	财政资金管理水平 B18	预算管理水平 C25	定性
		财政部门对财政资金的管理水平 C26	定性
		非财政部门对财政资金的使用管理水平 C27	定性
	财政资金绩效 B19	财政资金绩效满意度 C28	定性

本章小结

在城市更新活动中，我们可以进行城市更新投融资环境评价、城市更新潜力评价和城市更新项目绩效评价等不同类型的城市更新评价；构建了包括经济、社会、生态（环境）、技术、利益相关者、财政政策 6 个一级指标，19 个二级指标，28 个三级指标的绩效评价指标体系。

思考题

1. 城市更新评价的分类有哪些？
2. 如何对城市更新投融资环境进行评价？
3. 如何对城市更新潜力进行评价？
4. 城市更新绩效评价的常用指标有哪些？
5. 你认为应怎样进一步提升城市更新绩效评价的效果？

资料链接

（一）我国城市更新投资环境整体水平有较大提升

2023 年 12 月 28 日，在由中国经济体制改革杂志社《改革内参》编辑部、CURIE 城市更新投融资实验室、首开城市更新研究院联合组织召开的"加快城市更新 建设人民城市"研讨会上，中央财经大学青年科研创新团队建立的学术共同体——CURIE 城市更新投融资实验室发布了《中国城市更新投资环境指数报告 2023》（以下简称《报告》）。

该实验室创始人王昊在研讨会上介绍，研究以国内 32 个重点城市为评估对象，聚焦当前城市更新市场"投资难、融资难"的关键难点和痛点，编制涵盖政府管理、市场环境和基础条件三大领域，包括 3 个一级指标、11 个二级指标及 30 个三级指标的城市更新投资环境指数，从不同角度评估了各城市在城市更新投资环境方面的表现。

根据《报告》显示的指数计算结果，全国城市更新投资环境整体水平在近一年中得到较大提升；但 32 个城市在城市更新投资环境方面总体差异较大，呈现出一线城市领衔、东部优于中西部、处于重点城市群与都市圈的城市总体表现较好等非均衡发展特点。

与此同时，各城市大力推进实施城市更新行动，为城市更新投资环境带来了积极的变化。其中，2021 年住建部遴选公布的包括北京、南京、成都等城市更新试点城市作为改革的探索者和先行者，在城市更新投资环境方面总体表现较为突出。结合 2022 年度报告结果，试点城市展现出相对稳定的表现，其政府管理机制的不断优化与创新，市场环境的日益完善，以及基础设施的持续建设，为城市更新项目提供了良好的投资环境，对全国城市更新的实施作出了示范效应。

资料来源：中国城市网，研究发现：我国城市更新投资环境整体水平有较大提升，记者郑新钰，2024 年 1 月 2 日

（二）住房城乡建设部：在全国地级及以上城市全面部署开展城市体检工作

11 月 29 日，住房城乡建设部印发《关于全面开展城市体检工作的指导意见》，在全国地级及以上城市全面部署开展城市体检工作。

文件要求各地把城市体检作为统筹城市规划、建设、管理工作的重要抓手，坚持问题导向，从住房到小区（社区）、街区、城区（城市），找出群众反映强烈的难点、堵点、痛点问题；坚持目标导向，查找影响城市竞争力、承载力、可持续发展的短板弱

项；强化成果应用，把城市体检发现的问题作为城市更新的重点，建立健全"发现问题—解决问题—巩固提升"的工作机制。

文件部署了 5 项重点任务，一是指导各地在开展城市体检工作中，坚持城市政府主导，建立城市住房城乡建设部门牵头，各相关部门、区、街道和社区共同参与，第三方专业团队负责的工作机制。二是围绕住房、小区（社区）、街区、城区（城市），建立城市体检基础指标体系，地方各级住房城乡建设部门要结合本地实际，增加特色指标，细化每项指标的体检内容、获取方式、评价标准、体检周期等，做到可量化、可感知、可评价。三是深入查找问题短板，建立问题台账。在住房、小区（社区）体检中，摸清房屋使用中存在的安全隐患，找准养老、托育、停车、充电等设施缺口以及小区环境、管理方面的问题。在街区体检中，查找公共服务设施缺口以及街道环境整治、更新改造方面的问题。在城区（城市）体检中，综合评价城市生命体征状况和建设发展质量，找准短板弱项。四是将体检发现的问题分为限时解决和尽力解决两类，提出问题清单和整治建议清单，形成城市体检报告，报经市政府同意后分解落实到各区政府、各有关部门。依据城市体检报告，制定城市更新规划和年度实施计划，一体化推进城市体检和城市更新工作。还要将上一年度体检问题纳入本年度体检工作中，持续推进问题解决。五是搭建城市体检数据库，加快建设城市体检信息平台。发挥信息平台在数据分析、监测评估等方面的作用，实现对问题整治情况动态监测、对城市更新成效定期评估、对城市体检工作指挥调度。

文件还要求地方加强组织领导、强化监测评价、加快专业队伍建设、动员公众参与，落实"人民城市人民建、人民城市为人民"的理念，营造全社会支持参与城市体检工作的良好氛围。

资料来源：中国建设报 2023 年 12 月 6 日

City

本章要点：本章介绍了城市更新的治理主体及其行动机制；介绍分析了城市更新治理的流程和方法工具；介绍分析了城市更新中公众参与的不同形式、特点和问题改进；分析比较了城市更新治理的原有模式和新型模式。

第 8 章

城市更新治理

党的十八届三中全会提出了"加快国家治理和治理能力现代化"的要求，把"现代治理"的理念提到了国家的高度。城市更新治理，是指在促进城市更新的过程中，既要维护社会公共利益，又要吸纳市场、社会各方面的力量，积极参与到城市更新工作中来，从而促进更新工作的顺利进行。通过构建合理的利益分配和化解矛盾的长效机制，促进治理资源的下沉；引导各利益相关者各司其职，发挥各自的职能，共同努力，促进城市更新的有序进行；培育城市的内生动力，激发其内在动力。

8.1　城市更新的利益相关者

8.1.1　城市更新中的利益主体和治理主体

《关于全面推进城镇老旧小区改造工作的指导意见》明确指出，坚持居民自愿、调动各方参与是我国城市更新工作的重要内容。在当前以存量和提升质量的大背景下，城市更新所涉及的利益关系更加错综复杂，以政府为主导的管理模式已经不能完全满足各方面的需求。在充分满足公众利益的前提下，政府部门也不能忽视其他利益主体的合理诉求。在我国现行的城市管理制度下，政府拥有一定的自治权，政府机关在实施城市规划的同时，也要充分考虑到其他的利益相关方。

从中国特色社会主义市场经济体制的视角来看，城市更新必须充分考虑各利益相关者的发展与生存要求，而在发展过程中，各种利益相关者之间的竞争在一定程度上是不可避免的。土地、劳动力、资金、技术是不同利益主体所掌握的经济和社会资源[1]，因此，在城市更新过程中，不同利益主体所处的地位也具有差异，他们所拥有的资源和资源的比例与他们的利益得失有着密切的联系。当前，我国城市更新与发展的进程涉及各级政府和规划主管部门、投资商和开发商建筑商、中介咨询单位、城市居民等各种利益相关者。尽管利益相关者之间的关系错综复杂，但是从本质上来说，这些利益集团可以分为代表城市公共利益的各级政府、代表商业利益的投资开发建设企业、代表初始利益的城市居民和社会公众以及起中间媒介作用的非政府组织（图8-1）。在城市更新和发展过程中，各利益相关者相互推进、相互制衡，使其得以有序开展。

① 刘芳，张宇. 深圳市城市更新制度解析——基于产权重构和利益共享视角 [J]. 城市发展研究，2015，22（2）：25-30.

城市更新行动中利益相关者的复杂性和多元性，对城市更新治理主体的多元性提出了需求。在基于公共治理理论构建的城市更新治理制度框架下，城市更新治理主体的制度安排应该与其利益相关者的多元性相适应，政府、社会资本、城市公众、第三方机构等都应被纳入城市治理的主体。

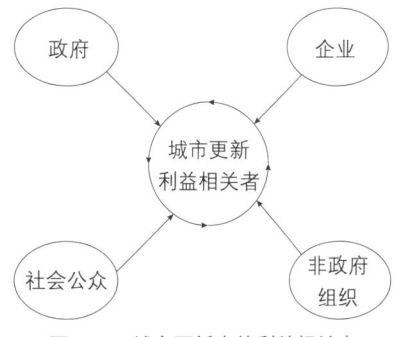

图 8-1　城市更新中的利益相关者

8.1.2　各利益主体的行动机制

1. 各级政府——公共利益的代表者

城市更新过程中，政府作为公共利益的主体在城市更新中往往占据主导地位。研究政府在城市更新中的行为，可以从中央政府和地方政府这两个视角来进行分析。中央政府与地方政府的关系不仅仅是表面上的上下级隶属关系，更有着深层次的权力分布。

中央政府是维护社会整体长期稳定发展的重要力量，它通常以直接或间接的方式来左右着整个城市更新过程。一方面，中央政府通过政策和法律的方式在国家层面对城市更新规划进行审核、审批和监督。以我国近年的城市更新工作为例，2014 年，《国家新型城镇化规划（2014—2020 年）》出台；2015 年 12 月，中央城市工作会议召开；2017 年，住房和城乡建设部出台了《关于加强生态修复城市修补工作的指导意见》；2021 年 11 月，住房和城乡建设部办公厅印发《关于开展第一批城市更新试点工作的通知》，可以看出国家正在进行从上至下的顶层设计，从广度和深度两个方面着力推进全国城市更新建设。另一方面，中央政府则将权力分散到各省和城市，让它们在遵循国家整体方针和原则的情况下，因地制宜，进行特色化的城市更新。全国各地也相继推出城市更新条例与实施意见来指导工作，例如：2020 年，西安市出台《西安市城市更新办法（草案征求意见稿）》；2021 年，北京市推出《北京市人民政府关于实施城市更新行动的指导意见》；2021 年，上海市出台《上海市城市更新条例（草案）（征求意见稿）》等。

作为城市更新的执行者和监督者，地方政府既要贯彻落实中央的政策，又要根据上级的要求进行本土城市更新；同时，它还发挥监督作用，督促政府下属机构、市场、公众等多方行为，代表了地方在城市更新发展过程中的集体和社会公共利益。另外，由于城市更新涉及部门多、领域广、时间长、系统复杂等特点，需要对参与主体的行为进行规范，使其有序地参与城市更新，为此，各地政府要从具体的规划方案、工具方法等各方面提供制度和技术保障。同时，由于城市政府拥有直接、主导的决策权力，其作为最重要的利益主体和治理主体，在参与甚至主导城市更新过程中，必须谨慎科学适度地采取行动。

需要指出的是，不同情况下各级政府作为公共利益的代表者和处于主导地位的城市治理主体，其在城市更新中发挥作用的程度和方式有所不同，这与社会制度、项目规模范围和项目性质等有重要关系。

2. 企业——作为市场主体的参与者

企业是城市更新中不可缺少的参与者，也是最基础的经济组织。尽管企业以追求利润最大化为目的，但其在城市更新中的主体性作用是毋庸置疑的。企业资本的参与在解决我国城镇更新的基础设施建设、社会住房供应等一系列市场化问题上，发挥着举足轻重的作用。

房地产开发商、物业公司等企业是城市更新中的市场行为主体。开发商在土地开发、商品住宅建设、销售等方面具有市场运作层面的专业性，尤其在棚改旧改中发挥着重要作用；物业公司在小区的经营管理方面有丰富的经验，旧房改造和改建的后期工作都要由物业公司来保证，如既有住宅加装电梯、回迁房分配管理等。

虽然房地产开发和物业管理企业等各类企业在城市更新中扮演着重要的治理主体角色，但是传统房地产和物业企业在面对城市发展由增量扩张向存量优化转型的过程中，企业自身也面临着转型压力和挑战。传统房地产企业需要深入研究和适应城市运行的客观规律，有效实现业务转型。企业参与城市更新中涉及投资、开发、运营、服务等各种领域，虽然国有大型房地产企业在投资、开发等领域有明显的参与动力和竞争优势，但是其如何适应城市更新项目的微利、长期、重服务的特征，做好企业转型，在服务公众、服务城市的过程中实现企业利益与社会利益的共赢，实现稳定可持续的企业生存发展，仍有着巨大的探索和提升空间。

3. 社会公众——直接利益的诉求者

根据西方各国的历史和经验来探寻我国的城市更新道路，公众参与是一种不可忽略的力量。在我国现行的城市更新运作机制中，社会公众的个人利益和需求分散，导致其在城市更新过程中扮演着"虚位主体"的角色。尽管处于弱势地位，但作为直接利益相关者，其参与是必不可少的，它影响规划设计、利益结构乃至整个城市更新过程等方面。

这里所说的社会公众，既包括拥有城市不动产使用权和收益权等的直接权利关系的城市公众，比如城市老旧小区住宅的初始产权人，也包括虽不具有直接产权、但受到城市更新项目利益影响的具有间接权利关系的城市公众，比如拟建的城市垃圾处理厂项目周边的居民。前者对城市更新项目的使用功能、形象功能、环境影响等具有全面的利益诉求，后者经常对城市更新项目的社会和生态效益等提出诉求。

闻名全国的北京劲松小区城市更新改造项目，就是该社区居民自发倡议并成功实施的。上海的塘桥微更新项目也是一个体现公众充分参与决策的案例。项目前期通过社区网站、微信等平台进行投票，从中选出社区居民最想要进行改造的街角空间，通过现场座谈、沙龙等形式，组织专家、设计者与社区居民进行面对面的交流。项目中期则是通过公开展览，征求社区居民的意见，以决定最后的执行计划。在项目实施的后期，组织各种社区活动吸引社区居民的参与，让他们有一种认同和归属感①。

虽然在城市一般的政府投资项目和房地产开发项目中公众参与也是必要的，但是城市更新项目中的公众参与从很大程度上决定了城市更新项目的成败。这是因为，第一，城市公众是城市更新中使用权、收益权等不动产初始权利的所有者；第二，城市公众只有在项目论证、决策等前期阶段进行有效参与，才能在实施阶段提供足够的支持和配合，符合"目标管理"原则；第三，城市更新项目的特色化、异质性强，只有有效的公众参与才能保证个性化、异质化的方案和行动。也正是公众参与的上述必要性，使得仅靠政府财政资金投入是难以保证城市更新项目的真正成功的，需要引入具有运营能力、服务意识、有社会责任感的城市更新运营服务企业，与政府部门形成有效互补，动员和组织城市公众参与到城市更新项目的全过程，实现长期可持续的城市更新。

4. 非政府组织（NGO）——公众利益的重要维护者

公众参与还有一种形式：非政府组织（NGO：Non-Governmental Organization）。由于社会、经济和文化的差异，各国对于非政府组织的理解也不尽相同。西欧、北美等地，非政府机构是一种在全球范围内积极参与的非营利性机构；在东欧及苏联，是指一切公益及非营利性团体；在发展中国家，是一个旨在推动"发展"的公民团体。当前较为一致的定义是：非政府、非营利、具有志愿性质的社会中介机构，主要是：社会团体、非企业单位、基金会等服务性机构。

一些学者将我国社团分为 17 类，其中与城市规划相关的 NGO 有以下几类：产业部门，如各种行业协会、管理协会；社会福利组织，如基金会；学术团体，如城市经济学会、各种研究会；特殊性质企业行业组织，如不同所有制企业的行业组织；地区组织，如区域性协会；文教体卫组织等。

---

① 张帆，葛岩. 治理视角下城市更新相关主体的角色转变探讨——以上海为例 [J]. 上海城市规划，2019（5）: 5.

NGO 的参与将成为政府和人民之间交流的纽带。一方面，通过整合社会公众，减少了各利益相关者之间的沟通成本；同时，也分担着政府对社会发展和社会需求的调研工作，减轻了政府的负担。

城市更新过程中非政府组织所展现出来的力量愈发明显，其在城市更新中的一个很大功能是提供社会参与的渠道。与一般的公众参与相比，NGO 作为民间自发组织，更加关注社会的公众利益，并且具有信息、技术、人员、设备、资金等多方面的优势。一些由专业人士组成的非政府组织不仅能够充分发挥其智囊团的作用，获得社会公众的认同，还能够成为市民表达自己的信息和利益的公众代言人。NGO 具有广阔的人力资源作为支撑，显得更加专业和理性，以公众的身份对城市更新的全过程进行监督，使其在促进城市更新中的民主化进程和促进城市社会、经济可持续性发展方面发挥巨大的作用 [1]。

以杭州市为例，2008 年以来，杭州市积极探寻社会组织和 NGO 介入城市的模式和路径。"绿色浙江促进会"作为浙江省建立最早、目前规模最大，且在国内较具影响力、建制较完整的首家获评 5A 级环保 NGO，2011 年起，在万通公益基金的支持和杭州市区级与街道两级政府的扶持下，开始尝试推广建立示范性生态社区，以推广符合现代社会进步方向和面向未来进步需要的居住方式，推动城市建成社区的生态化和精细化改善，并探索其规划和营造发展模式。采用以 NGO 为主导执行的多元协同机制，通过构建社区营造事务平台和公众参与渠道，将基层政府（街道）、社区居委会、社区居民、社区组织、物业公司、NGO、志愿者及相关企业纳入其中。绿色浙江通过公益创投和合作等方式，先后于上城区西牌楼社区（2011）、现代城社区（2013）、十五家园社区（2015）、柳翠井巷社区（2016）和江干区魅力城社区（2016）开展了社区生态营造项目，在公共服务设施、环境景观与绿化、生态设施和技术植入等多方面进行优化更新，目前已获得中央财政、联合国开发计划署、中华环境保护基金会和全球环境基金等奖励和资助 [2]。

虽然我们能看到部分 NGO 所取得的优秀成果，但在当下，以 NGO 为组织载体的社会力量虽然在发展和壮大中仍面临诸多困难。随着我国政府改革的深化和行政体系的逐步健全，市场和社会的权力下放将是必然的发展方向，NGO 是承担起政府服务功能的主要载体，必须强化能力建设，增强内部独立性，并建立多种形式的协作模式。只有通过这种方式，我们才可以更加高效地参与到城市的公共事务中去，使各个层面的利益和需求得到协调和统一，从而逐步形成了维护公众与政府间关系的纽带。

① 殷洁，罗小龙 . 我国城市规划中 NGO 的发展与思考 [J]. 规划师，2003（1）：74-77.
② 建设部城乡规划司 . 城市规划决策概论 [M]. 北京：中国建筑工业出版社，2003.

8.2　城市更新治理的流程与方法

8.2.1　城市更新治理流程

从整体上看，我国的城市更新治理工作主要包括规划管理、方案设计和项目实施三个方面，其中政府的监督主体是参与城市更新的不同机构，而对具体项目的监督是一个动态的进程，通过规划文件、规划实施方案、实施计划等一套文件来控制项目的实施，通过对土地使用权的全程管理，维护社会公共利益。

1. 规划管理

此阶段的重点工作是：编制专项计划，确定更新单位。通常依据当地的实际情况，对城区进行分区评定，并制定城市更新专项计划，以确定其主要目标、公共要素配置以及功能布局和整体均衡规划，在此基础上进行分区。同时要综合考虑群众意愿、土地产权边界、行政区划边界、周围零散可利用的地块等条件。规划是建设工程的先决条件，应当征求公众意见，进行专家论证，以确保其合理性。

以江西省为例，其印发的《江西省城市更新规划编制指南（试行）》提出，城市更新规划、城市更新行动计划、城市更新项目实施方案等的编制组织程序、主要内容、技术要点和成果要求，规范城市更新规划计划的编制和实施工作。

2. 方案设计

本阶段主要工作是编制实施方案、确定实施主体、方案的上报审批等。

（1）制定实施计划，确定更新内容

通常是以专项规划为依据，结合当地总体的发展目标，以划定的更新单元为对象，系统分析其居住环境、设施配置、产业发展、交通组织、城市风貌等方面存在问题和短板，明确项目的具体范围、更新目标、更新模式和方式、拆迁补偿总量等；对各类项目进行成本收益测算，拟定资金筹集和地块捆绑实施方案，确定开发时序，提出资金安排相关建议等。要注意的是，城市更新项目涉及原有物业的改造，所以往往要征询相关权利人的意向。

一般来讲，涉及改善基础设施的，包括征地拆迁、保障性住房建设、租赁住房建设、道路及管网升级与改造；涉及提升公共服务的，包括医疗卫生设施、教育设施、养老托育设施及社区公共服务设施的新建或改扩建；涉及生态环境治理的，包括河流水系的综合治理、城市绿化景观完善等；涉及历史文物资源及保护的，包括主体建筑的修缮与保护、智能化管理系统的建设等；在确定项目的基本建设内容后，可开展相关调研工作，为方案编制提供基础。

（2）根据更新内容，确定实施主体

城市更新类项目涉及基础与公服设施的完善，往往由政府作为主导方实施，但因涉及原有物业的拆改建，因此在具体实施上通常为原物业权利人或由其委托的市场主体、政府或其指定的地方国有企业、政府选定的市场主体等。相关主体的确定往往受原有土地或物业权属的复杂程度、项目的营利性等决定。在当前的城市更新项目中，往往较为综合，具体建设内容上包括公益性、准公益性或经营性项目，实施主体可能为多方联合。

（3）动态进行资金平衡

不同主体实施，盈利模式有差别。政府主导的更新类项目，通常为纯公益性项目，无其余收入来源，往往通过专项资金安排，资金来源主要依靠政府预算或政府债券；企业主导的更新类项目，通常为准公益性项目或经营性项目，往往由企业自筹资金投入，通过物业的运营获取相应资金收入，涉及公益性内容的，通过获取政府补助、容积率奖励、地价降低等方式获取回报。在方案编制过程中，应综合考虑项目投资成本和潜在收益，对项目整体进行动态资金评估。并根据平衡情况，进行开发时序的设计、融资需求的确定及资金进度的安排。

3. 项目实施

在前期文件审批程序结束后，由实施主体按预定的计划开发建设，通常需要结合城市更新相关的技术规范和规划要求进行，包括完成相关权利人的安置补偿工作、前期的土地手续、建设过程中的立项、规划、施工等手续。在项目实施前，往往通过在土地出让合同中约定相关的功能、改造方式、建设计划、运营管理、物业持有、持有年限和节能环保要求等，以便政府进行相应管理。在具体实施过程中，更新计划往往需要与土地利用年度计划和土地供应年度计划相结合，衔接相关规划，必要时按照流程进行相应调整。

需要指出的是，城市更新中的项目实施，不一定是个别孤立进行的，而往往是以项目群整体推进的方式来进行。比如，辽宁省沈阳市探索跨项目统筹运作模式。允许在行政区域范围内跨项目统筹、开发运营一体化的运作模式，实行统一规划、统一实施、统一运营。对改造任务重、经济无法平衡的，与储备地块组合进行综合平衡，按照土地管理权限报同级政府同意后，通过统筹、联动改造实现平衡。

8.2.2　各地城市更新治理的方法工具

1. 规划工具

各地在规划层面上的奖励主要体现在简化规划调整程序、放宽规划管控，对承担基础及公服设施建设的，进行容积率转移或增加经营性建筑面积等。例如：南京市在 2020 年出台的《开展居住类地段城市更新的指导意见》中表示：要灵活划定用地边界、简化控制性详细规划的调整程序；适度放松用地性质、建筑高度和建筑容量等管控。上海市在 2015 年出台的《上海市城市更新实施办法》中提出：为地区提供公共性设施或公共开放空间的，在原有地块建筑总量的基础上，可获得奖励，适当增加经营性建筑面积。深圳市在 2020 年提出的《深圳经济特区城市更新条例》中表明：实施主体在城市更新中承担文物、历史风貌区、历史建筑保护、修缮和活化利用，或者按规划配建城市基础设施和公共服务设施、创新型产业用房、公共住房以及增加城市公共空间等情形的，可以按规定给予容积率转移或者奖励。

2. 土地政策工具

各地在土地层面上的奖励主要体现在扩大用地面积、协议方式获取土地、补缴地价、核减成本等。如南京市在 2020 年出台的《开展居住类地段城市更新的指导意见》中提出：列入计划的城市更新项目，为解决原地安置需求，经政府同意可享受老旧小区城市更新保障房土地政策进行立项，以划拨方式取得土地；合并纳入更新项目的"边角地""夹心地""插花地"以及非居住低效用地，可采用划拨或出让方式取得土地等土地政策。深圳市在 2020 年提出的《深圳经济特区城市更新条例》中表明：按照新土地使用条件下市价与原土地使用条件下剩余年期市价的差额，补缴出让价款（评估）；扩大范围：周边的"边角地""夹心地""插花地"等零星土地，可以纳入城市更新项目整体开发的原则，存量补地价，扩大用地面积。

上海市完善零星用地整合利用方式，同一街坊内的地块可以在相关利益人协商一致的前提下进行地块边界调整，如将城市更新地块与周边的边角地、夹心地、插花地等无法单独使用的土地合并，以及在保证公共要素的用地面积或建筑面积不减少的前提下，对规划各级公共服务设施、公共绿地和广场用地的位置进行调整。重庆市鼓励用地指标弹性配置，给予增加公共服务功能的城市更新项目建筑规模奖励，有条件的可按不超过原计容建筑面积 15% 左右比例给予建筑面积支持。湖北省黄石市给予存量用地用途转换过渡期政策，鼓励利用存量土地资源和房产发展文化创意、医养结合、健康养老、科技创新等新产业、新业态，由相关行业主管部门提供证明文件，可享受按原用途、原权利类型使用土地的过渡期政策。

3. 资金政策工具

各地在资金支持上主要体现在设立专项资金、规费减免、财政补助、融资政策支持等。上海市在 2015 年出台的《上海市城市更新实施办法》中提出：市、区县政府取得的土地出让收入，在计提国家和本市有关专项资金后，剩余部分由各区县统筹安排，用于城市更新和基础设施建设等；以及对纳入城市更新的地块，免征城市基础设施配套费等各种行政事业收费，电力、通信、市政公用事业等企业适当降低经营性收费等优惠政策；成都市在 2020 年出台的《成都市城市有机更新实施办法》中提出：设立城市有机更新资金，用于支持城市有机更新工作；对政府投资项目，以直接投资方式予以支持；对城市发展需要且难以实现平衡的项目，经市政府认定后可采取资本金注入、投资补助、贷款贴息等方式给予支持等政策。重庆市在 2020 年出台的《重庆市城市更新工作方案》中提到：充分利用中央财政城镇保障性安居工程专项资金等政策性资金，探索专项债等的应用；优先保障符合条件更新改造项目的信贷资金需求等内容。

4. 技术工具

技术工具包括绿色低碳城市和建筑技术、历史文化街区改造中的自然解决方案、智能建造和城市大数据技术、城市微更新改造技术等各种类型。每一种技术类型内部，基于技术难度和技术成本等也具有不同的档次水平。应综合考虑项目个体目标、资金供给能力、各方人员素质、社会历史环境等，合理选择以哪种技术类型为主，以及某类下面具体选择哪个档次水平的技术。

需要指出的是，城市更新治理中可供选择使用的方法工具众多，以上仅介绍了常见的几种（表 8-1）。并且，为了更好地实现城市更新治理目标，不同的工具方法是经常组合应用的，许多地方正积极探索的"人地业房钱"挂钩模式，就是一个典型的工具组合模式。

部分城市更新治理的方法工具一览表   表 8-1

	城市	政策	内容
规划方面	南京	《开展居住类地段城市更新的指导意见》	灵活划定用地边界、简化控详调整程序；适度放松用地性质、建筑高度和建筑容量等管控

续表

	城市	政策	内容
规划方面	上海	《上海市城市更新实施办法》	为地区提供公共性设施或公共开放空间的，在原有地块建筑总量的基础上，可获得奖励，适当增加经营性建筑面积
	深圳	《深圳经济特区城市更新条例》	实施主体在城市更新中承担文物、历史风貌区、历史建筑保护、修缮和活化利用，或者按规划配建城市基础设施和公共服务设施、创新型产业用房、公共住房以及增加城市公共空间等情形的，可以按规定给予容积率转移或者奖励
土地方面	南京	《开展居住类地段城市更新的指导意见》	列入计划的城更项目，为解决原地安置需求，经政府同意可享受老旧小区城市更新保障房土地政策进行立项，以划拨方式取得土地； 合并纳入更新项目的"边角地""夹心地""插花地"以及非居住低效用地，可采用划拨或出让方式取得土地； 经营性用地按协议出让，土地出让金可扣减征拆安置及代建公服设施等成本； 实际历史保护的项目可定向挂牌、带方案挂牌或招标方式（综合评分法）供地； 历史"毛地出让"的，可统筹周边地块，协议出让
	深圳	《深圳经济特区城市更新条例》	存量补地价，扩大用地面积； 补价原则：按照新土地使用条件下市价与原土地使用条件下剩余年期市价的差额，补缴出让价款（评估）；扩大范围：周边的"边角地""夹心地""插花地"等零星土地，可以纳入城市更新项目整体开发
资金方面	上海	《上海市城市更新实施办法》	土地出让收入：市、区县政府取得的土地出让收入，在计提国家和本市有关专项资金后，剩余部分由各区县统筹安排，用于城市更新和基础设施建设等； 税费减免：对纳入城市更新的地块，免征城市基础设施配套费等各种行政事业收费，电力、通信、市政公用事业等企业适当降低经营性收费
	成都	《成都市城市有机更新实施办法》	设立城市有机更新资金，用于支持城市有机更新工作。 对政府投资项目，以直接投资方式予以支持； 对城市发展需要且难以实现平衡的项目，经市政府认定后可采取资本金注入、投资补助、贷款贴息等方式给予支持
	重庆	《重庆市城市更新工作方案》	参与主体：广泛汇聚社会力量参与城市更新改造项目；鼓励采用政府和社会资本合作项目建设模式（PPP）推进城市更新项目的实施；鼓励企业通过直接投资、间接投资、委托代建等多种方式参与更新改造。 资金来源：充分利用中央财政城镇保障性安居工程专项资金等政策性资金，探索专项债等的应用。 融资支持：优先保障符合条件更新改造项目的信贷资金需求。 奖补资金：加大市级财政对试点项目的支持力度，推动试点项目实施发挥示范效应

8.3　城市更新中的公众参与

公众参与是一种重要的城市更新运作机制。简单来说，"公众"是指公民、法人和其他组织，它们是政府的行政和服务对象。具体来看，更新区域涉及的居民、专业团队、非政府组织等都包含在此范畴内。凡是参与城市生产生活的单位和个人，都应当被看作是社会公众，是参与城市更新的基础单元。

公众参与是政府在制定政策、设计和执行、社区建设过程中与社会大众进行的多维度、多层面的沟通。公众参与不止体现在评价指标、制定方案的过程中，更体现在立项、构思、评判、设计、决策、建设乃至管理等方方面面。

我国城市更新中的公众参与是指社会团体在设计、实施、监督、运营等方面的直接或间接的参与。更注重对相关主体或社会团体的参与，如非政府组织、企事业单位、设计师及社会公众等不同的需求在整个工程周期内的参与交流。

8.3.1　城市更新中公众参与的不同形式

在不同的城市更新运作模式下，社区居民参与的形式和程度也存在着一定的差别。

一是整体拆迁的更新模式。居民在可行性研究、规划设计、拆迁安置、拆迁安置、拆迁安置等各环节都可参与，为土地的分配和补偿而努力。但其参与过程具有被动和轻度等特征，更新主体还是政府或投资方。

二是对于历史保护的地段，居民为国家或社会承担一定的责任，政府要在技术和经济上给予相应的补偿。居民可以在规划中就保护规划、权限、补偿政策以及保护区的运营和管理进行说明；参与的形式包括评议会、协商协调和听证会等。但保护机制是政府的强制措施，公众参与依然是被动的。

三是小型改造可以由居民自建、社区自建。居民按照相关的法律法规参与规划、建设和管理的全过程。相对于其他两种参与模式，居民和社区的自建具有主动、深层、全程参与的特征。

8.3.2　城市更新中公众参与的特点

当前，城市更新是一个热点问题，我国的城市更新也已经进入了一个高速发展的阶段。城市更新涉及范围广泛，矛盾突出，涉及广大市民的切身利益，群众对城市更新的参与意识强烈。所以，在城市更新过程中公众的参与尤为重要。公众参与具有下列特征：

1. 公众参与意愿强烈

土地征收、拆迁补偿、居民安置、项目实施、项目维护管理，都关系到居民的切身利益，公众参与意愿强烈。同时，随着公民法治意识逐渐增强，日益关注如何用法律武器来保护自身权益，其将法律意识运用到城市更新的活动中的事例逐渐增多。

2. 公众参与的矛盾相对突出

由于牵扯公众切身利益，以及历史、社会等多种因素的影响，城市更新中公众参与的矛盾相对突出。在公众的密切关注下，一旦出现开发商等企业的贪污行为或政府的官僚作风、效率低下所引发的矛盾都容易被暴露出来。比如苏州平江历史文化遗产保护范围内部分地区由于改造成本高开发商不愿出资改造，政府无力承担改造费用，而当地居民自己出资改善自己的生活环境却被政府拒绝，加剧了各方矛盾。

3. 公众参与的效果显著

从另一个角度看，对于过程中产生的矛盾只要我们对此进行合理的引导，将民众的诉求转化成一股强有力的推动力量，探索合理有效的公众参与方式，就可以使问题得到有效化解，实现城市更新的顺畅高效。武汉市复兴村的住房合作社就是一个典型案例。合作社按照政府、企业、个人"三投入"的方针，由政府给予政策，扬子公司作为建筑中介，发动社区居民的积极参与，不但解决了小区集资建房改造问题，还让居民自发建立了社区运行服务体系，打造出了文明、宜居、自治的新型社区。

8.3.3　公众在城市更新中的作用

在城市更新过程中，公众多数处于弱势地位，但却是最直接的受益者。作为社会行为的主体，社会公众在城市更新过程中扮演着日益重要的角色。

1. 参与制定城市更新相关政策

公众在政府制定的决策日程中，积极参加政府制定的公共政策，并在各自主导的公共领域进行广泛的沟通和协商，通过民主协商和理性沟通，使民众和政府在某些重大政策问题上达成较为一致的看法和共识。具体可以从建立听证机制、利益协商机制、激励机制和公众参与机制等方面来进行。

2. 参与城市更新项目规划的决策与实施

在城市更新中，公众应当成为最主要、最关键的人力资源。根据对历史、文化、布局等方面的了解，社区居民可以为决策者提供全方位、多角度的有意义的信息。而在具体的更新问题上，他们也可以利用自己在本地的生活经历，为政府在规划阶段提供一些有创造性的建议。与此同时，公民的积极参加也可以使他们充分了解政府决策的复杂性、多元利益之间的协调难度和政府官员的工作性质。

3. 参与社区共建

社区公众运用社区的资源用于社区公共事项，主要有：社区经济建设，社区服务，环境建设等许多方面，如社区文化、教育等。公众的参与可以实现社会效益、公共利益和社区和谐。

总之，公民参与城市更新的最终目标还是在于保证自身利益，而其利益必须通过立法和制度完善来保证实现；政府必须加强法治意识和民主意识，并因地制宜地探索和运用适当的公众参与方式，最大限度地发挥公众参与在城市更新中的主体作用和动力作用。

8.3.4 我国城市更新中公众参与面临的问题

1. 参与主体受限

由于财政资源的限制，分配给更新改造补偿的份额也有限，使得城市弱势群体无力参与到城市管理中来。在决策过程中，也很少能听取他们的意见，使他们失去参与的权利。而且对于面积广阔、历史悠久的老城区改造更新，光是征询各大利益相关者的意见是远远不够的，还需要全社会的共同参与和表达。

2. 参与程度偏低

在许多城市中，公众参与的内容大多都是介绍和宣传自己的城市规划，像深圳市政府这样的辅助决策参与方式也只是少数。公众只是在规划之后主动参与到"学习"的过程。这就如同谢莉·安斯汀所提出的"象征参与"，是一种被动的"接收"与"认可"，是一种比较低级的参与形式。

3. 参与深度不够

长期以来，规划阶段与公众的疏离，导致公众对城市规划的认识不足，总体上对规划的理解程度不高，缺乏专业知识，在参与规划原则、方向性议题的讨论，常常局限于一屋一地的辩论，未能与管理、设计人员形成更深层的共识，从而影响了参与的成效。

8.3.5　城市更新中的公众参与对策

1. 完善立法与监督

尽管政府对城市更新过程中的公众参与给予了很大关注，但是在实际操作中，却缺少相关的法律和政策支持。要改变现状，一方面要完善法律和政策，使公众参与城市规划和城市更新有法律依据；同时，要建立健全的舆论反馈机制和行政监督机制，确保法律执行效果和社会公平正义。特别是老城区的人口很多属于中低收入群体，其在经济和社会关系等资源相对较少，要切实保护这部分人群的合法利益。既要依法行政，又要加强舆论和社会监督，让公众参与真正成为城市更新的有效驱动力，实现经济效益与社会公平的有机统一。

2. 健全公众参与保障机制

当前，我国城乡公共事务中的民主参与程度有待提高，在城市更新过程中，公众参与还处在较为初级的阶段，经常是对政府做出的城市更新安排的被动接受。为了保证城市更新活动真正体现公众的意愿、满足公众的利益诉求，迫切需要建立健全社会公众参与城市更新全过程的保障和激励机制。涉及各阶层公众切身利益的城市更新制度政策和项目实施方案，从最初的提议发起、更新目标、更新措施、到绩效评价，都应提前以多种切实、有效的方式来征求公众意见或建议，以确保公众在事前和事中都能充分地参与，避免过分强调事后问责。

3. 发挥非政府组织（NGO）代言人的作用

从发达国家的实践来看，公共参与发挥作用的主体多数是在非政府组织的层面，而较少在非个体层面。专业知识匮乏、协调难度大等导致普通市民的参与程度不高，所以需要一些有影响力的非政府组织（NGO）来代表自己表达意见。NGO 的参与，一方面可以减少政府的施政、监督成本，保障社会公正，增强社会民主，同时间接地影响政府的决策，对政府职能转变起到了积极的促进作用；另一方面，加大了公众参与的权力，拓宽了公众参与的渠道，提升了公众参与意愿和积极性。然而，由于资金不足等原因，NGO 在运营和维护方面也经常面临困难。需要政府在财政资金投入、市场化融资渠道、准入门槛、业务授权、数据分享等方面给予 NGO 以充分的扶持，同时对其规范有序运行做出有效的制度约束，从而提升 NGO 代表公众参与城市更新的能力和成效。

8.4 城市更新治理模式的比较与选择

8.4.1 城市更新治理模式的比较分析

1. 政府主导更新治理模式

政府主导的更新治理模式是以政府为中心，国有企业为依托来进行的。在这种治理模式下，国有企业作为一种与国家派出机构相类似的非完全独立的法人实体，其实质是由政府来担任责任主体。近几年，由于宏观经济发展速度的减缓，财政收入下降，国家宏观调控，政府债务风险增加，金融体系调控加剧，我国城市更新管理进程产生了直接影响。城市更新加重政府负债的压力，因而往往会因为财务上的问题而影响到规划安排，使得更新工作难以持续。而且，缺乏公众的参与，导致城市更新工程只注重经济发展，一些已建工程已经开始破坏城市的文脉和社会联系，最终只达到一个更高的经济效益。

2. 企业主导更新治理模式

开发商和其他企业主导的更新治理模式，是指在城市更新中，企业基于自身的利益需求，进行规划设计、确定拆迁安置、进行商业经营和经营管理的一种更新方式。由于企业以追求经济利益为主要目的，往往会出现缩短或延迟配套设施建设、提高容积率、规避拆迁难度较大的地区等现象，造成城市配套设施严重短缺、城市更新管理失控，从而影响到城市整体规划，导致整个城市的居住质量下降。

并且，这种模式常常采用大拆大建的方法，力求在短期内以较少的投资来提高城市的形象以及功能。大规模的拆迁和重建已被证实存在很多弊端，例如，城市的文脉遭到破坏，原有的历史建筑无法保存，对原有的社会和文化造成一定的影响；原住民迁出后，新的阶级代替了原住民，而原本的历史积累的社会和文化也随之消失；甚至在拆迁过程中，由于公众参与不够广泛，很容易导致社会公众对更新工程的抵制，同时也会产生负外部性，从而影响到整个城市的公共利益。

3. 混合更新治理模式

混合的更新治理模式，是指在政府层面上加大对城市更新的投资，并从行政的角度，鼓励各利益主体参与到城市的功能修复、旧房改造、景观整治等方面。在城市更新的混合更新治理模式中，政府和相关利益方都是出资方。这种治理模式虽然能缓解政府财政压力，但受利己主义的影响，多数出资单位和私人业主拒绝出资，最终还是落到了政府身上，导致城市更新治理计划无法顺利实施。即使出资单位和私人业主正常出资，但由于城市更新治理的主体是公共领域，不能对改造后的公共利益进行有效的界定，收益权的模糊等问题也很容易造成城市更新管理费用的外溢。上述三种城市更新治理模式的比较分析见表 8-2。

城市更新治理模式的比较分析   表 8-2

	政府主导更新治理模式	企业主导更新治理模式	混合更新治理模式
责任主体	政府	市场	政府 + 市场
资金主体	政府	企业	政府、相关利益方
特点	以国有企业为平台，政府宏观调控	以商业运营为主，时间短、低投入、高利润	一定程度缓解政府压力，相关利益者拥有话语权
缺点	缺少社会公众的参与，实现成果单一	破坏城市原有文化，缺乏沟通，社会阻力大	多方利益纠缠，压力回归政府

8.4.2 不同模式下的治理困境

1. 政府承担责任过重造成的角色偏差

政府主导的治理模式使得政府以经济组织的身份担负着城市更新的无限责任，尽管在政治上获得了民众的信任，但在经济上也付出了惨痛的代价。这样的做法与政府的公共机构本质相违背，因为政府的投资只能让一部分人受益，而大部分人却没有得到公平的均等化收益；政府给予的优惠政策仅使承担更新任务的国企受益，而从事房地产开发和管理等企业不能共享政府行为所带来的外部费用。

2. 企业成为改造主体造成的利益受损

企业是一个由市场法则所控制的、自负盈亏的经济组织，其发展的内在动力与目的是实现利润最大化。开发商和其他企业在进行城市更新时，往往会选择具有较高的商业价值，避免人口密度大、拆迁难度大、回报率低的地区，而这些地区却正是城市更新的主要需求，企业行为对整个城市的更新规划产生不利影响；在实际操作中，为节约成本，在房屋拆迁和安置时，往往会选用较低标准的户型，造成住户的权益受到损害。城市更新产生的巨额利润被企业取而代之，而造成的一系列因人口增长而造成的公共建筑配套设施短缺的问题则是由政府来解决。开发商为了获得最大的收益，既会对被拆迁人的权益造成伤害，也会对他们的社会福利造成不利影响。

3. 多方主体利益模糊造成的成本外溢

政府曾经尝试过让利益相关的单位和个体的资金投入到城市更新的建设中，但是收效甚微。造成这种现象的主要原因是产权模糊，成本和收益溢出。政府是一个公众机构，它的投入和收益属于公民，公共资金的投入只能用于公共领域，从而将产生的公共产品和服务给予公民。如果把钱投入到私有领域，本质上是与公众利益相抵触的。多方利益主体因其投资而产生的利益模糊不清，存在多种目标选择问题，很难将其统一起来。最终，要达到目的所需的大部分费用都要由政府承担，而政府投入的资金最终来自社会成本，并由整个社会共同承担。

8.4.3 高质量发展下的新选择——利益共同体模式

1. 必要性

在当前高质量发展背景下，无论是由政府或企业主导的一元治理模式，还是混合更新治理模式都存在问题。因此，在面对更加开放、多元化的城市更新治理时，城市更新要在分清角色的基础上，考虑融入多个决策主体参与，积极协调不同参与者，促使其达成一致意见，形成利益共同体，即转变以往围绕更新治理技术开展的单一治理活动，以维护地区发展整体利益为切入点，积极参与到政府、开发商、相关利益方等各决策主体间的相互竞争、博弈过程中。同时以沟通、协作为主要手段，增强各相关利益方的参与意识。从自身、参与方两个方面出发，构建完善的多主体参与的决策机构，建立高效的沟通渠道和协作机制。

2. 特征

利益共同体模式改变了原有模式的更新主体、更新目标和更新物质空间改造方式。

从更新主体看，更加地强调政府、社会、市场的多元合作；从更新目标看，更加地强调城市经济社会发展的综合效益；从更新物质空间改造方式看，改变了以往大拆大建的方式，强调小规模、渐进式发展。

3. 主要内容

在城市更新过程中，既需要发挥资本的驱动力，同时也需要发挥政府的整合作用，政府以"中间人"的角色统筹改造工作，降低改造成本。或者以政府为主导，公共财政提供资金，完善政策规范，推动社区参与，提高公众参与度，兼顾效率、公平与效益，促进多元利益主体之间的协调与融合[1][2]。例如，在更新的主体内容—旧城改造方面，考虑引入城市更新运营商 URO，与地方政府共同构成城市更新的双重引擎。由地方政府进行决策和监督，URO 进行协调社区与公众间的关系，合理配置城市闲置资源。双引擎主体之间形成一种相互吸引力，从而吸引居民、社会组织、金融机构和其他参与者通过加强不同利益相关者之间的关系网络来增加城市更新运营和治理的社会资本[3]。

4. 范围和形式

在城市更新的存量规划中，对存量空间的全面评价、统筹规划、建设项目的资金投入、建设项目的后期维护等都可考虑由各个利益群体的协同作用。比如，部分城市正在做的城市"微更新"，就不断吸引着利益共同体参与其中。又比如，由政府主导的社区自治，鼓励社区居民参与到社区的改造，形成社区、街区间的良性互动；由年轻设计师、志愿者组成的社团，以工作坊、主题活动日等方式，培养居民共同参与、共同维护的责任感；由企业出资，通过引进企业资金和企业管理，来推进城市和社区更新。这些主体因素的引入，使得社区更新逐渐脱离单纯依靠政府主导、公共资金投入的状况，拓展了社区自治范畴。

5. 多元主体协同参与的治理机制

此外，还要完善多元主体协同参与或利益共同体的治理机制。多主体协同参与是一种有效地实现城市更新的多重目标、满足多元社会主体愿望诉求的有效途径，也需要有效的治理机制作为保障。比如，深圳市对利益共同体参与存量规划的探索，就是一个很

---

① 郭炎，袁奇峰，谭诗敏，等.农村工业化地区的城市更新：从破碎到整合——以佛山市南海区为例[J].城市规划，2020，44（4）：53-61，89.
② 张磊."新常态"下城市更新治理模式比较与转型路径[J].城市发展研究，2015，22（12）57-62.
③ 沈体雁.城市更新引擎模型及其应用[J].中国房地产，2021（26）：5.

好的案例。面对存量开发的压力，该市坚持循序渐进的原则，从个案、制度和文化三个层次进行空间治理模式的转变，创新更新治理机制，以最大限度地动员各方力量参与到城市规划、存量土地开发利用和城市更新中来。江苏省苏州市引入城市"合伙人"机制，通过赋予实施主体规划参与权、混合用地模式、给予适度奖励等手段，撬动市场主体参与积极性，构建政府引导、社会参与、市场运作、多方协同的工作机制。重庆市九龙坡区统筹开展规划师、建筑师、工程师进社区行动，通过"居民提议—群众商议—社区复议—专业审议—最终决议"的工作机制确定城市更新方案，提升群众的参与度、支持率和获得感。

本章小结

　　城市更新的治理主体包括各级政府、投资开发建设企业、城市居民和社会公众以及非政府组织，其有着各自的行动机制；城市更新治理的流程包括规划管理、方案设计和项目实施，方法工具包括规划工具、土地政策工具、资金政策工具和技术工具；城市更新中的公众参与具有参与意愿强烈、参与矛盾相对突出、参与影响显著等特点，同时也面临着一些问题需要解决；城市更新治理模式一般包括政府主导治理模式、企业主导治理模式和混合更新治理模式，但也面临着各自的困境，为了以高质量的城市更新促进城市高质量发展，出现了城市更新治理的新选择——利益共同体模式。

思考题

1. 城市更新的治理主体包括哪些？
2. 城市更新各治理主体的行动机制是什么？
3. 简述城市更新治理的流程。
4. 公众在城市更新中起到什么作用？
5. 请比较分析城市更新治理的不同模式。

资料链接

夯实基础　深化改革　推动住房城乡建设事业高质量发展再上新台阶

12月21日至22日，全国住房城乡建设工作会议在北京召开。会议认为，2023年是全面贯彻党的二十大精神的开局之年，是三年疫情防控转段后经济恢复发展的一年。全国住房城乡建设系统坚决贯彻落实党中央、国务院决策部署，坚定信心、保持定力，在稳中起好步、在进上下功夫，稳支柱、防风险、惠民生，努力为经济运行整体好转作贡献、为人民群众生活品质提升办实事。

会议对2023年重点任务进行了盘点。其中在城市建设方面，有序推进城市更新，全面开展城市体检，以城市体检出来的问题为重点实施城市更新，开展完整社区建设试点，完善"一老一小"等服务设施，开展"国球进社区""国球进公园"活动。截至11月底，全国共实施各类城市更新项目约6.6万个。其中，新开工改造城镇老旧小区5.3万个，惠及882万户居民；加装电梯3.2万部，增设停车位74.6万个，增设养老、托育等社区服务设施1.4万个；改造城市燃气等各类管道约10万公里，有效增强了人民群众的获得感、幸福感、安全感。

会议指出，2024年的工作要坚持稳中求进、以进促稳、先立后破，抓好重点工作。

其中在城乡建设板块，要深入践行人民城市理念，把增进民生福祉、推进共同富裕作为出发点和落脚点，打造宜居韧性智慧城市，建设宜居宜业和美乡村。

积极推进城市更新行动，做实做细城市体检。研究建立城市设计制度，再改造一批城镇老旧小区，重点解决加装电梯平层入户、停车难等问题，建设一批完整社区，补齐一老一幼等设施短板，加强无障碍环境建设和适老化改造，打造一批儿童友好空间建设样板，大力推进城市地下管网改造，实施城市排水防涝能力提升工程，深入推进城市生命线安全工程建设，推进城市生活垃圾分类提质增效，持续推进"口袋公园"、城市绿道建设，探索在中小学校、幼儿园周边配套建设公园、公厕和等候区等场所设施，为接送孩子的家长提供便利。

资料来源：王建业，刘苏，全国住房城乡建设工作会议在京召开：夯实基础　深化改革　推动住房城乡建设事业高质量发展再上新台阶，中国建设报 2023-12-22.

City —————————————————————————

本章要点：本章分析了 GIS 技术、BIM 技术和物联网技术等的基本原理及其在城市更新领域的应用；介绍了人工智能技术、大数据技术、虚拟现实技术和增强现实技术等其他新一代信息技术的基本概念及其在城市更新中的应用。

第 9 章

新一代信息技术在城市更新的应用

9.1　GIS 技术

地理信息系统（Geographic Information System，简称 GIS）自 20 世纪 60 年代被首次提出之后凭借其快速处理和运筹帷幄的优势，已经在土地利用、资源管理、环境监测、交通运输、城市规划、城市更新、经济建设等相关行业得到广泛应用[①]。近年来，随着 GIS 技术的不断发展，其在各个领域的应用也越来越广泛，引起了政府各职能部门和社会各界的广泛关注。因此，深入学习地理信息系统的基本概念，加深理解地理信息系统的定义、特点及价值等，把握其发展趋势具有重要意义。

9.1.1　GIS 的定义

地理信息系统（GIS）是一种计算机工具，可以支持整个或者部分地理空间信息数据的采集、存储、分析和处理。GIS 利用计算机技术、地理学、数学和信息科学等多个学科的知识，实现对地理空间数据的综合管理、分析和应用。GIS 具有强大的地理数据管理功能，可以存储和处理各种类型的地理信息数据，包括矢量数据、栅格数据、属性数据等。同时，GIS 还提供了丰富的分析和处理工具，可以对地理空间数据进行各种复杂的空间分析和处理，例如地图编辑、数据转换、地图查询、空间统计分析等。随着城市化进程的不断加快，城市空间格局发生变化，城市人口不断增长、资源不断减少等问题的出现给当前智慧城市的建设施加了巨大的压力。传统的二维 GIS 技术主要以符号化形式表达，难以对复杂的环境下城市立体空间进行表达。

三维地理信息系统（3DGIS）是未来 GIS 技术发展的重要方向之一，它基于空间数据库技术，能够对从微观到宏观的海量三维地理空间数据进行存储、管理和可视化分析应用。相比于传统的二维 GIS，三维 GIS 能够更加准确地反映地理环境的空间关系和形态特征，提供更加真实、立体的地理信息展示效果。

三维 GIS 具有如下特点：

（1）高度逼真的三维场景：通过高精度的三维模型，能够再现真实的地理环境，提供沉浸式的视觉体验。

（2）强大的空间分析能力：可以对三维空间数据进行各种复杂的空间分析和处理，

---

① 胡涛. 地理信息系统技术及应用研究 [M]. 北京：中国水利水电出版社，2018.

例如地形分析、视线分析、距离和面积量算等。

（3）高效的存储和管理：采用空间数据库技术，实现对海量三维地理空间数据的存储和管理，支持大范围的空间数据集。

（4）实时的可视化交互：提供丰富的交互功能，用户可以通过鼠标、键盘等设备与三维场景进行实时交互，进行缩放、旋转、移动等操作。

（5）支持大规模工程应用：可以用于支撑对大规模工程的协同分析和共享，是目前国内外地下管线信息管理的主流技术手段。

当前，3DGIS 多用于智慧城市建设中的多个方面，尤其在城市更新方面，其强大的可视化分析管理能力实现了城市地下地上智能化管控，实现从二维到三维的跨越，为城市更新管理提供强有力的技术支撑。

9.1.2　GIS 的特点

地球信息系统的基本特征如图 9-1 所示，具体分析如下。

（1）横跨多个学科

地理信息系统是一门交叉学科，它结合了多个学科的理论和知识，包括计算机科学、测绘学、摄影测量与遥感、地理学等。这些学科的交叉融合，使得地理信息系统能够利用现代计算机技术和数据库技术，对地理信息进行采集、存储、处理、分析和可视化，为各种应用提供地理信息支持和决策依据。

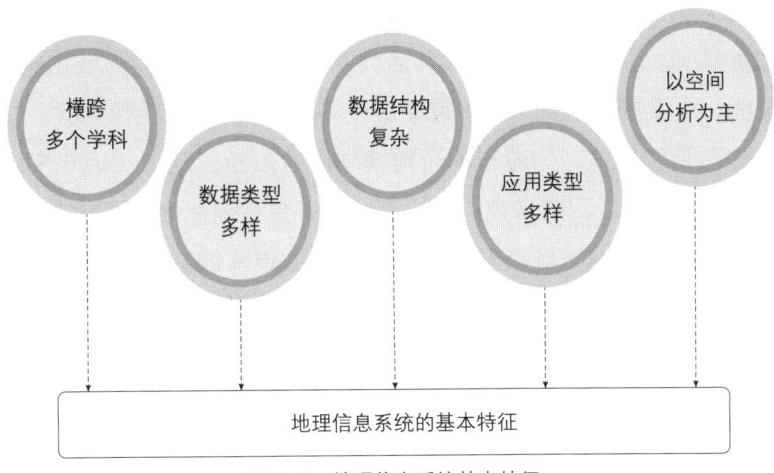

图 9-1　地理信息系统基本特征

资料来源：作者自绘

（2）数据类型多样

数据类型各具特点，包括一维、二维、三维的矢量数据，以及图形和图像数据等。

（3）数据结构复杂

地理数据不仅需要表达地物的位置、形状和随时间变化的相关情况，还描述了地物之间的拓扑关系，因此地理信息的数据结构非常复杂[①]。

（4）应用类型多样

当前 GIS 的应用非常广泛，在生产生活中有助于解决众多实际应用问题，为生产和生活提供更好的支持和保障。同时，GIS 可以应用于各个领域，如资源调查、环境评估、灾害预测、国土管理、城市规划、交通、公共设施管理、农业、林业、水利等。

（5）以空间分析为主

不同于其他信息系统，地理信息系统往往涉及大量的空间分析。比如，利用地理信息系统的空间分析功能，可以确定理想的公交转乘方案、统计道路扩建需要拆除的房屋面积等。

9.1.3　GIS 的价值

随着城市化建设的不断推进，许多城市面临着城市功能结构衰退、生活环境衰败的问题。这些问题不仅存在于东部发达地区，也存在于西部落后城市。因此，需要通过城市更新来实现"城市再造"。城市更新不仅可以解决城市发展中的土地资源紧缺问题，还可以改善城市居民的生活环境，提升城市的功能和形象。在实施城市更新的过程中，需要注重保护历史文化遗产，保持城市的历史风貌，同时要注重公共参与，让居民参与到城市更新的过程中来，实现居民的共建共治共享。未来，随着我国城市化进程的加速，城市更新将成为一个重要的趋势。我们需要通过不断完善城市更新的政策、机制和技术，提高城市更新的质量和效益，为城市的可持续发展注入新的动力。近年来，GIS 作为一种新兴技术在各个行业的应用越来越广泛，其中城市更新领域也在不断探索。

在城市更新领域 GIS 偏重城市空间分析与相关数据库的建立。利用 GIS，以各立项项目的拆迁范围红线信息图为基础，利用研究区域的行政区划图、城市路网图、轨道站点图、基准地价分布图、规划密度分区图、土地清查数据以及旧村普查和建筑普查数据，通过叠加图层进行数据整合与处理，建立一个比较全面的城市更新项目基础数据库。通

① 张新长，辛秦川，郭泰圣，等 . 地理信息系统概论 [M]. 北京：高等教育出版社，2017.

过叠置建筑普查数据、土地清查数据、行政区划边界，可以识别不同的土地利用类型，较为精确地估算各更新改造项目的现状容积率信息，再将城市路网和轨道站点图进行叠加分析，可以得出各改造项目距离主要道路及地铁站点的距离等重要指标，可以为下一步的计量模型分析提供数据基础。

具体来说，GIS 在城市更新中有以下优点：

（1）满足信息共享的要求

随着信息时代的到来，数据信息共享成为社会发展趋势。城市更新规划设计的数据不仅仅用于设计部门，还将在规划、交通管理等部门在不同的系统中使用。目前，城市规划设计部门仍以 CAD 数据格式为主，无法与 GIS 的数据库兼容，所以就不能与以 GIS 为核心技术的"数字城市"建设很好地接轨，这就阻碍了数据被其他部门使用，也很难实现部门之间的数据共享。把 GIS 引入到规划设计方向可以较好地解决这一问题，不仅能够实现与其他部门的数据共享，还能够将数据输入到城市地理数据库中去，为数据能够实现更大范围的共享迈出了重要一步。

（2）满足新型城市化进程的需要

城市化是一把双刃剑，在促进城市发展给人类带来进步的同时，也引发了一系列的城市问题，诸如环境污染、用地紧缺、交通堵塞等，使得城市管理的各种信息处理分析难度急剧上升，这些对城市更新和管理带来极大挑战。新型城市化更新迫切需要一种更全面、科学、合理的现代化科技手段，GIS 技术的介入能够管理和分析各类相关数据，保证了数据的现实性，从而客观地反映城市的现状情况和趋势，是辅助规划设计的科学实用工具。

（3）满足数字城市建设的需要

城市规划设计在城市管理和建设中起着至关重要的作用，而数字城市管理则需要依赖于设计部门提供的基础数据。随着数字城市建设的不断推进，对城市规划设计的要求也越来越高。但由于城市规划设计本身发展模式的原因，城市规划的发展达不到计算机发展水平，规划部门之间发展不协调使得设计部门与其他部门无法实现数据兼容，阻碍了数字城市建设。以 GIS 技术为核心的城市规划设计，实现了与城市规划管理在技术上的同步以及与其他部门数据的兼容，满足了城市管理的需要，为数字城市的建设打牢了基础。

9.1.4　空间分析技术

空间分析技术是地理信息系统的核心，空间数据的采集与编辑、储存和管理、处理与变换为空间分析提供数据基础，空间数据的输出和显示是空间分析结果的表达，GIS

的二次开发是根据用户的需求对空间分析功能进行拓展[①]。

1. 空间分析方法

在 GIS 空间分析功能应用中，常见的分析方法主要有以下几类：

（1）量算分析。其是 GIS 中非常重要的基础性分析方法。通过量算分析，可以获取地理空间数据的各种几何参数，例如位置坐标、距离、长度、面积等。这些参数对于空间分析和决策制定具有重要的意义。

（2）统计分析。它能够对地理空间数据进行分类、统计、综合评价，从而深入探索地理信息的特征和规律。统计分析的方法包括统计图表分析、描述统计分析、回归分析、趋势面分析等。这些分析方法能够对地理空间数据进行定量和定性相结合的分析，帮助用户更好地了解数据的分布和特征。

（3）空间查询分析。它是按照一定的条件，寻找符合条件的空间实体及其相应的属性。它可以根据用户设定的条件，在地理空间数据库中检索相关信息，并返回满足条件的空间实体及其属性数据。这种查询方式广泛应用于各种领域，如资源管理、城市规划、环境保护等其查询的方法很多，可以基于空间要素、空间属性、图形关系、空间位置等进行查询。

（4）叠加分析。它将同一地区不同地理对象的底层在同一空间参照系下进行叠加，对多个数据图层进行逻辑运算，产生空间区域属性特征，建立空间对应关系。矢量数据的叠加往往通过图形的切割和属性的继承来体现叠加后要素的空间和属性特征。栅格数据的叠加往往将同一位置不同图层的像元进行运算，包括从简单的算术运算到复杂的模型运算等，生成新的像元值。

（5）缓冲区分析。它通过对一个或多个空间对象（点、线、面等实体）设置一定距离的缓冲区，来识别和提取邻近区域内的地理要素和空间关系。在 GIS 中，缓冲区分析的实现是通过创建空间对象的缓冲区范围，并对该范围内的地理要素进行操作和分析。这些操作包括空间查询、地图叠加、距离量算等，可以帮助用户了解空间对象的影响范围、分布情况以及与其他地理要素的关系。

（6）网络分析。其是指对网状事物（如地理网络、城市基础设施网络等）的建立、运行、资源分配、路径选择等的分析过程，旨在优化这些网络的结构和功能。它利用数学和图论等理论工具，对网络中的节点和边界进行建模和分析，探究它们之间的相互关

---

① 秦昆 . GIS 空间分析理论与方法 [M]. 武汉：武汉大学出版社，2010.

系和内在规律。

（7）其他分析方法。除以上分析方法外，还包括空间插值、地统计分析、表面分析、三维分析、水文分析、聚合聚类分析、模型建立与模型分析等。

2. 空间分析的基本任务

空间分析的基本任务是通过获取空间信息，解决空间问题。这些空间问题概括起来包括以下五个方面：位置分析、条件分析、变化趋势分析、模式认知、模拟与预测。

（1）位置分析。位置是地理学领域最基本的问题。通过空间分析，定位、空间关系查询、空间特征提取、空间预测和决策等问题。

（2）条件分析。解决符合某些条件的地理对象是什么、在哪里等问题，为地理研究和决策提供有力支持。

（3）变化趋势分析。解决某一地理对象随时间变化而变化的问题，其根本目的是预测该对象在未来的可能状况，从而做出科学的决策。通常，它需要根据研究对象的发生机理。结合影响该对象发生和变化的因子，对未来作出判断。在 GIS 中，可以根据趋势因子的相关数据，采用叠加分析、缓冲区分析、模型分析等方法来解决此类问题。

（4）模式认知。模式是解决某一类问题的方法论。GIS 空间分析所能解决的模式问题主要是指地理对象实体或现象之间的空间关系模式、地球系统内部各要素之间或各子系统之间的关系模式等，如河流产沙模式、全球变化与温室效应模式、城市扩张与耕地保护模式、交通网络模式等。模式的确定通常需要长期的观察，熟悉现有各种数据，分析已经发生或正在发生事件的相关因素，通过地理信息系统将现有数据整合在一起，了解数据之间的潜在关系，找出事件发生与哪些因素有关，并建立关系模型，最终获得解决问题的方法。

（5）模拟与预测。模拟主要解决某个系统如果具备某种条件，就会发生什么相关地理事件等问题。GIS 可以结合多种智能技术，创建一个虚拟实验环境，通过模型分析，给定模型参数或条件，对未发生或已经发生的地理事件、现象、规律进行演变和反演，为复杂地理现象的模拟、预测、调控等提供有效手段，解决诸如城市扩展、土地变化、气候变化、疾病扩散、火灾蔓延、沙漠化、洪水淹没、人口迁移、城市规划以及可持续发展问题[①]。

---

① 田永中，吴文戬，盛耀彬，等 . GIS 空间分析基础教程 [M]. 北京：科学出版社，2018.

3. 空间分析的一般过程

空间分析的一般过程：明确目标方法，准备空间数据，进行空间分析操作，分析结果的解释与评价，结果输出。

9.1.5　3S 技术集成应用

21 世纪以来，多学科、多技术交叉融合发展进入新的时期，为科学研究提供了新方向。遥感技术、全球导航卫星系统、地理信息系统三种技术在时空和属性特征信息的采集、数据处理与分析等方面各具突出特征，又有互补性，因此有必要使 3S 技术紧密结合，并趋向一体化发展。3S 集成技术在作业环境中既可避免单一技术造成的局限性，又可发展整体性作业，在推动多测合一、"一张图"工程等行业改革中起到一定作用[①]。

1. 3S 的基本概念

所谓 3S，就是 3 种技术的统称。一个 S 是 GIS（Geographic Information System，地理信息系统），还有一个 S 是 GPS（Global Positioning System，全球定位系统），最后一个 S 是 RS（Remote Sensing，遥感技术）。我们把这 3 种技术用一个简称 3S 来表示，是因为随着技术的发展，这 3 种技术互相渗透、相互融合和集成，在与地球空间信息科学相关的技术和应用领域，3S 技术及其集成已经成为最基础的关键技术。为了更好地理解 3S 技术，首先需要分别了解什么是 GIS、GPS 和 RS。

（1）地理信息系统

与地理位置有关的信息称为地理信息，包括自然地理要素和社会经济要素。信息总量中有 70% 左右的信息是与地理位置有关的信息。这样的信息相当广泛，如耕地、林地、城镇和楼房建筑物的分布信息；道路、河流、海岸、人口、医院、学校、企事业单位、派出所、商店、加油站、机场、管线、井位、下水道等与位置有关的信息，这些用地理参照数据去描述的信息都属于地理信息。这些信息可以通过地图、卫星遥感、GPS 定位等多种方式获取，并被广泛应用于城市规划、环境保护、资源管理、交通物流、灾害监测等领域。地理信息还具有空间性和时效性的特点，即地理信息不仅描述事物的位置，还描述事物之间的空间关系和随时间的变化情况。因此，地理信息系统

---

① 王海平 . 3S 集成技术在征地和房屋拆迁测绘中的应用 [J]. 住宅与房地产，2021（24）：32–33.

在解决与位置有关的问题时，需要综合考虑空间和时间因素，提供更加全面和准确的信息服务。

地理信息系统（GIS）就是一种管理地理参照数据的计算机信息系统，即一种采集、存储、查询、分析和显示地理参照数据的信息系统。广义上看，GIS 具有管理地理参照数据的数据库系统和一组数据操作工具。它能分门别类、分级分层地管理地理参照数据及其相关属性，还能对地理参照数据及其属性进行查询、修改、输出、更新、分析和可视化。GIS 由计算机和网络硬件、地理信息系统软件、空间数据库、分析应用模型、图形用户界面及系统人员组成。

（2）全球定位系统

GPS 是导航卫星测时与测距全球定位系统（Navigation Satellite Timing And Ranging Global Positioning System，NAVSTAR GPS）的简称，为导航、测量和 GIS 数据获取提供精确和灵活的定位功能。GPS 是一个中距离圆形轨道卫星导航系统，作为一种现代定位方法，已在越来越多的领域取代了常规光学和电子测量和定位仪器。

全球导航卫星系统（Global Navigation Satellite System，GNSS）是利用导航卫星进行测时和测距的系统，包括美国的 GPS、俄罗斯的 GLONASS、欧洲的 Galileo 和中国的 BDS 等。这些系统通过卫星与地面接收站之间的联系，为地面或近地空间的任意地点全天候地提供高精度的三维空间坐标、速度和时间。其全覆盖、全天候、高精度的特点给测绘作业带来了极大的便利，测绘工作者基于全球导航卫星系统与其他空间技术制造了许多测绘仪器，如 RTK、全站仪、手持 GPS 等为测量作业提供了便捷，实现极高的精度。

（3）遥感技术

遥感技术，具有遥远感知的含义。遥感技术是一种非常强大的工具，可以从人们一般不能达到的高度收集信息。遥感技术通过卫星、飞机或其他飞行平台上的传感器，获取地球表面的图像和数据。这些传感器可以捕捉到各种不同的信息，包括电磁波谱的多个波段，以及物体的形状、大小、颜色和纹理等。遥感技术具有很多优势。首先，遥感技术能够提供宏观的视野，覆盖大面积的区域，从而获取更全面的信息。其次，遥感技术可以在短时间内重复拍摄同一地区，从而监测地表变化，如森林退化、城市扩张等。此外，遥感技术还可以用于研究地球的生态系统，探测环境污染、评估自然资源和预测灾害等。在气象预报方面，遥感技术发挥着重要的作用。卫星气象云图是通过遥感技术获取的，可以提供全球范围内的气象信息。这些云图可以帮助气象学家预测天气变化，分析气候模式和趋势。除了气象预报，遥感技术在许多其他领域也有广泛的应用。例如，在农业中，遥感技术可以监测作物生长情况，预测产量和评估农业灾害。在城市规划中，遥感技术可以用于监测城市扩张、交通状况和环境质量等。

（4）3S 技术

3S 技术是指将上述 3 种技术及其他相关技术有机地集成在一起的技术，通过 RS、GPS 和 GIS 的集成，构成从数据获取、数据定位、可视化到空间数据操纵和分析各方面都互补增强的信息系统（图 9-2）。

遥感技术是空间信息获取的一种重要技术。在 3S 技术系统中，遥感技术的主要作用是提供遥感图像数据和其他遥感空间数据，作为数据源为系统提供信息。遥感技术可以通过卫星和航空器等平台，获取地球表面的各种信息，包括地形、地貌、植被、水文、城市等，广泛应用于资源调查、环境监测、灾害评估和城市规划等领域。

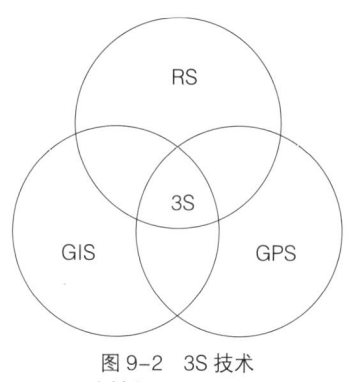

图 9-2　3S 技术
资料来源：作者自绘

地理信息系统是地理空间信息的统管，它通过数字化的方式，将各种类型的地理信息数据，包括地图、卫星影像、航空照片、GPS 坐标等，整合到一个统一的数据库中，并提供了强大的查询、分析、可视化等功能。另外，在 GIS 的支持下，可以提高遥感数据的解译和处理精度。将影像数据库、矢量图形库和数字高程模型集成的 3S 系统还可以处理和管理动态和三维的地理和空间信息。

集成是指一种有机的结合，即在线的连接、实时的处理和系统的整体性。集成可以是紧密的同步集成或松散的异步集成。[1] 例如，对于已得到的航空航天遥感影像，首先通过遥感技术获取影像，然后使用 GPS 技术测定其空间位置，最后通过图像处理技术进行处理并将结果数字化后输入到地理信息系统中。虽然这里使用了 3S 技术，但它并不是一种紧密的在线集成。这是因为各个步骤（遥感、GPS 测量和图像处理）是独立进行的，没有实现实时的数据交换和处理。这种集成方式被称为松散的异步集成。在紧密的同步集成中，各个组件会实时地进行数据交换和协同工作，以确保整个系统的高效和准确运行。这种集成方式通常需要更高级的技术支持和更复杂的系统架构。无论是紧密的同步集成还是松散的异步集成，集成的目标都是实现系统的高效、准确和可靠运行，以满足特定的应用需求。

① 张军，涂丹，李国辉 . 3S 技术基础 [M]. 北京：清华大学出版社，2013.

2. 3S 集成技术在智慧城市的应用

在人类所接触到的信息中大多数与地理位置和空间分布有关，而 3S 技术处理和管理的信息包括了高分辨率的地球卫星图像、数字地图、位置信息，以及相关的经济、社会和人口等方面的信息，在智慧城市、地球资源环境监测、土地资源管理、农业等诸多领域得到了广泛的应用。下面重点介绍其在智慧城市建设中的应用。

随着中国城市化速度的加快，人地矛盾问题逐渐突出，如何高效智能地管理城市成为人们日益关注的问题。未来城市的更新建设涉及基础影像地图数据和大量空间位置数据信息，因此城市的建立离不开 3S 技术的支撑。3S 技术在未来城市中主要可应用于以下几个方面：①智慧交通：根据 GNSS 提供的实时位置信息，在利用 GIS 已有的路径分析功能上，进一步提高系统的数据传输和处理能力，在短时间提供最优路径规划，合理对车流量进行导流，有助于缓解目前我国大城市交通拥堵的现状。利用收集的交通数据，还可生成直观的统计报表，方便政府了解道路状况并合理规划道路路线。②城市管线建设与维护：我国目前城市快速扩张，导致很多城市基础管线铺设不合理，经常出现燃气管道爆炸、水管泄漏，电网损坏等现象。结合 3S 技术可有效解决这一问题，利用 GIS 系统可对城市管线实现精准化、动态化、可视化管理，及时发现危险隐患，做到爆管分析预警，优化城市管线铺设。③城市突发灾害应急响应：受人类活动及气候变化影响，自然灾害频发，对城市安全构成严重威胁。利用 3S 技术可以对例如气溶胶数据、地质条件、降水量等数据进行综合监测分析，为市民提供准确的出行建议及灾害预警信息，减轻自然灾害对城市及市民安全的影响。目前智慧城市的建设还受很多限制因素制约，解决好地理数据繁杂、结构标准不统一的问题，将 3S 与医疗、教育、服务行业等更多领域进行深度整合，有助于 3S 技术在智慧城市的建设中迸发出更大的活力[①]。

9.2　BIM 技术

有关建筑信息模型（BIM）技术的应用是由美国率先开始的，BIM 技术框架初步的形成是由查克·伊斯曼教授设想出来的一种数字化与计算机相关的较智能化的系统，该系统涵盖了建筑全生命周期的林林总总的信息。2002 年 BIM 概念由 Autodesk 公司提出，

---

① 丁锐，谢骏锴 . 3S 技术应用现状与发展趋势 [J]. 科技创新与应用，2019，（ 14 ）: 174–175.

2003 年美国有关部门出台了 BIM 相关的计划和 BIM 相关的指南。日本、韩国、新加坡等国也紧随着美国步伐，着手设立属于自己国家的 BIM 应用标准。然而我国在相关 BIM 方面的研究起步比较晚，虽然在时间上赶不上其他国家，但 BIM 技术的应用受到我国政府各部门的重视，并将其纳入"十二五"建筑信息化发展纲要中。在我国一些地标性建筑中也融入了 BIM 技术，例如北京鸟巢、广州塔、上海中心大厦，由此可见 BIM 技术趋向成熟。

BIM 技术的发展也经历了几个阶段，从只能解决建筑过程中某一特定阶段的问题到全生命周期内的优化处理，完成 BIM1.0 到 2.0 的跨步。随着大数据时代的到来，BIM3.0 接踵而至，BIM 与其他数据的集成应用成为行业谈论的热点。BIM4.0 是在 3.0 的基础上进一步叠加技术，运用 BIM+GIS+IOT+ 大数据等，也是 BIM+ 的演变，实现从建筑单体到城市群体的智慧化管理。BIM 技术除自身不断进步外，也给建筑领域输送了新鲜血液。BIM 技术对建筑业带来的变革主要表现在以下几个方面：一是传统的二维设计模式被打破；二是越来越多的 EPC 项目引入 BIM 技术进行项目全周期管理；三是在大数据时代背景下 BIM+ 技术为数字化建设提供支撑。

9.2.1　BIM 的定义

关于 BIM 概念的理解，在发展和应用过程中有很多的说法，如 BIM 是一款设计软件，BIM 是 3D 建模技术，BIM 是建筑数据库等。但建筑业内公认的 BIM 概念到底是什么，我们可以从狭义和广义两个方向来理解。

1. 狭义 BIM

所谓狭义 BIM 是指从设计工具变更的角度来理解 BIM。设计工具经历了从手工绘图到 CAD（Computer Aided Design，计算机辅助设计）的变迁，而 BIM 技术则被认为是 CAD 技术的下一代设计手段。如果我们将以 Revit 为代表的 BIM 软件技术理解为新的技术手段，作为 CAD 技术的升级工具，强调 BIM 工具在特定阶段（例如设计阶段的建筑专业）的使用，并未体现在 BIM 技术对在建筑全生命周期中各个环节的管理，我们称为狭义 BIM。

2. 广义 BIM

随着软件技术的发展，当前的 BIM 工具已经在设计、施工中发挥出独特优势，例如快速沟通、快速修改、方案预演等功能，且已涉及建筑、结构、水电、暖通等各专业领域，成为当前工程行业必不可少的基本技术，这些优势将得到更好的发挥，为建筑行业带来更多的价值。到了今天，在不断运用过程中，BIM 的含义已经大大扩展，它既是 Building Information Modeling，同时也是 Building Information Model 和 Building Information Management。对于 BIM 有以下 3 种解释进行区别（表 9-1）。

从 Building Information Model 到 Building Information Modeling，从 BIM 概念引入中国到当前蓬勃发展，只用了十多年的时间。试想一下，当创建完成 BIM 模型后，设计方可以利用该模型完成施工图纸的绘制，利用 BIM 模型的碰撞检查功能确保工程设计质量，施工企业在管理系统中导入 BIM 模型后，得出施工材料量，并根据施工进度得出每个阶段的资金预算。业主能够在工程设计阶段完整了解和模拟工程使用的状况，利用 BIM 模型进行施工进度和工程质量管理，利用 BIM 模型在后期运营时管理物业，时刻跟进建筑工程中设备、管线的变化。BIM 技术让这一切都不再是梦想。目前中国的 BIM 标准和规范也已经在制定之中，相信随着越来越多的人加入到 BIM 行列，BIM 这一革命性的方法注定会改变整个工程建设行业的管理模式[1]。从 Building Information Modeling 到 Building Information Management，从静态到过程，BIM 已经不再是单一的计算机软件技术那么简单。从工程管理角度来看，这样的 BIM 应用属于广义 BIM。

BIM 的三种解释　　　　　　　　　　　　表 9-1

BIM 的三种解释	说明
Building Information Model	是建设工程（如建筑、桥梁、道路）及其设施的物理和功能特性的数字化表达，可以作为该工程项目相关信息的共享知识资源。为项目全生命期内的各种决策提供可靠的信息支持[2]
Building Information Modeling	是创建和利用工程项目数据在其全生命期内进行设计、施工和运营的业务过程，允许所有项目相关方通过不同技术平台之间的数据互用在同一时间利用相同的信息[3]
Building Information Management	是使用标型内的信息支持工程项目全生命期信息共享的业务流程的组织和控制，其效益包括集中和可视化沟通、更早进行多方案比较、可持续性分析、高效设计、多专业集成、施工现场控制、竣工资料记录等

从广义的角度来理解，BIM 是实现不同专业之间信息共享的基础，在工程中，各专业系统可以从 BIM 信息模型中获取所需的设计参数和相关信息，而不需要重复录入数据。

---

[1] 王君峰，娄琮珠，王亚男 . Revit 建筑设计思维课堂 [M]. 北京：机械工业出版社，2019.

[2] 罗志华，李刚 . BIM 技术应用实务建筑方案设计 [M]. 北京：机械工业出版社，2019.

[3] BIM 技术人才培养项目辅导教材编委会，陆泽荣，刘占省 . BIM 技术概论 [M]. 2 版 . 北京：中国建筑工业出版社，2018.

这种信息共享的特点可以避免数据冗余、歧义和错误，从而提高设计效率和准确性。通过 BIM，可以实现各专业之间的协同工作。这意味着当某个专业设计的对象被修改时，其他专业设计中的该对象也会随之更新，保持了模型的一致性和实时性。这种协同工作方式可以加强各专业之间的沟通和合作，提高工程的整体质量和效率。BIM 的应用范围非常广泛，不仅限于建筑行业。它可以应用于各种类型的工程中，包括土木工程、机电工程、结构工程等。通过 BIM，各专业可以在统一的平台上进行设计和协作，从而实现更高效、准确和可靠的项目管理和实施。

现阶段，世界各国对 BIM 的定义仍在不断丰富和发展，BIM 的应用阶段已经扩展到了项目整个生命周期的运营管理[①]。此外，BIM 的应用也不仅局限于建筑领域，在基础设施领域也可发挥巨大的作用已是不争的事实。目前普遍认可的、较全面的、完善的关于 BIM 的定义如下：

BIM 为建筑信息模型，住房和城乡建设部工程质量安全监管司处长解释为：BIM 技术是一种用于工程设计和施工管理的数据化工具，模型包括各种项目信息，在项目策划、建设、运维的全生命周期过程中实现信息的共享和传递，使工程技术人员对各种建筑信息作业正确认识和高效应对，为设计团队以及包括建筑运营单位在内的各方建设主体提供协同工作的基础，其有助于提高生产效率、节约成本和缩短工期。通过协同工作和信息共享，各专业团队可以更快速地交流和响应变化，从而提高工作效率。

9.2.2　BIM 的特点

在智慧城市的建设过程中 BIM 模型是城市现代化建设的基础载体。BIM 发挥着日益重要的作用贯穿于整个生命周期，打破了传统模式下的粗放式管理模式。如今 BIM 技术集精细、高效、共享为一体，通过大量资料阅读总结，BIM 主要特点主要表现在以下几个方面：

（1）可视化：所谓的可视化是指"所见所得"的，其是一种将数据、信息和知识转化为直观的、图形化的视觉表现形式的技术。在工程建设领域，可视化技术的应用广泛，涵盖了设计、施工、组织和管理等多个阶段。在设计可视化阶段，设计师可以使用三维建模软件创建建筑物的三维模型，并将其呈现给客户和施工团队。这种可视化可以帮助客户更好地理解设计概念，并有助于设计师在早期阶段发现和解决潜在的问题。在施工

---

① 冯小平，章丛俊 . BIM 技术及工程应用 [M]. 北京：中国建筑工业出版社，2017.

组织可视化阶段，可视化技术可以用于模拟施工过程，预测潜在的问题和风险，并制定合理的施工计划。通过模拟施工过程，可以发现潜在的冲突和问题，并提前采取措施进行解决，确保施工过程的顺利进行。此外，碰撞可视化也是工程建设中的一个重要应用。在传统的二维图纸上，很难发现不同专业之间的冲突和碰撞问题。通过使用三维建模软件，可以将不同专业的模型整合到一个共同的模型中，并进行碰撞检测和优化。这种可视化技术可以帮助施工团队提前发现和解决潜在的问题，避免施工过程中的浪费和延误。

（2）一体化：BIM 一体化是参与全生命周期建设的管理。从设计阶段（建筑结构、暖通、电器等各专业）的共享，到施工阶段的可视化模拟，再到运维阶段为招商购房提供便利，一体化的管理可以提高整个项目效益。

（3）协调性：一个项目的建设需要多方参与，通过 BIM 建立数据共享机制，促进各方及时交流反馈。除了常见的施工进度和设计协调外，在空间协调管理、隐蔽工程和应急管理方面也发挥着重要作用。在空间协调管理方面，BIM 模型可以帮助各方更好地理解建筑物的空间布局和各专业设计的相互关系。这有助于提前发现和解决潜在的冲突，提高空间利用率，减少返工和浪费。对于隐蔽工程，BIM 模型可以提供准确的工程量信息和位置信息，帮助施工方更好地组织施工，避免对隐蔽工程的破坏。同时，BIM 模型还可以进行碰撞检测和优化，进一步减少施工过程中的错误和延误。此外，BIM 技术在应急管理方面也具有重要作用。通过 BIM 模型，可以模拟应急场景和进行预案制定，提高应对突发事件的能力。同时，BIM 模型还可以提供准确的位置信息和资源调度方案，有助于快速有效地进行应急响应。协调性可有效地避免信息孤岛出现，提高工作效率。

（4）仿真模拟性：仿真模拟性是通过虚拟操作模仿可能的突发事件。通过施工仿照再现能够恰当地择选所需方案以及进一步完善施工方案；通过运维模拟，可以实现定位查询，有效应对日常突发事件。

（5）优化性：从设计到施工再到运营的过程就是一个不断更新和不断优化的过程，这个过程中，每一个阶段都有其特定的目标和要求，同时也会产生新的信息和反馈，为后续的优化和更新提供依据。

（6）可出图性：BIM 除了可以对建筑平立面、剖面等常规图纸书除外，还可以进行碰撞检查出图以及加工构件图等。

（7）参数化性：BIM 技术建模是通过参数信息进行建模。它不同于数字模型和分析模型，模型改变只需要调整参数就可以实现。同时，不同的参数可以组成不同的图元，以图元为构件，通过各种不同的构件，构建出整体模型。

（8）信息完整性：BIM 技术可以完整地描述工程信息和信息之间的相互关系，反映

BIM 技术的信息完备性作用。

在建筑工程项目的全生命周期内的不同阶段均可以实现不同功能，充分体现 BIM 技术的可视化、模拟性、协同性和优化性的特点。

9.2.3　BIM 的价值

随着全球化和技术进步，国家大力推动绿色城市和智慧城市的建设，城市更新、城市再造也将被提上议程，推进 BIM 技术的应用与发展将在未来城市的建设过程中提供更多解决方案，从未来城市建设的发展方向出发，分析了 BIM 技术在城市更新中的应用前景。具体而言，BIM 的应用具有以下价值：

1. BIM 助力城市信息模型（CIM）发展

任何一座城市的建设都是从一幅城市规划蓝图开始萌芽，从单体建筑的建设开始逐步落地和完善的。BIM 是构成 CIM 的重要基础数据之一，如果说 BIM 技术是信息化技术在建筑行业内的"点"式应用，那么 CIM 技术就相当于信息化技术浸润于各行业内的"面"式应用。

基于 GIS 进行信息索引及组织的城市 BIM 信息，可直观反映出城市的功能划分、产业布局以及空间位置，而 CIM 则将视野由单体建筑拉高到区域甚至是城市，所涵盖的信息渗透至组织、城市基础设施以及各系统之间的生产生活等活动动态信息，可为大规模建筑群提供基于网络的 BIM 数据管理能力，因此，CIM 与 BIM 的关系是宏观与微观、整体与局部的关系[①]。

2. BIM 助力城市标准化与精细化管理

随着 BIM 技术在建筑行业中的关注度提高，越来越多的国家也开始推动 BIM 技术的整体应用和战略。各个国家对规范 BIM 技术使用的实施方法各不相同，其中包括制定国家标准规程、BIM 使用协议、法律合同、指导文件、公共试点项目、强制性政府项目、开发项目采购系统、项目数据库和图书馆、BIM 教育计划、BIM 基金、BIM 奖项、BIM 网络开发等。在未来的建筑与城市建设更新中政府需要与 BIM 产业密切合作，实现数字化转型。

---

① 孙园园. 从 BIM 到 CIM——探索智慧城市建设新模式 [J]. 价值工程，2019，38（35）：30-31.

3. BIM 三维可视化表达

借助于 BIM 技术的天然优势，将传统二维的城市数据信息转化为更为直观的三维仿真信息，可以进行城市管理进程的实时对比；使得城市设施的信息化管理更为简洁高效，城市数据将得到合理整合与深层次挖掘，让原本相互独立的城市数据集成于统一的信息管理平台；基于 BIM 信息管理平台的数据的扩展和更新更为准确而及时，不同主题的信息（建筑、道路、管线、设施等）可进行分类查询；城市规划发展进度能得到更为真实的模拟，让城市管理更为长效。

4. 城市微环境的模拟

利用 BIM 体系的强大的信息集成和分析功能，对城市现状和未来规划进行相关的城市环境影响评价，通过专业性的数据模拟分析（例如日照关系模拟、城市风环境模拟、城市水体环境模拟、城市热环境模拟等），为城市未来更新建设发展提供更为理性和专业的评定标准，避免个别主观导向下盲目城市化进程。

9.2.4 BIM 模型设计

根据项目的大小和专业的复杂程度，BIM 的信息模型设计方法共有两种，分别为不分专业设计模型和分专业设计模型。其中分专业设计模型可以对大范围专业进行划分，分为建筑专业和机电专业，亦可以对各专业进行细分划分，将机电专业细分为电气、暖通空调和给排水等专业。

土建模型为项目营造出空间感，为机电管线在空间的分布提供了依托。建筑及结构模型分别在建筑、结构项目样板文件中提前创建并确保项目基点、标高、轴网等信息一致，在建模前需要剔除二维图纸中无用的信息，将处理后的 CAD 图纸链接到 Revit 软件中，根据二维图纸信息建立建筑模型、结构模型，建筑模型主要包括内墙、外墙、幕墙、门、窗、楼梯、预留洞口等构件，结构模型主要包括结构墙、梁、板、柱、基础、预留洞口等构件。在建立建筑、结构模型时要特别注意各构件的标高及位置，确定其是否有局部降板、降板区域及降板高度、预留洞口尺寸及位置等，确保模型能真实且精准地反映出二维图纸设计意图，这对后期的管线综合排布非常重要（图 9-3、图 9-4）。

机电专业在建筑工程中是必不可少的一部分，包括给排水、暖通、电气三个分支，旨在实现建筑的使用功能及舒适性。机电模型是在机电专业项目样板的基础上建立起来的，机电专业项目样板文件中包括喷淋视图、暖通风视图、强电视图、弱电视图、给排

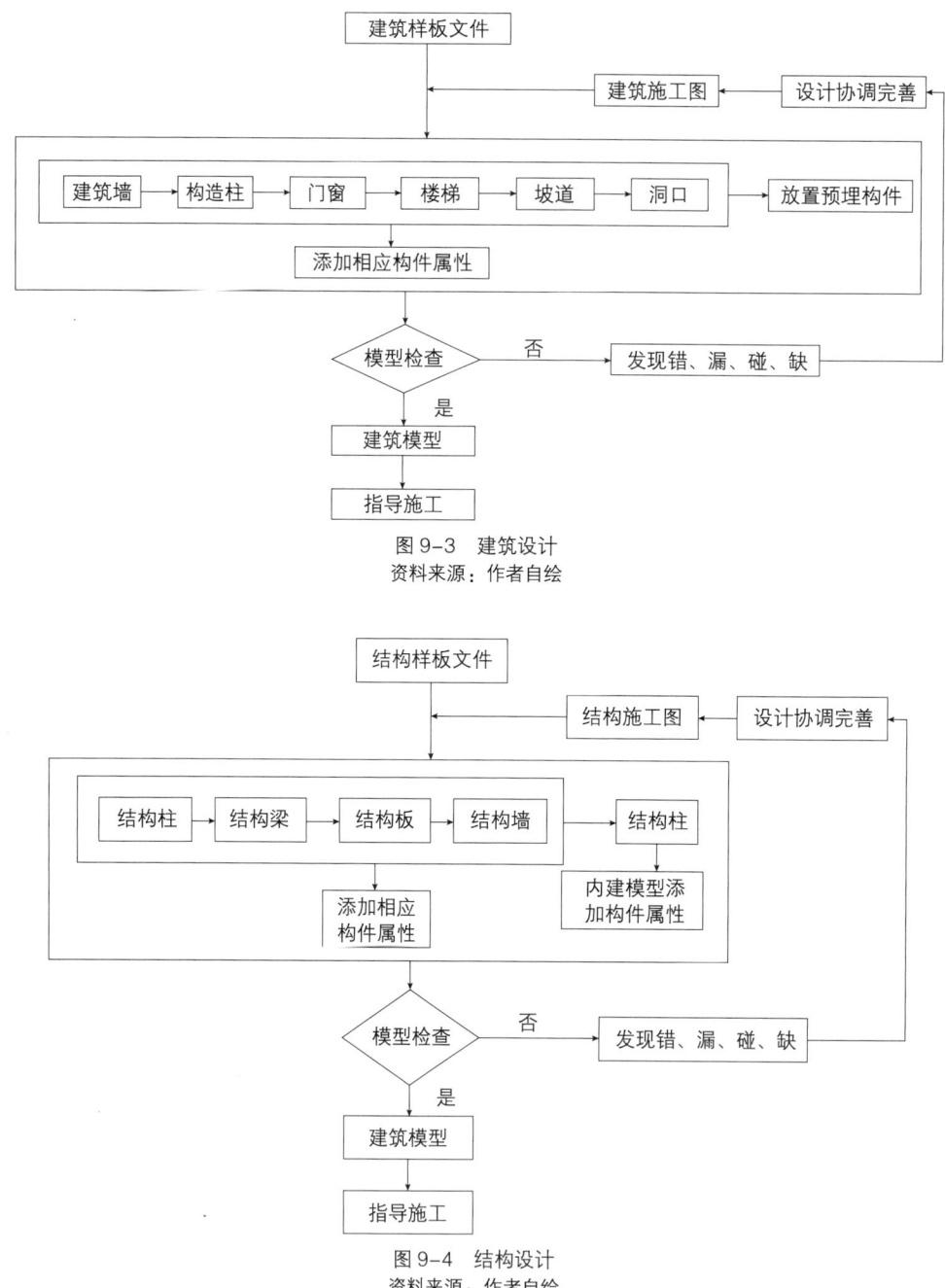

图 9-3　建筑设计
资料来源：作者自绘

图 9-4　结构设计
资料来源：作者自绘

水视图、空调水视图等，每个视图所需要的构件族、过滤器设置等均已在项目样板文件中提前设置，与建筑结构模型建模过程相类似，建模前需要对二维图纸进行处理，剔除与模型无关的信息。在每个视图中链接相应的二维图纸，然后进行机电模型的绘制，如

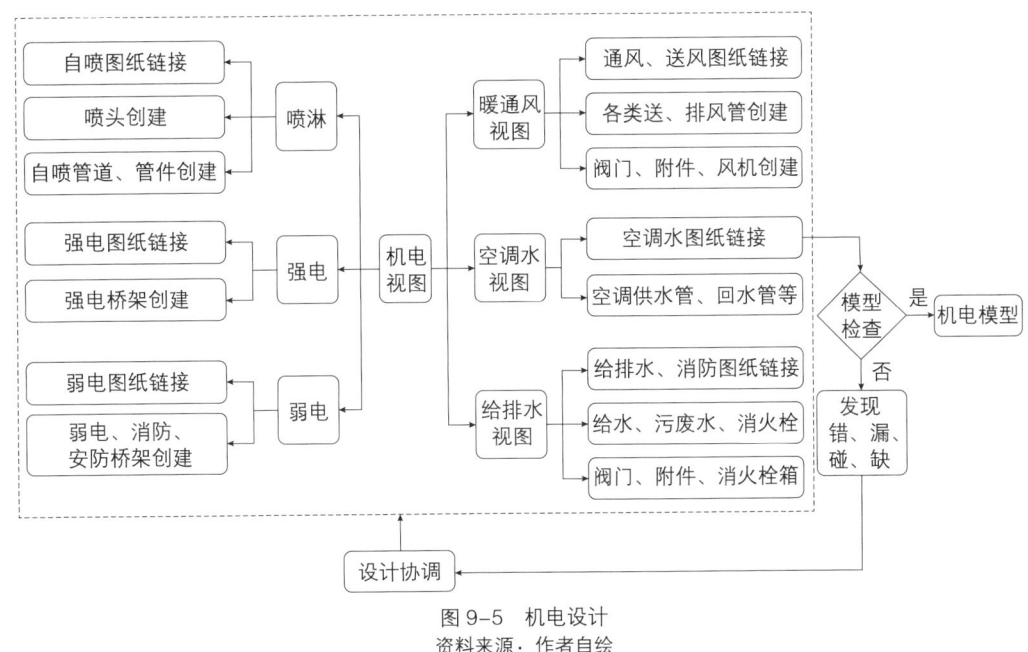

图 9-5 机电设计
资料来源：作者自绘

图 9-5 所示。机电模型主要包括各类管道、喷头、门件、设备、桥架等内容，在建模时要特别注意，很多二维图纸对梁下管线标高未明确，需要在建模时给管线预先给定一个标高，一般情况下桥架位于水管上方，风管的标高需要根据风口方向来确定。若风口向上，则风管位于最上方；风口向下，则风管位于最下方；若无风口，风管位于桥架和水管中间。

9.2.5 BIM 技术在城市更新中的应用

1. 城市建设管理领域

（1）土地管理

通过整合 BIM 和 GIS 技术，可以实现更高效、精准的土地信息管理。BIM 模型能够提供建筑物内部的详细信息和设计数据，而 GIS 技术则提供了关于土地和地理环境的基础数据和信息。将这两者结合，可以更全面地了解土地开发和建设过程中的各种因素，为决策提供有力支持。首先，BIM 和 GIS 的整合使得土地信息的管理更加集中化和精细化。这包括对城市中每一块土地的详细信息进行集中化管理，从土地的供应、征用、出让、转让到抵押等各个环节的信息都可以得到有效的管理和监控。这种整合方式不仅提高了信息的准确性和及时性，还有助于避免信息孤岛的出现，确保各个部门之间的信息流通顺畅。此外，通过 BIM 和 GIS 的整合，还可以方便地查询土地置换信息和方式，及时了解土地的开发强度以及相关的建设控制指标。这为土地开发建设和流程监控带来了高效而精确的管理。决策者可以根据这些实时数据和信息，快速作出决策，提高土地开发建设的效率和质量。

（2）方案设计

制定设计单位各专业的 BIM 设计成果要求是非常重要的，这有助于统一城市各建筑项目信息录入标准。通过建立基于 BIM 的三维数据审查制度，如报规、报建环节，可以实现对设计进度和成果的实时监控。这将使城市管理进入到更为微观的管理层面，为城市规划和建设提供有力支持。

（3）施工建设

优化施工单位的施工组织流程，建立新的 BIM 立体施工评价标准，明确工程量清单和总体施工成本，可以进一步提升施工效率和质量。通过同步跟进施工进度，优化施工现场的管理和监督，可以减少项目建设对城市环境的影响，提升项目建设对城市整体性规划的贡献。

（4）交付运营

BIM 集成化的项目信息体系，利于城市管理者快速获取城市建设信息，掌握建设单项运营状况，了解项目运营健康指标，并提前制定应灾预案和进行模拟培训，将三维可视化管理和监控落到实处。

2. 城市公共资产管理

通过 BIM 体系建立统一的城市公共资产信息数据的集中管理平台，可以对城市公共资产进行高效、精准的管理。这一平台可以提供关于公共资产的各种详细信息，包括空间规划和布局、租售情况、收益情况等。这有助于更好地了解公共资产的运营状况，优化资产配置，提高资产运营效率，可以实现公共资产的高效、精准管理。这有助于优化公共资产的运营状况和降低运维成本，为城市的可持续发展做出贡献。

3. 城市市政和道路管理

城市道路和市政代表了城市发展的水平，BIM 技术的三维可视化表达将实现数据信息的集中管理，并可进行查询、定位和选择，通过信息系统的开放性和可扩展性，可实时进行城市基础设施更新和调整。道路和市政配套设施规划设计的模拟和优化，能够提前预知规划道路交通情况，减少规划失误。借助信息监测技术对道路病害和市政设施运维进行监控和管理，为应急和维修提供便利。

4. 城市保护

依托于 BIM 体系的即时数据统计和分析功能，可以对城市环境进行全面的监测和把控，从而更好地保护和改善城市环境。以下是一些具体的方面：

（1）水体污染情况的可视化和分析：通过 BIM 模型与水体监测数据的结合，可以实时了解水体的污染情况，包括污染源、污染程度和扩散趋势等。这有助于及时采取措施，防止污染的进一步扩大。

（2）建筑物固体废弃物的统计和管理：利用 BIM 模型，可以精确统计建筑物的固体废弃物产量，了解各类废弃物的分布和组成。这有助于制定合理的废弃物处理和资源化利用方案，减轻对环境的负担。

（3）城市大气 CO_2 的排放分析：通过 BIM 模型与环境监测数据的整合，可以分析城市中各个区域的 CO_2 排放情况，了解排放来源和排放量。这有助于制定针对性的减排措施，推动城市低碳发展。

（4）城市噪声污染分析：通过 BIM 模型的可视化功能，可以直观地了解城市中各个区域的噪声污染情况，包括噪声源、影响范围和强度等。这有助于制定合理的噪声控制措施，提升城市居民的生活质量。

（5）绿色评价体系建立：利用 BIM 模型的数据分析功能，可以建立科学的绿色评价体系，评估城市在环境保护和可持续发展方面的表现。这有助于引导城市发展向更加绿色、生态的方向前进。

（6）历史文化建筑和景区的保护：通过 BIM 技术，可以对历史文化建筑和景区进行数字化建模和精细化管理。这有助于保护这些珍贵的历史文化遗产，同时为游客提供更加丰富和深入的文化体验。

9.3　物联网技术

近年来，物联网技术备受瞩目，被誉为继计算机、互联网之后的第三次信息产业浪潮。在通信、互联网、自动化识别等新技术的推动下，物联网（Internet of Things，简称 IoT）—— 一种全新的网络构架正在逐渐浮现。物联网可以实现人与人、人与机器、人与物以及物与物之间的直接沟通[1]。然而，在物联网的发展过程中，由于不同的阶段和角度，人们对物联网的理解和解释各不相同。目前，关于物联网的定义仍在争论中，尚未形成一个全球公认的权威定义。为了更准确地表达物联网的内涵，我们需要全面分析其实质性技术要素，以提供一个更客观的诠释。

9.3.1　物联网的定义

所谓物联网，是指将各种信息传感设备，如射频识别（Radio Frequency Identification，简称 RFID）装置、红外感应器、全球定位系统、激光扫描器等各种装置与互联网结合起来而形成的一个巨大网络。其目的是让所有的物品都与网络连接在一起，方便识别和管理。物联网是利用无所不在的网络技术建立起来的，其中非常重要的技术是 RFID 电子标签技术。

以简单的 RFID 系统为基础，结合已有的网络、数据库、中间件等技术，构筑一个由大量联网的阅读器和无数移动的标签组成的，比 Internet 更为庞大的物联网，成为 RFID 技术发展的趋势。在这个网络中，系统可以自动、实时地对物体进行识别、定位、追踪、监控并触发相应事件[2]。

物联网是将各种信息传感设备，如射频识别装置、红外感应器、全球定位系统、激光扫描器等，与互联网结合形成的巨大网络。其目标是将所有物品都连接到网络中，以便于识别和管理其中 RFID 电子标签技术起着至关重要的作用。基于简单的 RFID 系统，结合现有的网络、数据库和中间件技术，物联网正朝着构建一个庞大的网络发展，该网络由大量联网的阅读器和无数移动的标签组成。在这个网络中，系统可以自动、实时地识别、定位、追踪和监控物体，并触发相应的事件。

物联网，又称为传感网，是以互联网为代表的 20 世纪计算机科学的伟大成果。尽管网络功能强大，内容丰富，但它仍然是虚拟的，与我们生活的现实世界有所隔阂。为了弥补这一缺陷，时代呼唤新的网络技术，无线传感网络作为一种全新的技术应运而生，它结合了传感器、低功耗、通信以及微机电等技术。可以预见，无线传感网络将在不久的将来对我们的生活方式产生革命性的影响。

---

① 伍新华，陆丽萍. 物联网工程技术 [M]. 北京：清华大学出版社，2011.
② 李永忠. 计算机网络理论与应用 [M]. 北京：国防工业出版社，2011.

　　此外，物联网还有其他一些代表性的定义：MIT 提出的物联网概念；国际电信联盟（ITU）对物联网的定义；欧洲智能系统集成技术平台（The European Technology Platform on Smart Systems Integration，EPoSS）报告对物联网的阐释；欧盟框架下 RFID 和物联网研究项目组对物联网给出的解释。

　　总而言之，物联网的内涵源于利用 RFID 技术对物品进行标识，并通过网络进行数据交换这一概念。随着技术的不断发展和完善，物联网的内涵也在不断扩充和深化。无论何种定义，物联网都需要具备全面感知、可靠传输和智能处理的能力，从而形成一个连接物品与物流的信息网络。这意味着全面感知、可靠传输和智能处理是物联网的基本特征。全面感知是指利用各种感知技术手段，如 RFID、二维码、GPS、摄像头、传感器和传感器网络等，随时随地对物品进行信息采集和获取。这些技术手段能够捕获和测量物品的各种属性，并将信息转化为可处理的数据。可靠传输是指通过各种通信网络与互联网的融合，将物品接入信息网络，实现随时随地的信息交换。这些通信网络包括无线通信、有线网络和移动网络等，它们能够保证数据的传输质量和可靠性，使物品信息能够实时、准确地传递。智能处理则是指利用先进的数据处理和分析技术，对海量数据进行处理、分析和挖掘，以发现物品信息的价值。这些技术包括数据挖掘、机器学习和人工智能等，它们能够实现对物品的智能识别、跟踪和管理，并提供更智能化的决策和服务。

9.3.2　物联网的特点

　　从技术的角度看，物联网的特征概括起来主要体现在三个方面：

　　一是互联网特征。这意味着物联网中的物件需要具备互联互通的能力，通过互联网实现信息的交换和共享。这种互联网特征是实现物联网中物与物、人与物之间连接的基础，使得各种设备和物品能够相互通信和协作。

　　二是识别与通信特征。这指的是物联网中的物件需要具备自动识别和物物通信（M2M）的功能。通过自动识别技术，如 RFID、二维码、传感器等，物联网中的每个物品都可以被唯一标识并获取相关信息。同时，借助通信技术，这些物品能够进行信息的交换和传输，实现物与物之间的通信。

　　三是智能化特征。这意味着物联网的网络系统应具备自动化、自我反馈和智能控制的特点。通过应用云计算、大数据分析和人工智能等技术，物联网能够实现对海量数据的处理、分析和挖掘，从而对物品进行智能化的识别、跟踪和管理。这种智能化特征能够提升物联网的应用价值，实现更智能化的决策和服务。

从产业的角度看，物联网具备以下特征：

（1）感知识别普适化：无所不在的感知和识别将传统上分离的物理世界和信息世界高度融合。

（2）异构设备互联化：各种异构设备利用通信模块和协议自组成网，异构网络通过"网关"互通互联。

（3）联网终端规模化：物联网时代每一件物品均具有通信功能成为网络终端，5~10年内联网终端规模有望突破百亿。

（4）管理调控智能化：物联网高效可靠组织大规模数据，运筹学、机器学习、数据挖掘、专家系统等决策手段将广泛应用于各行各业。

（5）应用服务链条化：以工业生产为例，物联网技术覆盖从原材料引进、生产调度、节能减排、仓储物流到产品销售、售后服务等各个环节。

（6）经济发展跨越化：物联网技术有望成为从劳动密集型向知识密集型，从资源浪费型向环境友好型国民经济发展过程中的重要动力[①]。

9.3.3　物联网在城市更新中的优势

在智慧城市建设中，物联网等新一代信息技术被广泛应用，以提升城市发展质量和效益。在城市更新过程中，需要树立全周期管理意识，建立城市更新"一张图"，精细推进更新重点工作，进一步优化城市的生产、生活、生态空间，全面提升城市发展质量。

1. 物联网技术助力城市更新

物联网可参与以下几方面的城市更新工作：

（1）智慧交通：物联网技术可以通过智能交通系统实现交通信息的实时采集、处理和分析，优化交通信号灯控制，减少交通拥堵，提高交通运行效率。此外，物联网技术还可以用于智能停车系统，通过传感器监测车位的使用情况，帮助司机寻找可用的停车位，减少寻找停车位的时间和燃料的浪费。

（2）环境保护：物联网技术可以实时监测城市的空气质量、水质等环境状况，及时发现和解决环境问题，为城市居民创造更健康的生活环境。

① 魏旻，王平. 物联网导论 [M]. 北京：人民邮电出版社，2020.

（3）公共安全：物联网技术可以用于智能安防系统，通过视频监控、传感器网络等手段，实时监测和预警城市的安全状况，提高城市的公共安全水平。

（4）城市管理：物联网技术可以通过智能设施、智能设备等手段，实现城市资源的数字化管理和智能化调度，提高城市管理的效率和响应速度。

（5）智慧家居：物联网技术可以实现家居设备的互联互通和智能化控制，提高家居生活的便利性和舒适度。

2. 物联网提高政府管理水平和工作效率

随着经济的发展和民生的改善，城镇化带来了许多问题，如水、土地、能源的短缺，交通拥挤，以及环境污染和生态破坏。为了解决这些问题，政府需要选择合适的城镇化和谐发展模式。物联网技术在城市基础设施和运行环境监测方面具有广泛的应用前景。借助智能传感、定位、地理信息、网络通信和自动控制技术，物联网可以实时监测城市的各种基础设施和运行环境，获取各种数据。通过对这些数据的深入分析、汇总和计算，可以提供预警预报、实时响应、协调配置意见与建议，支持政府科学决策与管理。通过物联网技术，城市管理可以从粗放型向智能化转变，提高政府的管理水平和工作效率，有助于构建互动、安全、和谐、高效的城市管理体系，为广大市民提供幸福、便捷、宜居的生活环境。

9.4　其他技术

9.4.1　人工智能技术

1. 人工智能的定义

人工智能（Artificial Intelligence，简称 AI）是指通过计算机程序和算法模拟人类的智能行为和思维方式，实现人机交互，完成复杂任务的一门技术科学。人工智能的核心在于其能够利用机器学习和深度学习等技术，从大量数据中提取有用的信息，通过不断优化模型，提高自身的智能水平。人工智能的研究领域涵盖了机器学习、自然语言处理、计算机视觉、专家系统等多个方面，旨在创造更加智能化的机器，为人类的生产和生活带来更多的便利和创新。

从能力来讲，人工智能是智能机器所执行的通常与人类智能有关的智能行为，如判断、推理、证明、识别、感知、理解、通信、设计、思考、规划、学习和问题求解等思维活动[①]。

从学科来讲，人工智能是研究使计算机模拟人的某些思维过程和智能行为（如学习、推理、思考、规划等）的学科，主要包括计算机实现智能的原理、制造类似于人脑智能的计算机，使计算机能实现更高层次的应用[②]。

人工智能将涉及计算机科学、心理学、哲学和语言学等学科，可以说几乎是自然科学和社会科学的所有学科，其范围已远远超出了计算机科学的范畴，它旨在研究和开发能够模拟、延伸和扩展人类智能的理论、方法、技术及应用系统。人工智能与思维科学的关系可以被视为实践和理论的关系，因为人工智能是建立在思维科学理论上的技术应用。数学常被认为是多种学科的基础科学，人工智能学科也必须借用数学工具，它不仅在标准逻辑模糊数学等范围发挥作用，数学进入人工智能学科，它们将互相促进而更快地发展。

2. 人工智能在城市更新中的作用

随着人工智能的到来，城市管理、更新和运行模式也随之改变，城市管理正在逐步向智能化升级。人工智能识别技术在城市更新管理方面应用广泛，人工智能在未来城市更新中的应用主要表现在以下几个方面：

（1）智慧城市模拟

智慧城市的模拟功能主要是指利用人工智能模拟智慧城市规划和城市中人的行为等[③]。智慧城市规划方案可以通过人工智能模拟对方案进行验证，对其在各方面产生的积极影响和消极后果进行评估，包括生态、环境、交通、经济等；利用人工智能对城市中人的行为进行模拟可以为城市规划提供依据，为城市管理决策提供支持，同时也能对可能产生的风险进行预测。

（2）大数据挖掘

智慧城市会产生海量的大数据，包括智慧城市中的物联网数据、社交数据、能源消耗数据（水、电、气等）、交通出行数据、消费数据、物流数据、环境数据等[④]。这些数据来源于城市基础设施、政府、企事业、遥感卫星等。它们当中蕴含着城市管理、规划所

① 邵丽萍，邵光亚，张后扬 . Java 语言实用教程 [M]. 北京：清华大学出版社，2008.
② 吴忠，朱君璇，曹红苹，等 . 信息资源管理 [M]. 北京：清华大学出版社，2011.
③ 戚欣，姜春雷 . 人工智能助力智慧城市建设 [J]. 智能建筑与智慧城市，2017（9）：33-37.
④ 黄芸璟，余辉，余颖 . 城乡规划全生命周期智能化探讨 [J]. 规划师，2018，34（11）：26-33.

需要的大量知识，基于人工智能实现智慧城市数据挖掘获取这些知识将极大提高城市规划水平和政府科学决策能力，在城市能源供给规划和管理、交通规划、建设城市生态和环境、提高城市运行效率、减轻城市热岛效应方面都具有极大的价值。

（3）智慧城市大脑

智慧城市大脑将成为智慧城市的中枢，城市的交通分流、能源调度、公共安全指挥、智慧城市综合信息融合、应急管理、智慧城管都需要城市大脑的支持。

（4）智能交通出行

近年来，人工智能在技术层面实现了很多突破，例如指纹识别、人脸识别等，这些技术催生了很多应用。如快捷支付、共享单车。这些应用极大地提高了人们生活的便捷度。在市民交通出行方面，可有效提供最优路径与最短时间，避开堵车高峰路段，同时，通过 5G 网络全面发展自动驾驶技术实现智能出行，为市民出行提供最大便利与舒适度。

（5）智能生态环境

利用人工智能打造智慧环保体系，推动生态环保与可持续发展创新模式，对生态保护、修复、管理、自然灾害预警等智能化监管，构成生态保护治理新模式。

总之，人工智能在城市更新中有广泛的应用空间，未来城市更新的建设是打造社区服务设施数字化、智能化，是为保障居民生活所需的微型基础设施和公共服务体系建设。在一些人口较多城市，人口与建筑规模迅速扩张导致社区公共服务基础设施的建设相对滞后，存在基础设施不健全、资源供给不充分等问题，尤其在老旧城区这一问题更为显著，所以社区微基建的建设显得尤为重要。利用 5G、人工智能等技术，打造社区及周边服务场景的数字化、智能化，将城市"微单元"化治理。

9.4.2　大数据技术

城市更新已成为城市规划者未来必须直面的任务，而大数据辅助设计则是规划领域在新时代的一种创新趋势。如今，"大数据"（Big Data）这一概念频繁地进入人们的视野，它被用来描绘和界定信息时代中海量数据的涌现，以及由此推动的技术进步和革新。数据正在以前所未有的速度增长和扩张，其在很大程度上塑造着企业的未来。尽管目前许多企业可能还未充分意识到数据激增所带来的潜在风险，但随着时间的推移，数据在企业决策和运营中的核心地位将日益凸显。大数据时代的来临，既对人类处理和分析数据的能力提出了新的挑战，同时也为人们提供了获取更深入、更全面洞察力的可能性，展现了巨大的发展空间与潜力。

1. 大数据的定义

随着信息技术的迅猛发展，尤其是云计算、物联网和社交媒体的普及，使得全球数据量呈现出爆炸性增长的趋势。在这些领域，人们每分每秒都在产生和分享大量的信息。因此，大数据的概念应运而生，以应对这种前所未有的数据处理需求。麦肯锡作为美国首屈一指的咨询公司，是研究大数据的先驱。在其报告中给出的大数据定义是：大数据指的是大小超出常规数据库工具获取、存储、管理和分析能力的数据集，即大数据是现有数据库管理工具和传统数据处理手段很难处理的大型、复杂的数据集，涉及采集、存储、搜索、共享、传输和可视化等方面。大数据的大是一个动态的概念，随着技术的进步和数据的增长，其规模也在不断变化。传统的 GB 级数据被认为是庞大的，但现在，TB 级、PB 级甚至 EB 级的数据已经成为常态，特别是在某些科学领域。数据的类型也是多种多样的，包括结构化数据、半结构化数据和非结构化数据。这种多样性给大数据系统的存储和计算带来了很大的挑战。在信息化时代，各行业对大数据的需求越来越大，因此需要从行业发展的角度出发，对大数据进行有效的研究，并充分展现大数据的特点。大数据的特点主要表现在五个方面：大量性、高速性、多样性、价值密度性以及真实性。这些特点使得大数据在处理和分析上更具挑战性和价值。

2. 大数据在城市更新领域的应用

为实现城市基本构成要素（人、物、环境）的协同运行，城市更新建设需要将各种感知设备获得的数据信息进行有效的集成，大数据技术就是为了解决这个问题应运而生的。

（1）参与城市更新管理

在城市更新管理中，大数据的应用主要包括摄像头拍摄的视频影像、传感器收集的环境信息、各类终端上的刷卡信息，以及市民通过手机应用或网站生成的信息等。这些大数据主要应用于三个方面：

在公共安全管理方面，由于城市是人口密集的区域，实时监控和突发事件处理至关重要。通过在城市范围内大规模布置摄像头或传感器，可以及时发现火灾隐患或犯罪行为等异常情况，并设置实时监控系统以应对交通事故、管道泄漏等突发事件。

在市政服务方面，可以利用大数据开通移动门户网站，使市民能够通过该网站投诉市政服务问题或报告道路坑洼、交通信号灯损坏、垃圾收集不及时等市政问题，并监督问题的解决。此外，在城市公共场所安装智能摄像头，结合分析软件，可以自动识别异常情况并提醒有关部门及时处理。

在综合社会管理方面，城市社会管理是一个需要各方面协同参与的系统工程。大数据在智慧城市中的应用为公众参与提供了便利。基于大数据，可以构建反映城市环境实时变化的三维可视化系统，作为公众参与的平台。

（2）数据整合与共享

在城市更新建设过程中，需要在多个系统之间实现数据的交换与共享，特别是底层数据的融合与集成，这是实现智慧城市高效运转的前提条件。然而，当前我国新型城市建设中存在各个系统之间的数据缺乏统一的标准的问题，导致数据无法得到有效地利用和共享。为了解决这个问题，必须加强大数据的标准化建设，并加强异构数据建模与融合等关键技术的研发工作，为底层数据的有效集成和融合提供标准和技术保障。在建设方法上，需要促进数据的整合，构建新型智慧城市数据融合框架。城市数据主要来自政务、企业和行业系统，具有数据类型丰富、基数大、增速快、实时性高、流动性显著和异构特征突出的特点。新型智慧城市建设需要整合处理、分析不同来源的数据，合理化利用城市资源。各部门、各地区需要共同协作，分工建设，通过各类技术措施，经由功能平台、互联网等设施，统一布局和统筹规划，打造城市共性信息化基础设施。此外，应以城市地理空间数据为根基，构建数据资源体系，并采用基于大数据技术的分布式存储结构，构建数据融合体系。通过收集、处理与分析基础地理信息数据、政府、企业和个人数据，标准化处理描述某种类型资源属性的结构化数据，可以实现城市各应用系统之间的相互操作和同一主题的资源聚合，实现舆情监控、预警监测与问题定位，实现惠民服务与城市精准治理，为城市决策者提供数据服务。

（3）大数据检索云服务

新型城市建设强调以应用服务为中心，如何针对具体应用服务提供大数据的快速检索服务就成为智慧城市建设的关键。传统的信息管理系统通过建立数据库来管理数据，将每条信息作为数据库中的一条记录，并根据信息的不同属性建立相应的字段并赋值，并对记录进行排序和索引。然而，在城市更新建设过程中，许多信息难以实现数字化，无法通过传统数据库技术进行检索。为了解决这个问题，大数据检索云服务应运而生。这种服务不仅可以自动提取图像和视频中的相关特征，还能针对视频中的动态行为（如翻墙、奔跑、聚集、跟踪等）进行提取并建立索引。对于用户来说，只需提供动态行为和地理信息，即可实现快速检索。这种服务为智慧城市建设提供了强大的支持，使得信息检索更加高效、准确和便捷。

9.4.3　虚拟现实技术

在《中共中央关于制定国民经济和社会发展第十四个五年规划和二〇三五年远景目标建议》中，建设数字中国被单独列为一个重要章节，其中虚拟现实和增强现实（VR/AR）产业被列为数字经济的重点产业，并被纳入国家发展规划。可以预见，未来五年内，VR/AR技术将在教育、影视、游戏、军工、医疗、制造业等领域迎来大发展。虚拟现实技术融合了计算机图形学、仿真技术、多媒体技术、人工智能技术、计算机网络技术、并行处理技术和多传感器技术，它模拟人的视觉、听觉和触觉等感觉器官，使用户能够沉浸在计算机生成的虚拟环境中。通过虚拟现实系统，人们不仅能真实地体验到在客观世界中所经历的，而且能突破各种限制，感受到真实世界中无法亲身经历的体验[①]。

1. 虚拟现实的定义

虚拟现实（Virtual Reality，简称VR）是一种利用电脑模拟产生一个三维空间的虚拟世界的技术。它通过提供视觉、听觉、触觉等感官的模拟，使用户仿佛身临其境，能够实时、无限制地观察这个虚拟世界中的事物。VR技术不仅涉及计算机图形学、仿真技术、多媒体技术、人工智能技术、计算机网络技术、并行处理技术和多传感器技术等多个领域的前沿成果，而且强调人与计算机的深度融合，使用户能够与虚拟环境进行交互，实现特殊的目的。简而言之，虚拟现实是一种利用计算机技术生成与一定范围真实世界在视、听、触感等方面高度近似的数字化环境的有关技术、装置和理论。这种数字化环境是通过计算机模拟虚拟环境从而给人以环境沉浸感，使人们能够像在真实世界中一样感知、操作和交互。

VR技术的实现方式包括实时三维计算机图形技术、广角（宽视野）立体显示技术、对观察者头、眼和手的跟踪技术以及触觉/力觉反馈、立体声、网络传输、语音输入输出技术等。这些技术的综合应用使得用户能够全方位地感知虚拟世界，并与之进行自然的交互。

VR技术的特征主要包括沉浸性、交互性和构想性。沉浸性是指用户能够完全沉浸在虚拟环境中，感受到与真实世界类似的体验；交互性则是指用户能够与虚拟环境中的对象进行自然的交互，得到反馈；构想性则是指虚拟现实技术能够启发用户的创造性思维，促使其产生新的构想和创意。

---

① 刘光然，张丽霞. 虚拟现实技术 [M]. 北京：清华大学出版社，2011.

2. 虚拟现实在城市更新中的应用

在城市更新领域，VR 系统已成为重要的辅助开发工具，而城市规划则是 VR 技术应用最早的领域之一。以前在设计机场、车站、展馆等大型建筑时，如何全面、具体地展示建筑完成后的实际形象和应用效果是一大难题。而现在，VR 技术彻底解决了这一问题。由计算机、投影设备、立体眼镜和传感器组成的虚拟设计系统，不仅提供了可视化的设计成果，还简化了设计流程，缩短了设计时间。更重要的是，它还方便了对不同方案进行讨论、对比和修改。

VR 系统的沉浸感和互动性为用户带来了真实、逼真的感官体验，使用户能够全方位地审视未来的规划建筑或城区。虚拟环境基于真实数据建立数字模型，严格遵循相关标准和要求，逼真地再现三维场景。用户可以在其中自由漫游，进行人机交互，从而轻易发现不易察觉的设计缺陷，减少因规划不周而造成的损失，提高项目评估质量。利用虚拟现实系统，用户可以随机修改参数，调整建筑高度、改变建筑表面材质和颜色、改变绿化密度等。这极大加快了规划方案的设计速度，提高了修正效率，并节省了大量资金。

9.4.4　增强现实技术

增强现实技术将虚拟对象叠加在真实世界之上，用户借助必要的视觉装置，可以同时看到虚拟世界和真实世界，并与虚拟对象进行交互。增强现实技术是新一代信息技术的代表，应用空间大、产业潜力大、技术跨度大。增强现实技术在智慧城市、装备制造、医疗健康、电子商务等领域的应用崭露头角，逐步形成新的业态和服务模式。在可以预见的未来，增强现实技术将全面融入人们的生产、生活，使人们的生产更高效、生活更精彩。

1. 增强现实技术的定义

增强现实（Augmented Reality，简称 AR）是一种实时地计算摄影机影像的位置及角度并加上相应图像的技术，是一种将真实世界信息和虚拟世界信息"无缝"集成的新技术，这种技术的目标是在屏幕上把虚拟世界套在现实世界并进行互动。AR 是一种基于计算机实时计算和多传感器融合的技术，将真实世界和虚拟信息结合在一起。它利用多媒体、三维建模、实时跟踪及注册、智能交互、传感等多种技术手段，将计算机生成的文字、图像、三维模型、音乐、视频等虚拟信息模拟仿真后，应用到真实世界中，两种信息互为补充，从而实现对真实世界的"增强"。这种虚实结合的技术可以为各种信息提供可视化的解释和表现，使用户能够有效地扩展感知世界的维度，是人机交互技术发展的一个重要方向。

AR 系统具有三个突出的特点：一是真实世界和虚拟世界的信息集成；二是具有实时交互性；三是在三维尺度空间中增添定位虚拟物体。AR 技术整合了真实世界和网络空间，使得用户能够更好地理解和操作现实世界中的信息。

2. 增强现实技术在城市更新中的应用

在城市更新施工中，建筑施工的工程技术交底问题一直备受关注。传统的二维图纸可读性差，空间表述不够直接，而传统的三维建模软件虽然能构建虚拟三维景观，但主要集中在建筑效果上，难以处理大范围场景。

增强现实（AR）技术的出现，为这一问题提供了解决方案。通过 AR 在施工现场加载虚拟的施工内容，现场施工人员可以看到可视化的设计施工模型，从而更好地理解设计意图。结合其他专业数据，AR 能有效避免因专业知识的欠缺而造成的图纸误解和信息传递失真。

AR 技术不仅提高了施工的可视化程度，还在项目管理方面发挥了重要作用。它能跟踪和记录项目进展，确保团队成员在相同位置进行拍摄，提高进度捕获的效率和准确性。此外，AR 技术还能加强团队协作，让不在现场的团队成员也能共享 3D 图像和视频，共同识别问题。安全性方面，AR 技术通过标签或模型显示安全或危险信息，从而提高工地的安全性。同时，AR 技术还能辅助施工人员进行现场管理，提高工作效率。

在科技发展的推动下，城市更新正朝着智能化、数字化的方向迈进。对于建筑行业而言，增强现实技术已经成为不可或缺的一部分。然而，这种虚拟信息的准确性需要庞大的信息数据库作为支撑，才能将其准确地加载到真实环境中。这需要借助建筑信息模型中的数据提取，并将其转换成增强现实所需的模型。这一过程对数据的真实性和准确性要求极高，否则 AR 系统难以实现精准定位和信息叠加。

尽管增强现实技术在建筑领域具有显著的优势，但其应用仍面临挑战。我国建筑从业人员习惯于以经验为导向的操作方式，这在一定程度上限制了增强现实技术的推广和应用。因此，为了进一步推动增强现实技术在建筑领域的应用和发展，需要进行更多的推广实验，并随着应用环境的不断成熟，探索更多的应用模式和手段。

本章小结

GIS 技术能够满足城市更新过程中信息共享和数字城市建设的需要，3S 技术在智慧城市中有着广泛应用；BIM 技术与 CIM 技术结合，在城市建设管理、城市公共资产管理、城市市政和道路管理和城市保护等领域发挥着重要作用；物联网可助力城市更新以及提高政府管理水平和工作效率；人工智能技术发展迅猛，在城市更新中的作用包括智慧城市模拟、大数据挖掘、智慧城市大脑、智能交通出行和智能生态环境等；大数据技术在城市更新过程中帮助实现将各种感知设备获得的数据信息进行有效集成，实现人、物、环境等城市基本构成要素的协同运行；虚拟现实技术是城市更新领域一种重要的辅助开发工具；增强现实技术在城市更新建筑施工领域以及城市其他建设领域有着广阔的应用潜力。

思考题

1. GIS 技术的特点有哪些？
2. BIM 技术的三种解释有哪些？
3. BIM 技术在城市更新中的应用有哪些？
4. 物联网技术的特点有哪些？
5. 新一代信息技术还可应用于城市更新的哪些方面？

City

本章要点：本章主要介绍了城市更新中的老旧小区改造对象、改造内容、资金来源、投融资模式等内容，介绍了产业园区的概念、分类、发展现状、开发模式及特点等内容，介绍了城市更新中安全问题的重要性、现阶段面临的安全问题及原因等城市更新专题内容。

第 10 章

城市更新专题研究

10.1　城市更新中的老旧小区改造

城市是一个生命体，城市更新是一个永恒话题，老旧小区改造工作体现了"让人民群众在城市生活中更方便、更舒心、更美好"的发展思想。城市更新既是以土地再利用为核心的一种经济活动，也是以社会关系重构为契机的社会活动，更是政府管治、公众参与的社会治理，具有多重目标[①]。它需要对空间、时间和政策做出系统安排。城镇老旧小区改造是重大的民生工程和发展工程，对满足人民群众美好生活需要、推动惠民生扩内需、推进城市有机更新和开发建设方式转型、促进经济高质量发展具有十分重要的意义。因此，对于城镇老旧小区的改造，我们既需要回答"改什么""怎么改""谁来改""为谁改""钱哪来""谁获益"的实操问题，更需要我们转变思想，树立从"旧改"向"更新"转变的观念[①]，加速推动城镇老旧小区有机更新，进而实现"保民生"和"扩内需"的双重目标。

10.1.1　城镇老旧小区改造对象

城镇老旧小区是指城市或县城（城关镇）建成年代较早、失养失修失管、市政配套设施不完善、社区服务设施不健全、居民改造意愿强烈的住宅小区（含单栋住宅楼），目前一般以 2000 年为节点来划分老旧小区和新建小区[②]。已纳入城镇棚户区改造计划、拟通过拆除新建（改建、扩建、翻建）实施改造的棚户区（居民住房）以及以居民自建住房为主的区域和城中村等，不属于老旧小区范畴。

我国 2000 年年底之前建设的住宅小区普遍具有"老年化现象突出"的人口特征、"邻近老城市中心区"的区位特征、"以五六层为主而无电梯"的建筑实体特征以及"物业管理欠缺"的社会治理特征。因此，老旧小区存在的房屋安全问题、基础设施问题、配套服务问题以及社区管理问题亟须解决。

---

① 吴志强，伍江，张佳丽，等."城镇老旧小区更新改造的实施机制"学术笔谈 [J]. 城市规划学刊，2021（3）：1–10.
② 刘红伟. 改造提升老旧小区 让人民群众生活更美好——住建部副部长黄艳解答老旧小区改造热点问题 [J]. 中国勘察设计，2020（8）：12–13.

10.1.2　城镇老旧小区改造内容

1. 基础类

为满足居民安全需要和基本生活需求的内容，主要是市政配套基础设施改造提升以及小区内建筑物屋面、外墙、楼梯等公共部位维修等[①]。其中，改造提升市政配套基础设施包括改造提升小区内部及与小区联系的供水、排水、供电、弱电、道路、供气、供热、消防、安防、生活垃圾分类、移动通信等基础设施，以及光纤入户、架空线规整（入地）等。

2. 完善类

为满足居民生活便利需要和改善型生活需求的内容，主要是环境及配套设施改造建设、小区内建筑节能改造、有条件的楼栋加装电梯等。其中，改造建设环境及配套设施包括拆除违法建设，整治小区及周边绿化、照明等环境，改造或建设小区及周边适老设施、无障碍设施、停车库（场）、电动自行车及汽车充电设施、智能快件箱、智能信包箱、文化休闲设施、体育健身设施、物业用房等配套设施[②]。

3. 提升类

为丰富社区服务供给、提升居民生活品质、立足小区及周边实际条件积极推进的内容，主要是公共服务设施配套建设及其智慧化改造，包括改造或建设小区及周边的社区综合服务设施、卫生服务站等公共卫生设施、幼儿园等教育设施、周界防护等智能感知设施，以及养老、托育、助餐、家政保洁、便民市场、便利店、邮政快递末端综合服务站等社区专项服务设施[③]。

10.1.3　城镇老旧小区改造资金来源

老旧小区改造涉及范围广，需要改造内容项目多，改造所需的资金量大，特别是小区基础市政配套改造、小区服务配套改造，单靠某一方出资不能满足改造资金的需求。政府、居民、产权单位应根据实际情况按照"政府补贴、居民主导、产权单位分担"的

---

① 吴磊. 基于建筑类型学视角下的南昌市区老旧社区公共空间改造策略研究 [D]. 南昌：南昌大学，2021.
② 彭丹丹. 基于传染病防控视角下老旧社区景观改造设计研究 [D]. 南昌：江西农业大学，2022.
③ 广西壮族自治区人民政府办公厅关于印发全面推进广西城镇老旧小区改造工作实施方案的通知 [J]. 广西壮族自治区人民政府公报，2020（22）：14-19.

责任分配原则，实行责任义务分担。城镇老旧小区改造，最终受益者是城镇居民，应按照"谁受益、谁出资"的责权匹配原则，正确引导居民、产权单位积极主动参与小区改造提升，多方筹集资金。涉及房屋主体、小区内部环境及小区加装电梯等改造的根据居民改造意愿以居民出资为主[①]。

同时，通过市场化手段，多渠道多方法吸引社会资本参与和推动。改造资金总体分担原则是：民生工程改造内容原则上以财政出资为主，提升工程改造内容以居民出资、原产权单位出资和市场化筹资为主，配增工程改造内容以社会资本市场化运作为主。根据各地区老旧居住小区改造工作经验，资金来源大体可包括财政补贴、社会筹措、住户个人出资等方面。

1. 居民出资

居民出资部分可通过直接出资、使用（补交）住宅专项维修资金、让渡小区公共收益等多方式落实。允许居民提取个人公积金，用于所居住小区的改造及同步进行户内装修。鼓励居民通过个人捐资捐物、投工投劳等志愿服务形式支持改造。比如，浙江省宁波市出台政策改造所需资金由小区居民、相关企业、政府补助等方式筹措。

其中居民出资部分可包括但不限于物业专项维修资金（含物业管理专项资金、房改维修资金）、共有部位及共有设施设备征收补偿、经营收益、赔偿等资金。对于基础类公共设施改造等方面，居民的出资占比不会很大，居民的出资主要是表明一种态度和责任，重在引导居民群众参与，体现"共同缔造"的理念。

2. 财政资金

小区红线外配套设施改造费用原则上由财政承担；小区范围内公共部分的改造费用由政府、管线单位、原产权单位、居民等共同出资；建筑物本体的改造费用以居民出资为主，财政对民生工程和提升工程分别按一定比例以奖代补。如：杭州市对于老旧小区改造中设计的垃圾分类、无障碍设施、体育建设器材、社区阳光老人家等涉及的相关对口单位分别给予相应的补贴。

3. 管线单位

城镇老旧小区内的管线单位包括供水、供电、燃气、供暖、移动、电信、联通、电

---

① 田灵江 . 老旧小区改造资金需求及来源研究 [J]. 住宅产业，2020（5）：6–11.

视等多家单位，由于建设年代久远，存在很多架空管线和空中飞线等现象。有效规整架空管线、实行管线上改下是老旧小区改造中的必要环节，根据"谁投资、谁受益"的原则，其涉及的改造资金应该由各产权单位分担。比如，宜昌市明确管线单位同步参与改造，改造完工后 5 年内不得再破土施工，同时明确供水、燃气、电力等管线迁改费用由各管线产权单位承担，区财政以奖代补 20%；对弱电改造、共同管道建设费用、组网费用、户线材料费用等在财政、管线产权单位、管线建设单位等之间的分担，都作出了明确规定。

4. 产权单位

城镇老旧小区内涉及的产权单位较多，在老旧小区改造中，部分产权单位可以采取相应补贴的形式增加资金筹措渠道，以弥补政府单方投资压力过大。对于政府资金支持外的改造项目，如果产权单位有条件、有改造需求可投入资金改造，可分别利用财政投资、售房款、住宅专项维修资金、责任企业资金和社会投资等多种渠道筹集资金。

5. 社会资本

积极培育城镇老旧小区改造规模化运营主体，探索政策性金融机构、商业性金融机构、社会企业等对城镇老旧小区改造的资金支持。鼓励国家开发银行、农业开发银行等政策性银行出台专项低息贷款、给予支持老旧小区改造和参与老旧小区运维的社会资本用水、用电、用气、税收优惠及土地设施租金减免等配套优惠政策。鼓励探索项目融资模式，合理拓展改造实施单元，推进相邻小区及周边地区联动改造，探索以多种形式吸引社会资本投资参与加装电梯、停车场（库）及养老、抚幼、医疗、助餐、家政保洁、快递、便民市场、便利店等服务设施的改造建设和运营。

10.1.4　城镇老旧小区改造投融资模式

由于老旧小区改造资金需求总规模较大，上述资金来源难以完全覆盖，加上投资内容兼具系统性和多样性，因此也给予了金融机构、建筑企业、物业管理企业以及其他相关行业单位参与其中的发挥空间。目前各地都在探索建立多渠道融资方式，确保老旧小区改造工作顺利进行，老旧小区改造的资金缺口既可以由政府主导进行筹措，也可以引入社会资本方完成投融资并负责后续的管理和维护，一般采取的投融资模式有：

1. 打包操作模式

老旧小区改造项目一般比较分散，单体规模不大，可以按照旧改内容和类型拆分后同周边棚改、旧城改造类项目结合，或者整体打包进棚改、旧城改造类项目中一起操作。通过棚改、旧城改造类项目的承接主体进行整体商业化运作，其融资渠道较为广泛，未来收益稳定，基本可以覆盖老旧小区改造的成本。而且打包结合运作也有利于统一规划建设，统一部署，还可以整合土地资源，减少公建设施的重复建设，提高土地利用效率。但是该种模式只停留在前期改造投融资层面，未有效考虑后续棚改、旧城改造社区的物业管理、居民消费现金流实现等问题。该种模式可以借鉴的案例有深圳市城市更新项目、广东省"三旧"改造项目。

2. 发行专项债模式

财政部近期明确，专项债投向新增城镇老旧小区改造领域，目前已有安徽省、山东省发行的市政基础设施专项债券案例。其中，山东省潍坊市安丘水质提升及老旧小区供水设施改造项目总投资 6.024 亿元，发行专项债额度 2 亿元；安徽省铜陵市老旧小区改造示范项目——铜关区老旧小区雨污分流提质改造项目，总投资 3.65 亿元 [①]，发行专项债额度 2 亿元。上述旧改专项债项目发行债券额度共计约 4 亿元，但与超万亿元的总体发行量相比，规模依然很小。同时，这两个用于旧改的专项债的债券本息偿付较为依赖土地出让收入、财政补贴等，旧改项目本身形成的经营性收入及现金流有限，融资需求基本靠专项债满足，并未撬动太多市场化融资。项目发债额度也是按照地方专项债务限额进行管理和分配，无法完全将项目本身投资额度和实际融资需求进行匹配。

3. 采用 PPP 模式

旧改项目采取 PPP 模式进行操作，重点在于引入社会资本共担旧改资金的同时，由社会资本参与旧改社区后续的运营管理，有利于建立起长效社区管理机制和收费体系，并更好地响应国家相关政策的号召。如以 PPP 模式实施旧改项目，在社会资本方提供小区物业管理服务的基础上，可充分挖掘旧改项目本身的使用者付费来源，必要时由政府方协调提供与旧改项目相关的配套经营性资源进行整体操作。相关使用者付费来源和配套资源分析如下：

---

① 罗丹阳. 老旧小区改造落实政策与标准探讨 [J]. 工程建设标准化，2021（10）: 80–83, 42.

（1）基础物业管理服务和附加服务收费

旧改社区业主群体相对稳定，物业管理项目公司可在相关法规允许的范围内，建立起社区多方沟通机制，深入调研社区业主的消费需求和消费结构，在提供社区设施维护、安保服务、绿化管理等基础物业服务之外，还可以针对特定业主人群开展家政服务、维修安装、代买代卖、社区医疗、老人陪护、餐饮小饭桌等相关便民服务，积极拓展社区物业服务的附加价值和衍生价值。

（2）在旧改项目物业管理区域内设置特许经营激励

由社会资本方与政府主管部门签订特许经营协议，由社会资本方盘活旧改项目社区内闲置的经营性资源，比如可将物业管理区域内的广告发布权、便民服务亭设置和经营权、停车场（充电桩）收费权、物流自提设施场地租赁收费权等特许经营权赋予社会资本方，以弥补其物业收费不足。

（3）配套旧改项目相关的经营性项目，做好资金平衡

在符合城市总体规划的基础上，配置与旧改运营内容实质关联的经营性项目，比如考虑打包与旧改小区直接相关的供电、供水、供热、供气、停车、污水与垃圾处理等有稳定现金流收入的基础设施项目，以增加项目整体收益并进一步满足社区居民的生活内需，同时可以释放未来社区居民的消费动力。

目前，包括城镇老旧小区改造在内的城市更新融资，逐步演变成了专项债、PPP、片区开发三种融资模式三足鼎立的局面。其他类似特许经营、EOD、特色小镇、存量资产 TOT 很难作为一种融资模式来实现筹集资金功能，而只能通过专项债、PPP 或片区开发模式，来实现其期望的融资功能。

10.1.5　案例：北京劲松老旧小区改造

自"十二五"时期以来，北京市委、市政府高度重视老旧小区综合整治工作，稳步推进全市老旧小区改造工作。在此过程中，北京劲松北社区探索创新出独特的"劲松模式"，使得劲松小区在众多老旧小区改造项目中脱颖而出，实现社区的长效良性发展。同时，通过市场化手段，多渠道多方法吸引社会资本参与和推动。改造资金总体分担原则是：民生工程改造内容原则上以财政出资为主，提升工程改造内容以居民出资、原产权单位出资和市场化筹资为主，配增工程改造内容以社会资本市场化运作为主。根据各地区老旧小区改造工作经验，资金来源大体可包括财政补贴、社会筹措、住户个人出资等方面。

1. 劲松小区概况

劲松小区位于北京东三环劲松桥西侧，隶属朝阳区劲松街道管辖，始建于 20 世纪 70 年代，是改革开放后北京市第一批成建制楼房住宅区，目前楼龄已四十余年，改造前的劲松小区存在着配套设施不健全、基础设施老化、停车管理无序以及没有物业公司管理的问题等（图 10-1）。

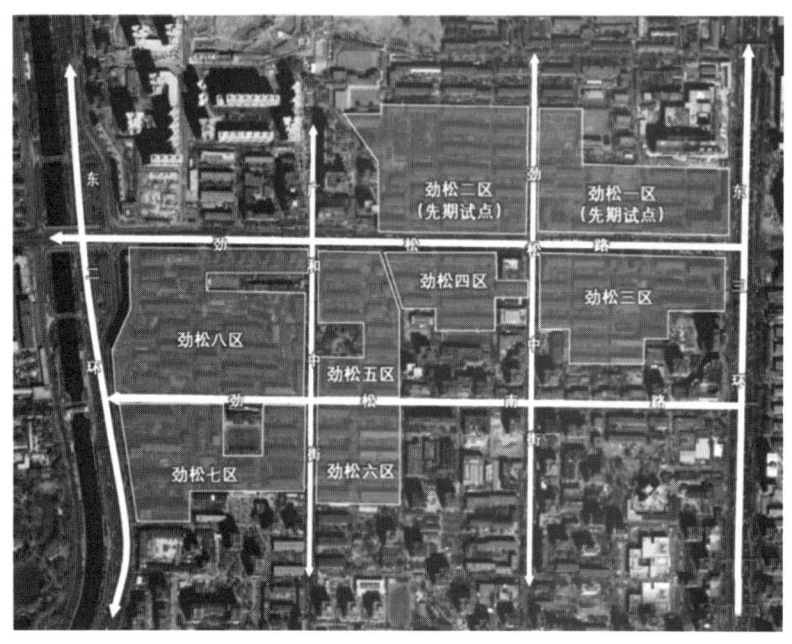

图 10-1　北京劲松老旧小区改造布局
资料来源：微信公众号"北京规划自然资源"

资金问题一直是老旧小区改造面临的最大困难，以仅依靠政府财政资金投入的传统方式开展治理，难以从根本上解决劲松老旧小区的复杂问题。2018 年 7 月，北京市在劲松开展试点，首次引入社会机构，创新投融资机制，运用市场化方式推动城市更新，将劲松一、二区作为先期试点开展工作。属地街道与愿景集团合作，在规划、住建和房管等部门的指导下对小区开展综合改造和提升，共同探索社区长效发展的创新模式。

2. "劲松模式"亮点

（1）运营模式：市场化方式推动更新与持续运营

"劲松模式"创新投融资机制，运用市场化方式吸引社会机构参与更新与物业管理。同时将劲松一区、二区作为先行试点由社会机构投入改造，一方面可以拓展老旧小区公共收入渠道，除了盘活闲置空间外，物业和停车管理收费、养老托幼设施的投资，都可以作为吸引资本进入的利益激发点；另一方面，按照"谁投资、谁受益"的原则，建立受益者付费机制，培养居民的付费意识。通过后续的物业管理、服务的使用者付费、政府补贴、商业收费等多种渠道，实现一定期限内投资回报的平衡，形成社会机构对城市老旧社区改造介入的吸引点，通过各方利益再平衡进而推动老旧小区改造取得实质性进展。

（2）推进模式："五方联动"

老旧小区改造的长效机制的关键在于，改造者要把人民群众根本利益为第一位，充分听取居民建议，以人为本地进行"友好"改造，从而达到天然的人居和谐。基于此，劲松试点探索出了一条"区级统筹，街乡主导，社区协调，居民议事，企业运作"的"五方联动"机制，由区级部门领导，区委办局、街道办事处、居委会、社会单位和企业代表五方联动，共同推进社区综合整治（图 10-2）。

（3）公众参与：精准的需求管控

在"劲松模式"的具体实践中，社区居民全程参与，自主选择社区改造内容。为精准定位居民的需求，劲松街道和企业项目团队通过入户访谈、现场调研、组织座谈、召

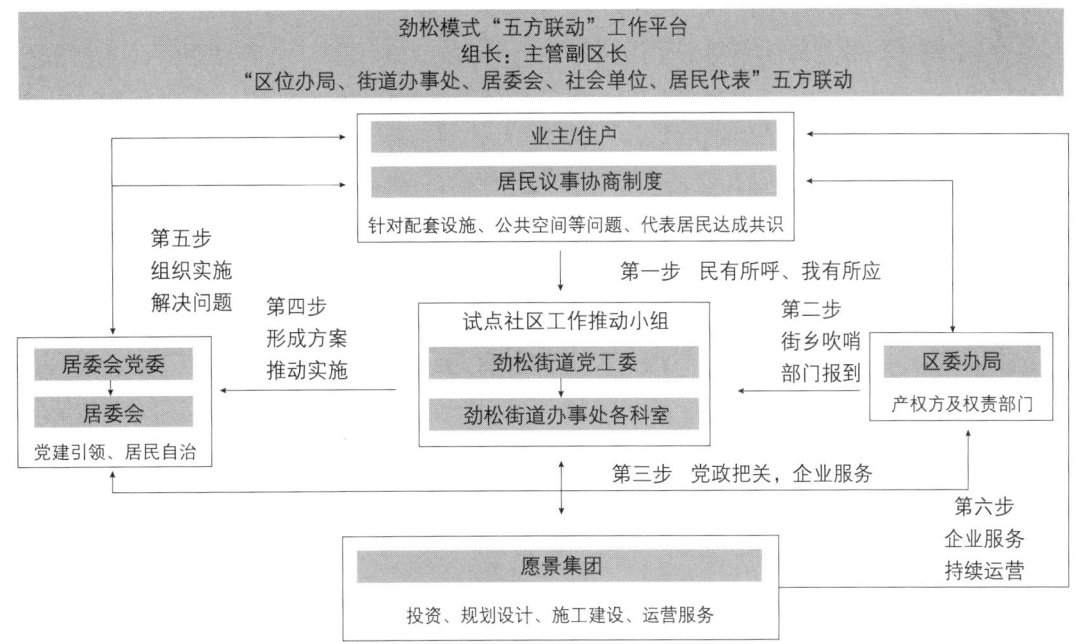

图 10-2　北京劲松老旧小区改造的"五方联动"机制
资料来源：微信公众号"北京规划自然资源"

开评审会等方式，在深入了解居民需求后确定整治重点，实现真正的"民有所呼，我有所应"。

为了解社区居民最迫切希望得到改善的内容，项目团队通过多场居民调研访谈与居民进行深入交流，依据居民对社区现状的改造内容需求制定改造工作计划，为小区居民打造舒适、安全、便捷的生活环境。

针对改造前的劲松小区便民设施不足问题，项目团队依据青年、中年、老年三类不同年龄人群的需求进行详细走访调查，并根据小区人群配比合理布局，利用改造后的空间引入多种便民业态，方便了居民的生活。

在小区自行车棚升级改造中，团队邀请高校、社会机构等分别提供设计方案，同时组织居民代表参与方案评选及便民服务业态的投票，升级后的车棚大大提高了停车效率，节省出的空间后续被改造成了服务综合体，包括裁缝铺、修锁配钥匙、电器修理、鞋类打理、洗衣、自动售卖机等便民服务，获得居民极大好评。

（4）总结

目前，存量空间改造已成为城市发展的新趋势，其中老旧小区改造是城市更新的一项重要内容。北京劲松小区通过引入社会机构，形成小区整治管理的创新模式和长效机制，为破解老旧社区更新这一难题探索出了一条可复制可推广的新路径，促进城镇老旧小区成为环境整洁、管理有序、守望相助、共治共享的和谐家园。

"劲松模式"的创新示范得到了国家和政府部门的大力支持，并首度写入《北京市物业管理条例》。在老旧小区的改造过程中，可以推进完善"劲松模式"，使其成为一种可复制的成熟商业模式，让"劲松模式"在更多老旧小区中得到推广应用，加快旧改这一民生工程，不断提升城市居民的幸福感和获得感。

10.2　城市更新中的产业园区建设

10.2.1　产业园区的概念

产业园区是指由政府或企业以实现产业发展目标而创立的特殊区位环境。产业园区内部需具备完整的基础设施和良好的社会环境，是区域经济发展、产业调整升级的重要空间集聚形式，担负着集聚创新资源、培育新兴产业、推动城市化建设等一系列的重要使命。

10.2.2　城市产业园区的分类

城市产业园区包括工业园区、经济技术开发区、高新技术产业开发区、科技园区、文化创意产业园区、特色产业园区和物流园区等[①]。

1. 工业园区

工业园区是指在大片的土地上聚集若干工业企业的区域。它具有如下特征：开发面积较大；大面积的土地上有多个建筑物、工厂以及各种公共设施和娱乐场所；对常驻公司、土地利用率和建筑物类型实行限制；详细的区域规划及园区环境制定了执行标准和限制条件；为履行合同和协议、控制和适应进入园区、制定院内长期发展政策与计划等提供必要的管理条件[②]。

2. 经济技术开发区

经济技术开发区是我国在经济体制转型期间出现的一种通过采取特殊政策、营造优良环境，吸引国外资金和技术、发展外向型经济的特色区域，具有"企业结构以外商投资为主、产业结构以现代工业为主、产品结构以出口为主、致力于发展高新技术"的特点。

3. 高新技术产业开发区

高新技术产业开发区是指中国改革开放后在一些知识密集型、技术密集型的大中城市和沿海地区建立的用于发展高新技术的产业开发区[③]。高新技术产业开发区是由各级政府批准成立的、以发展高新技术为目的而设置的特定区域，是依托于智力密集、技术密集和开放环境，依靠科技和经济实力，吸收和借鉴国外先进科技资源、资金和管理手段，通过实行税收和贷款方面的优惠政策和各项改革措施，实现软硬环境的局部优化，最大限度地把科技成果转化为现实生产力而建立起来的，是促进科研、教育和生产结合的综合性基地[④]。

① 彭建东，刘凌波，张光辉. 城市设计思维与表达 .[M]. 北京：中国建筑工业出版社，2016.
② 曹玮 . 企业集群与工业园区发展 [D]. 南京：河海大学，2006.
③ 吴殿廷，吴昊 . 区域发展产业规划 [M]. 南京：东南大学出版社；2018；178.
④ 潘斌，彭震伟 . 转型期上海工业集聚区的空间发展研究 [M]. 北京：中国建筑工业出版社，2018；6.

4. 科技园区

科技园区是以创新为核心的高新技术产业集聚型综合区，包括科学研究机构、高等院校、高新科技企业，以及为之服务的商务、生活服务设施和市政、交通等基础设施。其布局应体现出良好的生态环境，生活居住的舒适性，信息交通的便捷性，以及低密度、园林化、网络化的特点。是知识经济发展最有效的空间组织形式。

5. 文化创意产业园区

文化创意产业园是一系列与文化关联的、产业规模集聚的特定地理区域，是以具有鲜明文化形象并对外界产生一定吸引力的集生产、交易、休闲、居住为一体的多功能园区[①]。

6. 特色产业园区

特色产业园区是指以本地特色资源为基础进行深加工为主导产业并带动相关产业发展，从而加快本地经济发展的一类产业园区[②]。

7. 物流园区

物流园区是指在物流作业集中的地区，在几种运输方式衔接地，将多种物流设施和不同类型的物流企业在空间上集中布局的场所，也是一个有一定规模的、具有多种服务功能的物流企业集结点[③]。

10.2.3 城市更新背景下产业园区发展现状

目前全国有规模不等的产业园区超 80000 个，其中广东省产业园区数量最多，拥有 14000 余个，其次是江苏省超 9700 个，第三位的是浙江省，拥有产业园区 8000 余个，辽宁省位居第 16 位，西藏自治区目前拥有 74 个产业园区位居末位。国内近年来的热门产业园区主要有物流、电子商务、文化、文化创意、现代农业及 IT 软件等产业园区，而化工、丝绸、玻璃等传统产业园区比重逐渐下降。

近年来城市更新行动中建设的产业园区多以物流产业园、特色产业园区、经济技术

① 许豫宏. 旅游地产开发概论 [M]. 北京：旅游教育出版社，2012.
② 李晓鹏，张国彪. 中国的产业政策 [M]. 北京：中国发展出版社，2017.11.
③ 张立国，程国辉，何勇. 面向东盟的广西农产品物流发展研究 [M]. 北京：冶金工业出版社，2016.

开发区、高新技术产业园区为主。目前国内现有物流产业园区高达 3900 家以上，山东、江苏、广东是拥有物流园区最多的三大省份；特色产业园区多数是将传统工业园区进行升级改造，融入城市文化特色，重点发展新兴特色产业以带动二、三产业之间转化，特色产业园区主要以文化产业、艺术产业及影视产业园区为主；高新技术产业园区和经济技术开发区是将城市用地进行扩张，将城市边缘地带进行规划，引进多种产业，形成知识密集型、技术密集型的综合性产业聚集地，用以带动在地产业发展。

10.2.4　城市更新背景下产业园区的开发模式及特点

1. 政府主导模式的产业园区开发

该模式以政府为主导，根据城市规划发展的需要，基于社会经济发展等因素，经招商引资、土地出让等出让方式引进符合相关条件的产业发展项目，以土地为载体，产业项目为依托，实现城市功能建设的开发模式。

这种开发模式是目前我国最常见的产业园区开发模式，鉴于是政府根据城市规划发展需要，基于社会经济发展等因素，经招商引资、土地出让等方式引进符合相关条件的产业发展项目，以地产为载体，产业项目为依托，实现城市功能建设的开发模式。

2. 主体企业引导模式的产业园区开发

该模式是指在特定产业领域内具有强大实力的企业，获取大量的自用土地后建造一个相对独立的产业园区，并在自身入驻园区且占主导地位的情况下，借助其在产业中的强大号召力，以出售、出租等方式吸引同类企业集聚，最终实现整个产业链完善的开发模式[①]。

这种模式一方面是以主体企业为主导，另一方面又带动了同种企业的聚集，促进了整个城市经济的专业化建设。但是，相对于城市建设而言，该模式独立于政府主导，是完全自发、自主形成的，因此具有建设速度慢、形成周期长、缺乏整体规划、具备一定程度的盲目性等特点，难以作为城市专业化发展的主要模式。

3. 产业地产商模式的产业园区开发

该模式是指房地产开发企业在园区内或其他地方获取土地项目，进行项目的道路、绿化等基础设施建设乃至厂房、仓库、研发等房产项目的营建，然后以租赁、转让或合

---

① 孙严育. 武汉市工业园区开发建设模式研究 [J]. 现代商贸工业，2015，36（11）：12-14.

资、合作经营的方式进行项目相关设施的经营、管理，最后获取合理的房地产开发利润。

产业地产商模式依旧是房地产开发模式，地产开发商与整个产业的结合不紧密，由于地产商的利润来源点并不建立在产业的发展与繁荣上，而产业本身也不过分依赖于其所使用的地产，因此难以形成产业辐射力，是产业地产的初级开发运营模式。

4. 综合运作模式的产业园区开发

综合运作模式是指政府主导开发模式、主体企业引导模式和产业地产商模式混合运用的开发模式。这种模式下，政府提供土地、税收等优惠政策，并成立管委会负责行政管理事务，地产商投资开发建设并提供相应的园区服务，龙头企业入驻发挥产业号召力，多方合力共同推进产业园区开发与经营。

综合运作模式既能充分发挥政府的指导性，同时也能发挥市场的灵活性，权责明确，有利于引入多元投资主体实施综合性、大规模成片开发项目。但是，这种模式对政企关系协调要求非常高，如果关系处理不当，则容易造成产业园区的发展停滞。

10.2.5 城市更新背景下产业园区的建设

1. 城市更新背景下产业园区的建设目标

城市更新背景下产业园区的建设目标主要包括：

（1）推动传统产业转型升级，积极引导低效产业园进行更新发展，提升园区的产业创新能力。

（2）发展新型产业，集聚创新资源，推动文化创意产业、旅游业及现代服务业等新型产业的建设发展。

（3）带动城市经济增长，通过传统产业的优化升级以及新型产业的建设发展带动地方城市的经济发展速度，提升城市经济效益。

（4）推动城市智能化转型，城市更新背景下产业园区的建设多引入现代科学技术，旨在打造符合现代社会的智能化科技园区，用以推动城市智能化转型。

（5）建设绿色产业园区，使用现代绿色建筑材料结合绿色建筑理念，打造集环保与生态保护于一体的特色绿色产业聚集地。

2. 城市更新背景下产业园区的建设模式

城市更新背景下产业园区的建设模式主要包括：产业园区升级发展、产业园区功能转化及新建产业园区。

（1）产业园区升级发展

是指在原有产业园区的基础上进行技术层面优化升级，或者提升园区内部建筑物的性能与水平，打造安全、绿色的智能建筑，保障办公环境、住宿环境及厂房建筑合理安全。

（2）产业园区功能转化

将原有产业园区遗址或产业升级后的废弃厂房进行改造，保留其传统历史标记，重新规划其内部景观布局、建筑风格及内部结构，使其转变成为与原产业园不同的新型产业园区，如文化创意园区，影视产业园区，用以提升其经济效益与活力。

（3）新建产业园区

由政府或企业主导，依据新型建造模式及建造技术，根据市场、经济及社会等需要建立的全新产业园区，以带动在地经济发展，响应绿色号召。

3. 城市更新背景下产业园区的建设保障

在城市更新的背景下，为推动产业园区在全国范围内顺利地完成建设，需进一步完善其建设保障：

（1）政府需加大对产业园区建设的政策支持力度，制定完善产业引导激励政策，明确支持利用城市更新空间资源发展新产业、新业态的相关标准。

（2）鼓励社会资本的参与，加强政府与社会资本的合作，共同参与产业园区的建设。

（3）加快推进产业园区的信息化、数字化、智能化改造升级，注重运用新型建筑材料，打造经济绿色产业园区。

（4）完善政府投资、财政补助、金融信贷等城市更新财政金融支持政策，必要时可引进外部投资，以保证产业园区的建设资金链完备。

10.2.6　城市更新背景下产业园区建设案例分析

1. 成功案例——北京 798 艺术区

21 世纪以来，798 艺术区成为北京最具工业传奇、艺术气息、城市活力、国际影响的特色区域，七八年间陡然由一个普通的军工编号转化为地标性的文化符号，由一个单位所有的封闭厂区转化为开放型的文化社区，由一个自发形成的艺术区转化为城市文化旅游的重要吸引物，并且富有戏剧性地、快速地纳入政府常态管理体制，成为重点规划建设的市级文化创意产业集聚区。

（1）背景介绍

北京 798 艺术区位于北京市朝阳区酒仙桥路 2 号，是北京市著名的文化创意产业聚集区。其前身是由苏联援建、东德负责设计建造的重点工业项目 718 联合厂，即北京第三无线电器材厂，该厂于 1952 年筹建，总面积达 110 万 m²。其于 1964 年 4 月拆分为多个厂，798 厂便是其中之一。20 世纪 80 年代到 90 年代，798 厂开始走向衰败，其建筑物价值开始逐渐下滑。由于其地理位置优越且厂房租金低廉，从 21 世纪初开始，诸多艺术家开始将个人工作室开到园区内部，许多艺术机构也纷纷集聚于此，自此 798 厂开始逐渐形成一个群众自发的艺术群落。

（2）开发及管理模式

北京 798 艺术区最初是由一群艺术家自发形成的，将其工作室开在厂区内进行艺术创作和办公，随后吸引大量艺术机构入驻厂区内，逐渐形成了艺术群落，后为方便进一步的开发与管理，政府部门逐渐介入，参与到艺术区开发建设当中，并于 2007 年 3 月成立 798 艺术区建设管理办公室，自此 798 艺术区开始由自由发展走向"正轨"，从自由的艺术群落转变为集艺术、商业、办公、餐饮、娱乐于一体的文创园区。严格意义上来说，798 艺术区的开发建设属于混合开发模式，由艺术家、艺术机构及政府部门协同建设开发完成。

（3）798 艺术区建设目的及建设模式

北京 798 艺术区是对原有工业厂房进行功能的转化，保留原有厂房建筑，对其使用功能进行转变，引入艺术文化概念及艺术风格，在不改变建筑物整体结构的基础上，重新规划其内部景观及总体布局，将原有工业园区转变成为文创园区，用以推动原有传统产业的转型，带动艺术、文化及娱乐等相关产业发展，实现艺术产业的集群发展，吸引国内外众多艺术爱好者及专家前来打卡，带动地区经济增长。

（4）成功原因

北京 798 艺术区是城市更新活动中产业园区建设的经典成功案例，归结其成功原因主要有以下几个方面：

1）便利的交通。城市的发展进步及用地的扩张将 798 艺术区所在之处纳入北京城区范围内，其地理位置优越且周围交通基础设施便利，无论是自驾出行或乘坐公共交通工具出行都十分方便。

2）独特的艺术文化融合。北京 798 艺术区将中国传统文化与国外文化完美融合，既保留了新中国传统的工业记忆，又将中西方艺术文化融合在一起，形成了具有国际色彩的"SOHO 式艺术聚落"。

3）园区设施完整。园区内部不仅包括画廊工作室及设计一类的艺术区域，还包括了时装、酒吧、餐饮等服务性行业，周围住宿等基本生活设施也十分便利。

4）多方参与式的开发管理模式。由艺术家自发形成，成型后政府介入与一众艺术家共同对艺术区进行管理，政府的介入能够保证艺术区后期的有序经营。

5）产业转型与发展。798 艺术区的成功原因之一包括了其对现代新兴产业发展的推动，特色产业是现代产业园区建设的热门方向，艺术区的建立把握住了新兴产业推广发展的热潮。

6）成本控制合理。艺术家在原有建筑基础上对其外观及使用功能进行改变，最初的建设并未投入大量的资金，反而因其租金低廉而就地选址，故整个项目的资金投入较为合理，并未对后期的经营造成过重压力。

2. 不成功案例——武汉万达电影乐园

（1）背景介绍

武汉万达电影乐园是由万达集团兴建，坐落于湖北省武汉市"武汉中央文化区"楚河汉街西端，是万达集团进军文化旅游产业的首秀，总建筑面积达 10 万 m^2。于 2014 年 12 月 20 日在武汉开幕，万达集团斥巨资邀请好莱坞巨制对其进行设计打造，首度实现国际顶尖科技与特效体验的惊喜结合，项目最初的雄心是要和上海迪士尼乐园抗衡，但事与愿违，该园仅维持短短两年，便于 2016 年 7 月 31 日暂停营业。

（2）开发管理模式

万达电影乐园是文化产业与旅游产业相结合的产业园，由万达集团进行开发，并负责后期的管理工作，属于企业自身主导开发加管理模式，并邀请了全球顶尖的艺术大师 Mark Fisher 进行外观设计，将楚汉文化精髓"编钟"融入其中，是现代艺术与古典文化的碰撞。

（3）万达电影乐园建设目的及建设模式

万达电影乐园是由万达集团筹建的新建产业园，是将文化产业与旅游业合二为一的产业园区，其初衷是打造可以超越迪士尼乐园的主题乐园，旨在带动武汉的文化产业、电影产业及旅游业等产业的发展。万达集团邀请全球著名设计团队及特效团队对主题乐园进行倾情打造，园区内部包括六大主题区、精品商店及餐饮美食等娱乐休闲购物区域，开园便吸引众多游客前来游玩。

（4）实施效果

2016 年 7 月 31 日，经营 19 个月的万达电影乐园宣布暂时谢幕，400 名游客于 30

日赶来进行最后一次游玩，至此与汉秀剧场并称"武汉双骄"的电影乐园消失于大众视野。

（5）不成功原因分析

万达电影乐园的落幕让人们感到惋惜，同时其建设经营失败的教训也为未来城市更新背景下产业园区的建设提供了宝贵经验。归结其失败原因主要有如下几点：

1）目标定位过高。武汉万达电影乐园建设初期的设想是将其打造成为超越迪士尼乐园的主题公园，这一设想虽有野心，但缺乏足够的可行性支持，只一味地考虑打造高端的主题乐园，没有考虑实际建设及经营的难度，也并未对后期可能会出现的风险进行有效防范。

2）消费定价不切合实际。万达电影乐园的定价或许是与它建设运营成本相匹配的，但并不符合大众的消费水平。其内部游乐设施及餐饮等均存在定价过高的现象，阻碍了普通工薪阶层时常光顾，这是导致万达电影乐园关门的直接原因之一。

3）产品体验不足。部分游客认为电影乐园所宣传的服务及产品体验与实际体验差距较大，没有体验到其中令人惊艳的产品效果，令人比较失望。

4）开发管理方式欠缺。万达电影乐园是由万达集团负责前期的开发和后期的管理运营，这个电影乐园的项目从前期规划及开发上就未能充分考虑后期运营的问题，后期管理松散，风险防范措施不到位，导致电影乐园快速停业。

5）与城市更新的对接协调不够。产业园区建设运营，与城市更新规划、政府政策支持、城市目标市场规模和消费能力分析等密切相关。在项目决策之初，开发主体应当对城市发展环境、可行性和不可行性、产品竞争力、市场潜力、成本控制和风险防范等进行深入论证，才能实现产业园区与城市更新的协调发展。

10.3 城市更新中的安全问题

安全是城市一切工作的前提，离开了安全，城市更新工作就如同空中楼阁，失去意义。我们有必要深入研究城市更新安全的影响因素，分析现状和问题，借鉴国内外成功经验，提出有针对性的路径措施。

10.3.1　城市更新中安全问题的重要性

城镇化极大地促进了人类文明的发展与进步，使人们的生活变得更美好，同时也时时面临"城市病"的威胁，存在众多的城市安全隐患。英国的经济史学家哈孟德夫妇把英国工业革命之后由于城市爆炸而产生的一系列问题称之为"迈达斯灾祸"（Curse of Midas），《中国大百科全书》（第二版）定义城市病（Urban Pathologies）为：发生在城市社区中，由城市生活、就业压力和环境恶化等产生的各种心理混乱、社会冲突、生态失调、反社会行为等问题的总称。20 世纪末期，英国医学杂志《柳叶刀》曾报道：城市化的畸形发展使城市成为致命病毒的温床，引起了流感、病毒性肝炎和登革热的大规模流行[①]。世界卫生组织（WHO）也发出警告，"人类和传染性疾病病原体仅处于两军对峙的停战状态，只要城市的基础设施崩溃，这个平衡随时都会改变"。非典、新冠等肆虐城市的公共卫生安全事件，一再给城市安全问题敲响了警钟。不断提升城市安全水平，既是城市更新得以成功实施的必要条件，更是城市更新要追求的首要目标。

10.3.2　城市更新中公共健康与安全问题的基本要素

1. 生态

城市更新过程中需要充分尊重自然环境，延续原有自然生态系统，合理地对土地资源、水资源、生物资源进行最佳利用，尽量减少能耗、减少排放、利用清洁能源，营造人与自然和谐的生态环境。基础设施的生态性要求对于可再生能源应加以处理促使其循环使用，对于不可再生能源应积极提高其使用效率。居住环境的生态性主要体现在室内环境与室外环境两个方面。就室内环境来说，住区通过合理地规划布局和功能分区，可以达到改善建筑朝向、增加采光率、有效通风等效果，通过建筑设计中先进技术的应用，增加室内环境的生态性能。就室外环境来说，要保持住区内部的高差变化、周边水域的水文条件、植被覆盖情况等自然特性，并有效促使其生态特性的平衡发展。

广义上的城市安全很显然是包括生态上的考虑的。城市基础设施和城市住宅建设与生态资源的消耗数量和使用效率息息相关，而涉及城市基础设施的优化布局和新建改造，以及城市建筑"拆改建"等城市更新活动，其科学合理的规划和实施方案会直接减少生态资源的消耗、提升生态资源的利用效率。在当前城市"双碳"目标框架下，城市建筑

① 阳建强. 公共健康与安全视角下的老旧小区改造 [J]. 北京规划建设，2020（2）：36-39.

和公共基础设施低碳化的设计、建造和运营，以及低碳化的交通出行需求和生活方式转变，比以往任何时候都迫切。

2. 安全

确保人的生命、身体、财产、活动和机能等的安全是城市居住环境中重要的健康影响因素。居住环境安全性可以分为两类：一类是日常安全性，包括对防范性、交通安全性，以及其他生活中的危险安全性等；另一类是灾害安全性，包括对洪涝、地震等自然灾害引发的灾害，以及人类活动密集地区由人为因素引发的火灾等情况下的安全性。随着私家车数量的不断增加，日常交通出行安全日益成为威胁居民安全的主要隐患，而城市内部道路网的设计以及道路环境在预防道路交通事故方面具有重要作用。对于公共卫生、火灾和洪涝灾害、地质灾害、地震灾害等，可采取划定灾害危险区域、分区隔离、加强生命线整治、提高灾害预警和应对能力以及增加避难空间等措施。另外，无论是小区物业还是城市物业，都应遵循消防、人防以及防灾规划的要求进行规划布局和设置设施，并提升安全监视和安全防范措施水平。

基于安全视角的城市更新，除了要重视对交通等日常人身安全事故多发地点的重新设计和建设外，也要适应当前世界范围内高温、洪涝等自然灾害频发的特点，兼顾灾害缓冲避难设施建设和日常韧性建设，做好安全风险防范。

3. 方便

居住环境的方便程度主要涉及"日常生活的便利性""各种设施的便利程度""交通设施的便利性"和"社会服务的便利性"。便利性的影响因素包括接近设施的程度（与设施之间的距离）、设施的丰富程度（设施的密度、占地面积、种类等）、某种服务的利用可能性（宽带入户装置等）等方面。住区承载着居民的日常生活，除了提供适用的住房外，住区应该能够提供满足居民日常生活的交通设施、公共设施以及户外环境，倡导公交出行、步行友好环境，为居民日常购物、上学、交往、文化体育活动、休闲漫步等活动提供方便。2018年新发布的《城市居住区规划设计标准》GB 50180—2018，根据居民在合理步行距离内满足基本生活需求的原则，分为十五分钟生活圈居住区、十分钟生活圈居住区、五分钟生活圈居住区及居住街坊四级，其目的在于强调公共设施服务的步行可达和方便。

便利性的提升一般意味着金钱成本、时间成本和健康成本的降低，对提升城市安全水平是有利的。同时也要看到，有时便利性和安全性不是必然一致的，比如便利的城市交通计费和支付交易手段所伴随的个人信息安全泄露风险，又比如居住区和商业区混合式布局提升了城市生活便利性的同时所带来的消防和治安风险。科学的城市更新应该是能够实现便利性和安全性的统一。

4. 宜居

宜居的城市是建立在生态、安全、便利基础上的，宜居是城市安全的高级体现形式。宜居的城市是能够高质量满足人们衣食住行各项需要的，能够提供高质量的购物、餐饮、居住和出行条件，全面满足人们生产和生活需要。宜居的城市是人与自然和谐友好的，不仅当代的城市居民能够从自然中获得充足的生态资源供应，同时也能保证其子孙后代对生态环境的需要。宜居的城市是人和人之间和谐友好的，并有足够的软硬条件设施为人和人之间的沟通和合作提供保障。宜居的城市一定是多元化的，这里既有因人口集聚而产生的多样化的需求，也有因各种要素集聚而提供的多元化的市场供给。

宜居视角下的城市更新，需要为城市上述各项功能的和谐联通、人与环境之间的和谐联通、人与人之间的和谐联通、多元需求和多元供给之间的和谐联通提供空间和物质条件。

此外，城市更新中的公共健康与安全问题还涉及城市医疗卫生、城市治安、城市社区组织和自治管理等工作。

10.3.3　国内外经验

1. 日本城市更新安全规划制度

日本于 2001 年成立了城市更新总部，2002 年政府出台了《城市再生特别措施法》（最新修正 2018 年第 38 号），力图推进"世界上最先进的城市更新"。

（1）日本《城市更新安全规划》制度创建

城市再生紧急建设地区，通常汇集大量的商业和办公等功能，是引领日本国经济、加强国际竞争力的重要地区，同时，区域内许多人口集中在高层建筑物、铁路设施、地下街等复杂的立体空间区域。所以，一旦发生地震等大规模灾害，就有可能发生大量死伤，造成避难者集中到特定场所引起拥挤踩踏事件，以及产生大量回家困难者的临时避难需求。在发生各种建构筑物和生命线设施破坏时，企业维持继续生产变得困难，国际城市的功能将受到损害，也将给日本经济带来巨大影响。因此，日本于 2012 年修改了《城市再生特别措施法》，创立了《城市更新安全规划》制度，规定由政府和社会共同组成城市再生紧急建设协议会（政企合作），负责制定城市更新安全规划。该协议包含国家、相关地方公共团体、城市开发经营者、公共设施管理者等政府部门，以及铁路经营者、物业所有者和租户等社会企业。该制度是针对城市再生紧急建设地区，为了确保大规模地震等灾害发生时滞留者的安全而制定的；同时，在未被指定为城市再生紧急建设的地区，每天客流量30万人以上的主要车站周边也可以按照城市再生安全规划来制定。截至2019年3月，已有25个城市再生紧急建设地区和22个满足要求的其他地区编制了《城市更新安全规划》。

（2）日本《城市更新安全规划》编制方法及经验

规划编制的技术路线：为了普及和宣传《城市更新安全规划》制度，内阁府和国土交通省在充分协调防灾、警察、消防等部门的基础上编制了《城市更新安全规划指南》，指南介绍了《城市更新安全规划》的定位，创建和实施，规划编制等内容。《城市更新安全规划》编制和实施的技术路线包含确定参与主体、现状分析、目标设定、规划编制、项目实施和实施效果验证6部分内容：①多元主体参与：要求主要车站周边的防灾相关协商会、具有防灾相关专业性的企业等参加，确保各方面人员齐全，形成参与者之间的网络。②现状分析：把握地区应对灾害的优势（资源情况）和劣势（风险分析），相关人员之间共享地区所拥有的资源和风险信息。③目标设定：根据地区实际情况设定合适的目标，与区域管理等地区的城市建设合作的目标设定。④规划编制：根据地区的实际情况，从容易应对的对策中制定规划，地区相关人员共同编制。⑤项目实施：为从常态到非常态无缝过渡的活动做准备，融入地区管理的环节。⑥实施效果验证：定期评估地区状况的变化，验证防灾活动的成果，制定需要改善的规划（包括评估参加企业、增加团体的必要性、重新设定目标等）。

（3）规划编制成果的框架

规划编制的主要内容包含确保滞留者安全的基本方针，建设项目及事务性内容，其他确保地区应对灾害的事项在内的三部分内容。第一，确保滞留者安全的基本方针。说明地区城市更新安全规划的意义；确定规划的制定和实施体制；研究地区受灾情况，包括梳理地区现状、大规模地震时受灾的设想、生命线的安全、多情景的灾害发生情况分析、应对灾害的重点问题；基于灾害设想和重点问题确定规划目标；根据实施效果开展规划变更和修改。第二，建设项目及事务性内容。其包括安全设施的建设和管理、确保滞留者等的安全而实施的项目、为确保滞留者安全必要的事务等。第三，其他确保地区应对灾害的事项。地区基础设施的建设情况，规划与区域规划的联动机制，后续工作的建议等。

2. 规划经验总结及对我国的启示

《城市更新安全规划》必须与城市更新开发项目结合起来，在确保滞留者安全的同时，广泛地提高城市的安全性和可靠性，促进地区经济社会的健康发展，推进法定的城市更新项目。另外，规划在制定时，从可实施的项目开始，持续地动态更新，逐步补充完善非常重要，已编制过规划的城市形成了很好的经验。

城市安全既涉及城市硬件基础设施和建筑物的规划建设和运营，也涉及偏软的安全管理和制度建设，日本的城市更新安全规划制度无疑为我国软硬兼顾、做好城市安全工作提供了有益借鉴。对中国城市更新中落实防灾设施的启示：城市更新政策中增加城市安全制度；同步制定城市更新规划与城市安全规划；不断细化安全规划的编制内容；完善配套措施，保障安全设施落地；建立多元主体协议制度；完善规划及审批程序；加大政府财政支持力度；完善更新项目的容积率奖励制度。

10.3.4　当前我国城市更新安全面临的主要问题和原因分析

1. 城市老旧小区的健康安全问题与隐患较为突出

我国城市老旧小区一般建设于 20 世纪 60—90 年代，因为长期缺乏日常维护和更新，加上当时建设标准普遍偏低，在安全方面存在诸多隐患。

2. 建筑物老化导致生活条件和居住环境较为恶劣

第一个问题是"旧"。大多数建筑建设时间久远，使用期限将近，且年久失修，存在较大的安全隐患，抵御火灾、地震等自然灾害的能力较差；第二个问题是"小"。户均建筑面积偏小，内部设施简陋，缺乏独立的厨卫设施和完善的环卫设施，难以满足人们的现代生活需求；第三个问题是"杂"。现存老旧小区用地中各种用地性质相互混杂、不同使用功能的相互交叉和干扰，存在噪声污染、空气污染以及住区的安全性问题；第四个问题是"挤"。由于居住拥挤造成的日照时间短、通风性差以及由于建筑材料问题造成的隔声性差、隔热性差等对居民的身体健康产生不利影响。

3. 市政基础设施落后导致城市生命线存在危险

基础设施自身的安全性是保障居民生命安全的重要条件，但许多老旧小区基础设施已过使用期限，存在不健全、不完善、不完备和不达标等情况。具体反映在缺乏持续稳定的供水供电系统、必要的排污管道与自用排污设施、缺少垃圾收集设施、缺少必要的防灾安全设施、缺乏社区卫生服务设施等，这些基础设施的短缺、超负荷以及不完备状况，给当地居民的生活带来严重的影响，更重要的是直接关系到老旧小区的抗灾能力，给居民带来严重的疾病和灾害威胁的隐患，严重危害居民的身体健康。

城市老旧小区市政基础设施的不足和老化问题，对居民的用水、用电、用气、通信和防洪安全，都带来较大风险。根据统计数字，近年来我国城市老旧小区上述方面安全事故发生频率和灾害损失程度，都明显高于城市其他地区。

4. 生活服务设施难以保障，公共活动空间不足

老旧小区生活服务设施一般都是自发形成的，存在许多不健康的因素。其主要表现在自发形成的社区服务设施往往缺乏整体性规划，设置分散、布局混乱；服务距离方面难以得到保障，相应的服务设施的内容和面积非常有限，从而引起的生活服务设施不足给居民生活带来困难；现实中由于老旧小区用地紧张，无力提供足够的公共场所与开敞空间，对于居民的身体和心理健康方面都有不同程度的影响。

这种自发、零星、低质的社区服务和狭小的社区公共空间，不能有效满足城市安全的需要，特别是在人口日益老龄化的背景下，远远不能满足城市居民身体健康和生命安全的需要。

5. 人口构成复杂日益老龄化和分异化，导致安全治理水平低

城市安全治理水平是城市安全能力的重要体现。老旧小区功能设施衰退和环境品质下降，留存在老旧小区内部以老龄人和来城务工的外地临时租住人口为主，导致老旧小区的老龄化现象日益加剧，居住空间日益分异。加上社区治理能力有限，公众参与缺乏，利益主体协同困难等原因，老旧小区的基层社区在其社会空间结构、权利结构等方面出现碎片化现象，阻碍了老旧小区基层社区的有效治理。

科学合理的城市更新行动，能够通过优化社区人口结构、缓解空间分异、鼓励公众参与、促进利益均衡，来达到提升社区安全治理水平的目的。

6. 城市化发展滋生了治安的空间盲区

日本学者伊藤滋（1988）将不容易被公共防控体系或个体防控行为发现，且有可能诱发犯罪的社会、心理与空间因素称为城市犯罪中的盲区；我国学者王发曾将物质空间环境中有利于犯罪发生并且不利于治安防控的空间场所，界定为犯罪的空间盲区。城市犯罪的盲区是由社会盲区、心理盲区和空间盲区组成的。犯罪主体与受体的行为常伴有

空间位移，而犯罪场所作为犯罪的载体（即犯罪的空间盲区），往往是主体与受体行为相遇的必然条件。

城中村内部各种要素混杂和渗透，以及空间感知和村内社会凝聚力的先天不足，使城中村成为滋生违法犯罪行为的治安洼地。无论是城中村、老城区抑或是棚户区，人口结构复杂、"两违"建筑密度高及多元主体治理失序都是造成其"空间盲区"的主要原因。

针对空间盲区及其所带来的治安问题，常见的应对策略就是"彻底拆除"。借助城市更新行动，通过拆除空间和搬迁原有居民，政府能够从物理和功能上立竿见影地消灭此类治安问题突出的地区。然而，由于"犯罪转移"的存在，采取"彻底拆除"的方式仍旧存在将治安隐患转移到其他地区的风险。

城市"空间盲区"是城市治安盲区的空间载体，城市更新行动通过有效减少和消除城市"空间盲区"，来提升城市治安水平和城市整体安全水平。同时，鉴于"犯罪转移"的存在以及治安事件影响因素的复杂性，我们要特别重视城市更新的系统性和工具的多元性。也就是说，既要关注城市局部更新也要关注城市整体更新，既要重视工程建设手段也要重视社会心理和公民教育手段，从源头上解决城市治安问题。

7. 城市更新产生社会隔离

社会隔离现象在西方发达国家十分普遍。中国的城市社会已经逐步分化为不同社会地位的众多社会阶层，不同的社会阶层之间出现了割裂甚至是隔离现象。其中，城中村的社会隔离现象尤为突出。改革开放以来，大量的农村剩余劳动力涌入城市。绝大多数进城务工人员自身不具备购买城市商品房的能力，同时面向进城务工人员等城市中低收入群体的保障性住房缺乏，导致大量进城务工人员只能选择聚居在租金相对低廉的城中村和城乡接合部。由于居住区位相对边缘化，同时存在社会阶层、文化等差别，城中村与城市间逐渐产生了社会隔离。心理、文化等方面的差异所带来的社会隔离，使得进城务工人员难以融入当地主流社会，其可能带来的不稳定的社会影响不可小觑。

以城中村为代表导致的社会隔离现象，带来了社会治安、交通安全、住房安全等一系列的城市安全风险。一方面，城中村改造是城市更新的重要内容，另一方面，消除城中村等所导致的社会隔离和一系列安全问题、促进社会公平正义、提升城市综合安全水平，也是城市更新的重要目标任务。

10.3.5　以城市更新提升城市安全水平的路径建议

1. 遵循"4P"原则开展城市更新

遵循 Prioritize（优先应对）、Plan（制订计划）、Propose（内容提案）、Protect（行动保障）"4P"原则，开展城市更新。城市更新中资金和其他各种要素资源的投入是有限的，要求必须把有限的资源用在刀刃上，对投入去向的优先顺序进行合理排序，从而实现资金使用效率最大化。既要制定城市更新整体规划，也要制定专项规划，特别是要重视制定城市更新安全规划，兼顾工程性措施与制度性措施，合理确定规划目标，指定规划实施责任主体，明确规划实施流程和绩效反馈程序，确保规划落地和持续生效。内容提案是城市更新系统的主体，要体现与计划目标的衔接性、对项目具体特征的针对性、决策实施的公众参与性以及绩效的可评价性。要提供政策、资金、人才、技术、信息等各方面的保障，特别是在当前城市更新需求日益增加、政府财政资金有限的情况下，更要鼓励市场化、多元化的城市更新融资渠道。

2. 加强城市老旧小区的安全改造

（1）加强安全导向的老旧小区基础设施建设

按照健康性需求和安全性需求，保证维持人们正常生活的供水、供电、供气、电信、供暖、排水、街道房屋管理、垃圾清理等基础设施建设保障，设置有效的灾害应急预警和响应系统，加强安全性和突发事件的应急服务，以及食品卫生监督、疾病预防、污染行业等医疗保健管理。

尤其要特别考虑老人和儿童的健康安全需要，加强托老、托幼、日间照料、运动休闲、公共社交等设施以及无障碍空间的建设保障力度。

（2）提高老旧住宅的安全标准与性能

针对老旧小区住宅设计标准低、居住拥挤、设施破旧等问题，需要按照健康住宅对空气环境、湿热环境、声环境、光环境和水环境等物理环境标准要求，通过对旧住宅的改造设计，有效引入自然通风系统，确保住宅良好通风，防止室内空气污染对人体健康的损害；在室内尽量采用自然采光，防止光污染；注意在安全的饮用水供应、卫生的排污处理、固体废物处理、地表水的排泄、结构的安全性以及个人和家庭内部卫生等方面，提高住宅的健康性能，以能够使人们免受流行病和病毒的感染，保障个人和家庭的安全。

对于因提高健康安全标准而产生的额外费用，可本着"政府补一点，居民出一点，企业投一点"的原则来负担，并通过租金提升、物业运营、广告收入等渠道来回收投资。

（3）加强老旧小区的社区治理

第一，提升自治与管理标准。老旧小区存在人口老龄化、人口贫困化和居民构成复杂等问题，一般没有专门的公共安全应急管理部门，居民自身的保护意识与能力十分有限，以及老旧小区的公共健康安全保障措施和标准不完善，亟需积极推进针对老旧小区公共安全健康的改造规划标准制定。第二，完善自治与管理主体。以老旧小区自身需求为推动力，以小区居民为主要参与者，以公众参与、社区自治和多方合作为基础，充分发挥社区的自组织功能，加强与改进老旧小区的公共健康安全管理机构建设[①]。第三，加强自治与管理的组织。强化制度建设、激励和协调机制建设，在老旧小区内部社区组织的协调运作下整合资源，培育互助与自治精神，增强社区成员凝聚力，提高老旧小区社区自治与管理组织水平。

3. 以城市新型基础设施建设提升城市安全水平

2020 年 3 月，国家发展和改革委员会正式提出了新型基础设施的涵盖内容和类型，认为"新型基础设施是以新发展理念为引领，以技术创新为驱动，以信息网络为基础，面向高质量发展需要，提供数字转型、智能升级、融合创新等服务的基础设施体系"，"新型基础设施包括信息基础设施、融合基础设施和创新基础设施"。因此，基础设施的升级进化和"新基建"建设不仅将直接为城市创造效益，同时也能为提升城市安全保障提供更先进的物质保障和技术条件。

第一，工业互联网、5G 基站、新能源充电桩、智慧轨道交通等新基建项目，本身就可以成为根据城市发展需要而选择的城市更新项目。第二，新基建项目为提升城市更新整体技术层级和更新效果、补城市短板、打通城市建设的堵点难点发挥了关键作用。第三，新基建在提升工业制造、城市通信、新兴产业和城市交通等领域的效率和安全水平的同时，与其相关的信息安全也需要得到重视。第四，要对新基建中那些公共产品特征更为明显、对城市整体空间结构优化和空间效率提升的潜在贡献更大的项目进行遴选，纳入城市更新安全规划，与城市更新行动深度对接。

4. 利用好信息大数据技术

充分利用好全国自然灾害综合风险普查工作的信息成果。首先，要建立长效机制，对普查成果数据库持续更新。建议参照定期进行全国人口普查的办法，由国家相关部门

---

① 阳建强，朱雨溪，刘芳奇，等 . 面向后疫情时代的城市更新 [J]. 西部人居环境学刊，2020，35（5）：25–30.

建立相应的制度、机制，提供相应经费保障，定期对数据库进行更新或实时动态更新，以使其持续发挥重要作用，为国家防灾减灾相关政策制定提供重要支撑。其次，要对数据进行有效分析、挖掘，充分发挥其价值。房屋建筑和市政设施调查结果可形成既带有空间位置信息又带有防灾属性信息的全面、翔实的全国数据库，意义重大。建议由国家拨付专项经费，持续对数据进行有效分析、挖掘，更有针对性地支撑当前正在进行的城市更新、老旧小区改造等各项工作，同时也为城乡建设行业发展、政策制定提供切实的支撑。最后，要有针对性推进城市更新和建筑加固进程，提高城市安全韧性。到目前为止，地震预测预报仍难以做到准确可靠，工程设防的基本烈度（或地震动参数）仍然具有很大的不确定性，导致中低烈度地区的地震安全风险明显偏高。2015年，《中国地震动参数区划图》GB 18306—2015 对全国的地震区划进行了提高性调整，浙江、江西、湖南等省的大部分区域，由非设防区域提升为 6 度及以上的设防地区。但是，该类地区建造于 2016 年以前的大量既有房屋建筑，未经设防，抗震防灾能力缺乏保障；上述地区也是我国人口分布高度集中、经济相对发达地区，同时还是我国台风、暴雨、洪涝、冻雨等极端气象灾害频发地区，多种灾害的应对任务艰巨。

此外还建议：将上述全国自然灾害综合风险普查形成的数据库与城市更新数据库进行有效对接和整合；通过对此次普查的房屋建筑和市政设施结果数据进行深入挖掘，形成一批重点预警的地区、区片和项目，作为城市安全改造的重点对象；选择一批多重风险叠加、灾害风险较大的地区和项目进行试点改造，并将案例经验数据充实到相关数据库。

5. 以空间治理解决城市更新中的治安问题

城市治安管理是城市更新安全的重要方面。首先，城市更新规划中要关注治安因素，充分考虑城市治安管理机构的空间布局和场地保障，打造"可防卫空间"，提升"警务效能"；其次，城市更新规划、特别是在城市更新安全规划中，要充分汲取城市治安管理部门的经验和意见；最后，要加强基层治理，在城市更新规划中引导社区"自主规划"，并充分发挥社区治安志愿者的作用。

6. 进一步加强新技术研发与推广应用

不断加强建筑结构加固工程设计与施工技术、邻近重大危险设施的城市更新项目安全风险控制技术、老旧社区消极空间更新改造技术、CIM（城市信息模型）、BIM（建筑信息模型）以及其他相关新型技术的研发和应用。

本章小结

本章介绍了城市更新背景下的城镇老旧小区改造的内容、对象、资金来源、投融资模式等；介绍了产业园区的概念、分类，城市更新背景下产业园区的发展现状、开发模式及特点，以及产业园区建设等内容；介绍了城市更新中安全问题的重要性、目前城市更新中的安全问题及原因、提升城市安全水平的路径建议等。

思考题

1. 城镇老旧小区改造的内容通常有哪些？
2. 城镇老旧小区改造的资金来源有哪些？
3. 城市更新背景下产业园区的开发模式有哪些？
4. 当前我国城市更新中面临哪些安全问题？
5. 在以城市更新提升城市安全水平方面，你还有哪些其他建议？

City

本章要点：本章介绍了城市更新相关项目案例，以深圳市某项目为例，分析城市更新合作协议起草及修改的风险控制；以重庆九龙坡区老旧小区更新为例，介绍了城市更新 PPP 项目；介绍了北京市朝阳区劲松（一、二区）老旧小区有机更新项目等。

第 11 章

案例分析

11.1 案例一：城市更新合作协议起草及修改的风险控制

11.1.1 案例基本情况

2015 年，C 集团与某股份合作公司洽谈，拟对某股份合作公司所在的旧村进行城市更新。2016 年，经过长达 1 年多的洽谈，双方对相关合作事宜达成相关基本共识，但就某些细节仍未达成一致意见。

2016 年 6 月 4 日，为了加强对国有资产及集体资产的监督，中共深圳市委办公厅和深圳市人民政府联合出台了《关于建立健全股份合作公司综合监督系统的通知》(俗称 "830" 政策)，该通知第 7 条明确指出，各区要在 2016 年 6 月 30 日前制定股份合作公司综合监管系统建设方案，完成各项准备工作（包括制度规范、技术准备、政策宣传等），并在 2016 年 8 月 31 日前投入实际运行。根据该通知的精神，股份合作公司将在政府的监督下良好运营。而且，根据各区起草的制度规范等文件，集体土地的交易及城市更新合作方的选定将通过相关平台进行交易，以招标或竞争性谈判的方式选定项目的开发主体。该信息发布后，大大小小的城市更新项目均加快协议谈判的进度，各合作方均希望在 2016 年 8 月 31 日前完成合作协议的签订。

因为 "830 政策" 的出台，某股份合作公司与 C 集团的合作谈判的进度也明显加快，双方均希望在 2016 年 8 月 31 日前完成合作协议的签订，以免前期大量谈判工作作废，让股份合作公司错失城市更新的良机。为了维护村集体的合法权益，某股份合作公司聘请专业团队作为专项法律顾问，全程协助某股份合作公司签订相关协议。

11.1.2 法律分析

1. 在城中村城市更新项目中，合作意向书、合作开发协议书以及搬迁安置补偿协议三者的区别与联系

意向书的形成源于合作双方对彼此的不了解与不信赖。合同订立是一个动态的过程，当事人在形成最终合作意向以前，需要进行多次谈判。正因为交易磋商的过程通常较长，且商业主体在复杂的商业贸易环境中面临许多未知的情况，无法在商业协商的初期就写出一份完整的合同。因此，在签订正式合同前，双方当事人往往会就暂时达成的统一意见签订协议，并以 "意向书" 命名。在城市更新项目中，合作意向书的形成原因亦是如此。通常情况下，股份合作公司与开发商合作伊始，股份合作公司对开发商的实力并没有切实了解，签订正式合作开发协议的条件还不够成熟，此时通常会以暂时达成的意见签订协议。例如，约定开发商在多长时间内启动立项工作，然后将城市更新项目列入深圳市城市更新单元计划，依此考察开发商的综合实力。如果开发商按时完成项目工作进度，则股份合作公司将依约与开发商签订合作开发协议书；如果开发商无法在约定的期限内完成进度，那么股份合作公司有权解除合作意向书，并要求开发商承担相应的违约金。

经过一段时间的合作，股份合作公司对开发商的实力有了一定的了解、认可后，可以考虑与开发商签订合作开发协议书。合作开发协议书相较于合作意向书而言，内容更为全面；合作开发协议书往往涉及城市更新项目各个阶段的完成期限，包括但不限于立项、专项规划、确定实施主体、签订拆迁安置补偿协议、拆除建筑物、取得建设规划许可证、交付回迁房。同时，依据《深圳市城市更新办法实施细则》第46条第2款的规定："属于合作实施的城中村改造项目的，单一市场主体还应与原农村集体经济组织继受单位签订改造合作协议。"第49条规定："城市更新单元内项目拆除范围的单一主体，应当向区城市更新职能部门申请实施主体资格确认，并提供以下材料：……（四）申请人形成或者作为单一主体的相关证明材料……前款第（四）项规定材料包括：……（五）以合作方式实施的城中村改造项目的改造合作协议"。因此，签订合作开发协议书对推动城中村城市更新项目而言是关键的、必要的。

与合作开发协议书相比，搬迁安置补偿协议侧重于约定补偿方式、补偿金额和支付期限、回迁房屋面积。而且，合作开发协议仅需与股份合作公司（原农村集体经济组织继受单位）签订，而搬迁安置补偿协议则需与拆迁范围内的建筑物的权利人一一签订。在实务中，开发商有时直接在合作开发协议中与股份合作公司约定搬迁补偿协议的内容，那么。在这种情况下，开发商与股份合作公司之间便不再就股份合作公司集体物业的赔偿方式另行签订搬迁补偿协议。但是，《深圳市城市更新办法实施细则》第46条规定："城市更新单元内项目拆除范围存在多个权利主体的，所有权利主体通过以下方式将房地产的相关权益转移到同一主体后，形成单一主体：……（二）权利主体与搬迁人签订搬迁安置补偿协议……"深圳市各区关于城市更新项目的审批方式也有所差异，有的区域规定申报城市更新项目应当提交搬迁安置补偿协议。对此，若律师已把搬迁安置补偿协议的内容并入合作开发协议中，也会在开发协议中加入以下条款："乙方申请确认为本项目实施主体时，若甲方就集体土地及地上建筑物单独向政府主管部门提交《搬迁补偿安置协议》，甲方应按照本协议约定及双方协商的搬迁补偿条件与乙方签订《搬迁补偿安置协议》。"

2. 合作协议书签订时的必备条款及注意事项

在撰写合作协议书时，应当充分尊重合作双方的意愿，结合项目本身内容，设计符合实际情况的条款。切记不可单单从律师或法律的角度看待双方的合作，应当以促成交易的同时最大限度地保护当事人利益为目标，设计合同。

合同协议书主要分为以下几大部分：项目基本情况、合作方式、履约保证金、项目进度、搬迁安置补偿、双方责任、违约责任、争议解决方式。

11.1.3　律师代理

2016年7月，专业团队接受某股份合作公司的委托，为某某西村片区城市更新项目提供法律服务，主要内容包括起草、修改合作开发协议书，与开发商沟通、协商，向村民、股份合作公司工作人员讲解协议内容等。

在接受了某股份合作公司的委托工作后，专业团队开展了以下工作：

1. 核查主体信息

为核查主体信息，专业团队律师在深圳市市场监督管理局网站上对开发商C集团的工商信息进行调查、了解，范围包括注册资本、成立时间、股权结构、股东信息、开发商是否具备房地产开发资质等；同时，通过最高人民法院网站、中国裁判文书网、深圳网上诉讼服务平台，了解开发商过往的诉讼情况，对开发商的实力进行综合考量。

在对开发商的基本情况有所了解后，专业团队律师便依据《深圳市城市更新办法》《深圳市城市更新办法实施细则》、盐田区集体土地开发备案流程的规定，结合某西村的具体情况对合作开发协议进行修改。在此做个补充说明：合作意向书并非城市更新项目中必备的文书，如果经股份合作公司与开发商沟通，达成一致意见，双方认为条件成熟，可以直接签订合作开发协议，那么双方完全可以跳过签订合作意向的阶段；本案例涉及的某某西村城市更新项目便是如此。

2. 核查土地信息

城中村城市更新项目的合作方式通常是股份合作公司提供本项目的自有土地及物业，开发商负责出资及建设，最终双方按照约定的物业分配方式进行权益分配。因此，专业团队律师首先依据深圳市规划国土局罗湖分局于1993年5月18日出具的"某某村农村用地（某某地区）红线图"、深圳市规划国土局于2000年11月3日出具的"深圳市规划国土局建设用地方案图"及其他相关资料，明确本项目更新范围内的土地权属及占地面积、某股份合作公司所提供土地的权属及占地面积。

3. 核查建筑物信息

专业团队律师对更新范围内地上建筑物的基本情况展开调查。在这个环节中，律师需掌握地上建筑物的总面积，某股份合作公司集体物业的建筑面积，集体物业的类型（包括商铺、住房等）。关于地上建筑物的建筑面积，实务中通常以房屋产权登记部门记载的面积为准；若未在房屋产权部门登记，则往往以双方认可的测绘机构的测绘报告为准。

4. 履约保障

股份合作公司往往要求开发商在签订合作开发协议时支付一定的履约保证金。这是因为在实践中，城市更新项目具有耗时长、审批难、不稳定等特点。在股份合作公司收到履约保证金的情况下，若开发商在项目中未积极履行职责，股份合作公司可以及时动用这笔资金弥补损失，而不至于损失被扩大。

5. 合同主要条款

（1）双方关于项目进度的约定

城中村城市更新项目主要包括以下几个阶段：立项、专项规划、确定实施主体、取得建设工程施工许可证、拆除建筑物、回迁、交付、办理房产证。因此，在"项目进度"这一条款的约定上，专业团队律师就项目不同阶段的工作期限与开发商展开激烈讨论，以确保明确各个阶段的完成期限。并且，在"违约责任"板块明确规定，开发商无法按时完成工作进度时，应当承担违约责任。这是因为，在实务中，城市更新项目存在审批难的问题，不少开发商往往无法在合理期限内完成工作进度。此时，如果合同未明确约定工作期限，在诉讼中双方各执一词，那么法院极有可能以合同没有约定或约定不明为由不支持股份合作公司主张违约责任的诉讼请求。

（2）搬迁补偿基本原则的约定

某股份合作公司与 C 集团就项目的容积率、利益分配方式、回迁面积结差方式、搬迁过渡期临时安置费、物业管理费、车位、税费等展开相关约定。在补偿方式上需注意，关于办理停车位产权一事，村民常会与开发商展开激烈讨论。开发商是否应当承诺办理停车位产权证？目前，深圳有关产权登记的部门并不允许就停车位单独办理产权证，而是否应当允许就停车位办理产权证的问题也是个讨论不断的话题。深圳市政府及其他部门也多次提及并起草相关意见稿，但均未具体落实。因此，专业团队律师在合同上往往会建议村股份合作公司与开发商约定，"如果政策允许办理车位产权证，开发商应为某股份合作公司办理车位产权证；产生的一切费用由开发商承担"。

（3）双方权利义务的约定

C集团主要承担向行政部门申报、负责办理项目范围内的建筑物信息核查、项目开发报建手续等工作，并且应承担项目所涉及的全部资金；而某股份合作公司则以协助、配合C集团为主。在此强调，在"双方责任"部分需明确约定两点：①关于房地产证的税费应由开发商承担；②未经股份合作公司同意，开发商不得就合作项目与第三方签订任何合作开发协议或转让本项目。之所以强调这两个问题，是由于专业团队律师在多番调查后，发现在项目实际操作过程中，这两个问题引发的纠纷很多，尤其是"转让项目"的情况。这是因为，城市更新项目前期投入巨大，许多开发商在项目前期调查工作中，过低估计项目开发难度，等到项目进展到一定阶段时，才对项目的开发难度有一定程度的了解，并产生了转让项目的想法。因此，在签订合作开发协议的过程中，需尤为注意这两个问题。

经过专业团队的努力，最终某股份合作公司与C集团在2016年8月16日签订了合作协议，合作项目得到了顺利开展。

11.1.4 案例体会

合作协议是城市更新项目合作的纲要及章程，对合作双方都具有约束力，一份好的合作协议是一个项目良好开端的基础。近年来，频频出现因合作不顺畅、合作协议约定不明确，双方对簿公堂，最终满盘皆输的情况。

专业团队律师基于某某西村城市更新项目合作开发协议的签订过程来分享城市更新项目的实施过程及其中遇到的问题。但是，城市更新项目实施过程纷繁复杂，法律风险无处不在，需要在实践中加倍细致[1]。

---

① 上海段和段（深圳）律师事务所. 股份合作公司视角下的城市更新案例研究及政策汇总（深圳篇）[M]. 北京：法律出版社，2021.

11.2 案例二：重庆九龙坡区老旧小区更新 PPP 模式

城镇老旧小区改造是城市更新工作的重中之重，如何实现多渠道融资、吸引社会资本参与则是其中的关键点和难点。作为住房和城乡建设部确定的首批 21 个城市更新试点城市（区）之一，重庆九龙坡区的创新经验受到住房和城乡建设部的点赞推广。

住房和城乡建设部印发的城镇老旧小区改造可复制政策机制清单（第四批），总结了各地解决老旧小区改造问题的可复制政策机制和典型经验做法，其中针对城镇老旧小区改造项目小而散、回报低、社会力量参与积极性不高问题，给出了重庆九龙坡区的经验：通过 PPP 模式，吸引社会力量，采取"市场运作、改管一体"方式参与改造，培育项目自身造血机制。

作为"十四五"背景下首个实现落地的城市更新 PPP 项目，九龙坡项目充分发挥了 PPP 模式优势，成功解决了老旧小区改造中"融资 + 治理"的双重难题。

11.2.1 九龙坡 PPP 模式详解

九龙坡区是住房和城乡建设部近期确定的首批 21 个城市更新试点城市（区）之一。根据《重庆市九龙坡区城市更新规划》，九龙坡区城市更新重点区域面积达 2424hm²，涉及现状建筑规模 2588 万 m²，约占重庆全市城市更新总量的四分之一。

列入本次城市微更新 PPP 模式的城镇老旧小区改造项目涉及六大片区（农贸市场周边老旧小区、杨家坪兴胜路片区、兰花小区（3-5）、劳动三村、红育坡小区、埝山苑片区）、四个街道、八大社区，总规模 102 万 m²，涵盖 366 栋楼、14336 户居民，总投资达 3.7 亿元，主要改造内容包括基础设施改造、完善工程建设和提升工程建设。

如果选取传统的政府兜底的老旧小区改造模式，不但巨额投资对于地方政府来说是不小的负担，后期的运营管理也是难度巨大。基于此，九龙坡区创新性地采取了 PPP 模式，由九龙坡区住建委作为实施机构，通过公开招标方式择优选择社会资本。由渝隆集团作为政府出资代表，与中选的社会资本共同出资组建 SPV 项目公司。项目采用 PPP 模式下的"ROT"（重整、运营、转让）运作方式，即由项目公司负责重庆市九龙坡区老旧小区改造项目的全过程投融资、设计、建设、运营、维护及移交等所有工作。

项目实施前，九龙坡区住建委聘请专业评估机构对项目进行了评估并形成了实施方案，对项目采取 PPP 模式的必要性和可行性、项目产出、风险分配框架、运作方式、交易结构、项目采购、项目实施、绩效考核等各个环节进行了分析和阐述。评估报告认为，PPP 模式通过政府方和社会资本方合作，引入社会资本的市场活力，融入基础设施建设和公共服务中，同时发挥政府方积极主导的作用。

11.2.2 可行性分析

一是符合国家的宏观政策导向，国家大力鼓励采用 PPP 模式推动基础设施和公共服务发展。

二是在当前中央严控政府债务风险的大背景下，采用规范的 PPP 模式符合政府控债要求。

三是有利于加快政府职能转变，政府角色从"单一的公共产品提供者"逐步向"公共服务的购买者"转变；从"公共产品生产与监管双重角色"逐步向"公共产品生产与全过程服务的监管者"转变。

四是有利于缓解财政压力，采用 PPP 模式政府方前期投入少甚至可以不出资，将财政支出责任后移，可以平滑财政支出，以较少的资金撬动更多的项目。

五是充分发挥政府的行政优势和社会资本方在施工、项目管理、运营维护等方面的比较优势，有利于提高项目效率和质量。

六是有利于降低项目全寿命周期成本。评估报告通过物有所值定量、定性分析得出结论，该项目采用 PPP 模式比较于政府传统采购模式，在提供基础设施及公共服务上可获得更高的效率和更好的效果。

通过招标，在城市更新特别是老旧小区改造中有着丰富经验的愿景集团成功入选，双方以 2∶8 的资本金比例成立项目公司，作为实施运营主体，项目合作期限为 11 年（建设期 1 年，运营期 10 年）。合作期届满后，由项目公司将本项目资产移交给政府或其指定单位。

由于项目形成了一体化招标、一揽子改造、一本账统筹、一盘棋治理的长效机制，避免了设计、改造、管理脱节的问题，运营团队可以提前介入，做到一张蓝图绘到底。

11.2.3 PPP 模式破解"融资 + 治理"两大难题

老旧小区改造是一项复杂的系统工程，引入社会资本参与是解决问题的关键。PPP 模式不仅仅是一种融资工具，更是一种治理工具，PPP 模式"融资 + 治理"的双重功能恰恰解决了老旧小区改造的两大难题。

首先是融资功能。对于企业来说，参与老旧小区关键在于构建一个可持续的商业模式，即要在改造过程中找到稳定的现金流。这一方面考验企业的融资能力，另一方面也考验其资金平衡能力。在九龙坡 PPP 项目上，愿景集团不仅成功获取中国建设银行 3 亿元的贷款，解决了老旧小区改造资金难题，还通过改造区域内资金自平衡的方式，形成有效资产的长效运营。

在资金平衡模式上，一是大片区统筹平衡模式，强化存量资源的整合利用，实现自我平衡；二是跨片区组合平衡模式，实现建设运营一体化；三是小区内自平衡模式，通过规划整合利用地下空间、腾退空间和闲置空间补建区域内经营性和非经营性配套设施，以未来产生的收益平衡老旧小区改造支出。

具体到九龙坡 PPP 项目，主要运营收益来源大致包括老旧闲置办公楼宇、老旧闲置商业楼、沿街铺面出租收入、社区便民服务用房出租收入、停车收入、物业管理收入、单元门广告牌出租收入、楼栋清扫保洁收入等。

例如在九龙坡白马凼社区，在原有能停 6 台车的 20 余 m^2 空地上，通过新增智能化设施，建成了新型机械停车楼；清理长期占道停车，重新规划路内停车位、小区空地停车场停车位。不仅解决了小区停车难问题，还通过合理收费带来了持续稳定收益。

其次是治理功能。引入 PPP 模式的目的不能简单停留在融资方面，而是为了提升公共服务供给的质量和效率。九龙坡老旧小区改造项目 PPP 合作范围涵盖小区外基础设施配套工程、房屋本体等，施工种类不同，工艺复杂，对投资建设单位的施工技术和组织管理能力要求高。愿景集团作为投资建设和运营主体单位，无论是资源整合还是组织管理方面都有着较强的实力和经验。

在治理方面，运用其在"劲松模式"中的成功经验，坚持党建引领，搭建多方共治机制。坚持"消隐患、提环境、补功能、留记忆、强管理"和区级统筹、街道主导、社区协调、居民议事、社会资本实施的原则，既注重硬件设施的人性化提升，也注重"三感"社区的人文缔造，实现"改管一体"，确保改造效果最大化、管理效果最简化、服务效果最优化。

11.2.4　经验分析

根据《重庆市城市更新工作方案》，到"十四五"期末，重庆市将力争完成 2000 年底前建成的 1.02 亿 m^2 老旧小区改造提升任务，可谓量大面广，耗资巨大，仅靠政府财政是绝对不可能完成的。因此重庆市明确提出"政府引导，市场运作""多方参与，共治共享"的基本原则，并逐步建立完善城镇老旧小区改造提升长效工作机制和制度政策体系。

2019 年 7 月，重庆市多部门联合发布《重庆市主城区老旧小区改造提升实施方案》，全面部署老旧小区改造工作，对老旧小区改造的主要内容、指导标准、实施途径及长效机制等作出了全面具体规定。

2020 年 7 月，重庆市发布了《全面推进城镇老旧小区改造和社区服务提升专项行动方案》，对老旧小区改造资金保障提出了全面系统的政策措施。除了发动居民自筹资金，落实管线单位出资等措施外，在拓宽融资渠道、吸引社会资本方面提出了多项优惠政策。例如，可利用公共建筑、权属用地等资源，整合停车、养老、抚幼、公共文化体育设施、快递驿站、商业设施、充电设施、广告设施等经营性资源，通过公开招商、择优选择企业以市场化方式参与改造提升；创新融资模式，加大金融支持力度，积极谋划申报地方政府专项债券，深入挖掘项目自身收益和政府性基金预算收入，做好资金收益与融资平衡测算；规范推进政府和社会资本合作（PPP）模式，依法择优选择具有建设和运营经验的社会资本参与改造提升工作。

在财政资金保障方面，积极争取保障性安居工程中央预算内投资和中央财政专项资金支持；统筹整合市级有关部门与老旧小区改造和社区服务提升相关的城市有机更新、棚户区改造、存量住房改造提升和住房租赁市场发展等专项资金，发挥财政资金的乘数效应，引导社会资本加大投入，形成可复制、可推广的模式；各区（县）统筹本地区财政承受能力和政府投资能力，明确对老旧小区改造和服务提升的奖补条件和标准，安排资金用于辖区老旧小区改造和社区服务提升。

在配套支持政策方面，一是通过采取政府采购、新增设施有偿使用、落实资产权益等方式，吸引专业机构、社会资本参与电梯、停车、养老、抚幼、助餐、家政、保洁、便利店、便民市场、文化体育等服务设施的改造、建设和运营。二是鼓励各区（县）采取以奖代补方式，扶持老旧小区物业管理和社区服务，建立健全老旧小区物业专项维修资金归集、使用、续筹机制，逐步实现收支平衡、自我管养。

2021 年 7 月出台的《重庆市城市更新管理办法》除了进一步强调多渠道筹集城市更新资金外，还在规划和土地方面提出多项支持政策。按照重庆市住房城乡建设委副主任杨治洪的总结，这些政策将带来三大利好："让资本进入更易、权益保障更好、运作模式更实"。

在城市更新项目实施中，九龙坡区充分利用了重庆市的政策利好，一方面积极申请财政资金等政策性补助，另一方面，挖掘城市更新片区停车位、充电桩、农贸市场、公有房屋、闲置物业、广告位、散居楼栋清扫保洁等经营性收入来源，并让渡部分小区、国有资产收益，新增配套经营性服务设施。丰厚的投资条件和良好的营商环境为吸引社会资本参与创造了有利条件。同时九龙坡区此前通过实施重庆市九龙坡区九龙外滩广场片区——"两江四岸"治理提升工程 PPP 项目，具有较强的 PPP 理念和项目执行能力强，也为 PPP 模式在城市更新项目上的运作提供了实操经验[①]。

11.3　案例三：北京市朝阳区劲松老旧小区有机更新项目

北京市朝阳区劲松街道劲松北社区为改革开放后第一批成建制住宅，总占地面积 0.26km^2，有居民楼 43 栋，项目涉及总户数 3605 户，老年居民比率 39.6%、其中独居老人占比 52%，配套设施不足，生活服务便利性差，居民对加装电梯、完善无障碍设施、丰富便民服务、提升社区环境等呼声很高。

2018 年 7 月，朝阳区劲松街道与社会资本愿景集团签订战略合作协议，共同推进劲松北社区改造更新工作。

11.3.1　项目投资额及建设内容

1. 项目投资额

项目总投资 7300 万元，其中政府财政投资 4300 万元，社会资本投入自有资金 3000 万元。

2. 建设内容

打造了以"一街"（劲松西街），"两园"（劲松园、209 小花园），"两核心"（社区居委会、物业中心），"多节点"（社区食堂、卫生服务站、美好会客厅、自行车棚、匠心工坊等）为改造重点的示范区，打造平安社区、有序社区、宜居社区、敬老社区、熟人社区、智慧社区。

---

① 中房智库 苏志勇．重庆九龙坡区老旧小区更新 PPP 模式，何以受到住建部点赞推广．中国房地产报，城市更新网 URN，2022-03-08.

（1）平安社区建设：实施消防安全基础工程，畅通消防通道，改造消防隐患护栏，规范电动车充电，清除楼道堆置物，开展社区消防培训；科学布设治安岗亭、应急救援站等基础设施；实施架空线入地；合理配置物业管理"专职管家"，建立有机融合的日常治安防控队伍及常态化治安巡控机制。

（2）有序社区建设：加强社区功能性改造，合理设置社区人、车出入通道；规划完善社区人、车交通动线，改造相关设施打通交通微循环；系统改造自行车停放设施，针对性满足电动自行车停放、充电等需求。

（3）宜居社区建设：改造社区公园，实现集园林绿化、体育健身、休闲交流、文化宣传等多功能于一体；完善社区绿化景观建设；合理规划、引入适合居民需要的早餐店、菜市场、修补站、老字号、便利店等便民服务业态；系统改造现有自行车棚，除满足停车需求外提供更多"缝缝补补"式便民服务。

（4）敬老社区建设：完善社区公共场所、楼门入口、楼道等场所无障碍设施，结合实际加装电梯；建设社区老年食堂；物业服务建立孤寡老人、高龄老人、重症老人等群体定期走访、精准服务制度。

（5）熟人社区建设：设计、建设具有鲜明特色的劲松社区颜色及标识系统；建设劲松文化墙，完善文化宣传展示设施，凝聚乡愁元素，唤醒荣耀记忆。

（6）智慧社区建设：打造多功能合一的社区智能服务一卡通"劲松卡"，结合居民尤其是老年人较多实际，不断完善好用管用的社区智慧治理解决方案，如：单元门内摄像头，记录老人出行数据，长期未出门物业进行上门关怀。

11.3.2　建设进度及项目亮点

1. 建设进度及计划安排

劲松项目示范区改造已全部亮相完工。

2. 项目亮点

一是在民生导向下的老旧小区改造市场化模式上探索突破。

除由劲松街道按程序申请市、区两级财政资金担负社区基础类改造费用外，由社会资本投入自有资金约3000万元实施提升类、完善类项目改造，通过赋予社区低效空间经营权和物业服务、停车服务收费等实现投资平衡。

二是在党建引领下的老旧小区改造长效机制和共治平台上探索突破。

强化项目各个阶段中党建的主导、引导、指导、督导、倡导和领导作用，由区级领导统筹建立街道党工委（办事处）、区相关部门、社区党委（居委会）、居民议事会和社会资本共建共治的"五方联动"工作机制和工作平台，实现各关键环节和利益诉求的"闭环管理"；并搭建起社区党委牵头，项目公司临时党支部、物业服务企业党支部、房管所党支部、居民党支部等参与的"党建共同体"，实现工作联动。

三是在善治目标下的老旧小区改造"软硬兼顾""共同缔造"上探索突破。

抓好整体性设计、专业性改造和规范性运营，从"街区、社区、邻里"三重维度，整合专业力量，形成规划"总图"，确保"一张蓝图管到底"，最大限度减少对居民生活困扰。既注重硬件设施提升、又注重美好生活社区共同缔造，围绕多维政策目标，以平安社区、有序社区、宜居社区、敬老社区、家园社区、智慧社区"六个社区"统领更新改造。

四是在运营视角下的老旧小区专业化综合服务上探索突破。

面对劲松北社区原有物业"政府兜底、街道代管"模式和居民缺乏付费意识的难题，组织了为期一个多月的物业入驻入户宣贯，该社区成为北京市首家以"居民过半、建筑面积过半""双过半"形式入驻的老旧小区。物业入驻后实施清单式管理，让居民在感受到生活品质切实提升基础上，逐步接受物业服务付费理念，在通过 4 个月先尝后买期，于 2020 年 1 月启动收费工作，2021 年度物业费收缴率已达 85.42%。为促进物业服务企业自运转，街道设置为期 3 年的物业扶持期，将原来承担的兜底费用向物业公司购买服务，帮助物业公司度过缓冲期，增强自身造血功能，3 年后物业企业完全自负盈亏。

11.3.3　片区统筹模式特点

基于老旧小区数量较多，涉及范围较大，资源分布情况不均衡的情况，遵循三个层面逐步实现全域整体更新：

（1）资源较丰富的社区实现社区自平衡改造。

（2）打破单社区物理空间边界，以街道为基本单位统筹相邻社区组成的"街区"乃至区域整体资源，以区域内强势资源带动自平衡及"附属型"弱资源社区，形成资源互补的组团联动改造，实现"片区统筹、街区更新"。

（3）复制多元协同、资源统筹模式，带动相邻街道、社区积极挖潜资源，逐步覆盖大兴全域[1]。

---

① 愿景集团．愿景明德公众号．

本章小结

本章以深圳市某项目为例，分析城市更新合作协议起草及修改的风险控制，其中包括法律分析及律师代理等内容；以重庆九龙坡区老旧小区更新为例，介绍了城市更新PPP项目，包括其可行性及破解"融资＋治理"的难题等内容；介绍了北京市朝阳区劲松（一、二区）老旧小区有机更新项目等。

思考题

1. 城市更新合同通常包括哪些主要条款？
2. 重庆九龙坡区老旧小区更新采用 PPP 模式的可行性有哪些？
3. 劲松老旧小区更新项目亮点有哪些？该案例带给我们哪些启示？

资料链接

上海首批"城中村"改造试点项目"交卷"

红旗村"城中村"地块处于上海四大城市副中心之一的真如城市副中心南核心区，占地 586 亩，是上海市市中心面积最大的"城中村"。房屋总建筑面积 36.2 万平方米，其中 80% 是违章建筑；共有村（居）民约 510 户；拥有果品批发市场、干货市场、水产市场、农贸市场等 9 大市场。

无论从地块地理区位、面积规模，还是从地块内利益主体、关系复杂程度来看，红旗村"城中村"改造项目的难度都非常高。

作为上海首批"城中村"改造项目，"红旗村"项目从 2014 年改造启动，到 2016 年完成 9 大市场 6 万多人口迁徙；从 2018 年土地出让，到 2023 年年底全项目兑现交付。上海市民见证了从红旗村到真如境的巨大变化。

红旗村项目作为上海市第一批城中村改造项目，也是第一批即将全面建成的重点项目，对全市乃至全国有着重要意义。

首创"红旗模式"：

2014 年上海出台"城中村"改造政策，红旗村成为上海首批 35 个试点"城中村"改造项目之一，项目涉及范围广、改造难度高。普陀区政府设立红旗村地块"城中村"改造指挥部，中环集团作为牵头单位，牵头推进地块"五违四必"环境综合治理、土地征收及村民安置等工作。地块改造过程充分征询集体与村民意见，为村民建设了就地安置房源，地块后续建设将部分商办用房以成本价留给集体经济组织。最终，村民动迁签约率达到 100%，综合治理工作于 2016 年提前半年完成。

在前述 9 大市场关闭前期，集团就和集体土地权属方红旗村签约，对其土地进行收储。补偿程序完成后，收储金在第一时间打入了集体经济组织的账户。"红旗村土地性质异常复杂，光是土地权属认定、人口筛查剔除，就花费了大量时间和精力。"

上海"红旗模式"除了具备政府主导型"城中村"改造的一般特点之外，还具有三大鲜明特点：其一，领导重视，组织得当。上海市普陀区成立了区领导挂帅的红旗村"城中村"改造指挥部，并将"城中村"改造项目作为培养年轻干部的重要基地，具体任务细化落实到单位和人，为改造提供了可靠的制度保障。其二，统筹绿地、河道、高压线路三者关系，优化区域功能，增加建设用地面积。在不增加容积率、减少建筑总量的前提下，争取提高住宅开发占比，以保证资金收入和支出平衡。其三，在征收、利益分配过程中，严格依法办事，程序正当、公平补偿、结果公开。

截至 2016 年 6 月，普陀区高质量地完成了红旗村地块"五违"（违法用地、违法建筑、违法经营、违法排污、违法居住）综合整治任务。红旗村彻底告别了昔日污水横流、垃圾遍地、违章密布、隐患丛生的"城中村"旧貌。

近百万方综合体全面开业：

通过搬迁原址内 9 大市场、拆除市中心最大的煤气包等一系列旧改措施，如今的真如地区正积极推进武宁创新共同体和海纳小镇数字化转型示范区建设。从昔日民生洼地到如今区域产业高地，从传统农贸市场集中地到数字化转型示范区，这片区域的转型升级是上海城市更新的一个缩影。

全新的红旗村地块从完善基础建设、优化生态环境、夯实交通基础、擘画卓越蓝图四个方面进行建设。

该地块内，220 千伏超高压架空线改线工程最大程度集约节约利用土地；新建市政道路约 2100 米，南北大动脉顺利贯通；道路下方建有城市管廊试点区段，总长约 2085 米。真如港综合治理将 10 米宽臭水浜变身为 30 米宽景观河道；新建 11.3 万平方米真如绿廊生态公园。

2018 年 5 月，真如片区新一轮规划调整方案获得批准。截至 2020 年 2 月，红旗村地块全部 8 幅建设用地全部出让，由中海地产联手中环集团、长征镇政府成立平台公司合力开发。

真如境项目地处真如核心区域，未来将建成百万方综合体，有 2 座超过 200 米的地标甲级写字楼、约 32.3 万平方米的上海真如环宇城 MAX 购物公园、清水混凝土外立面的中海剧院、公园里的山姆会员商店、约 6 千米生态绿廊。

2023 年 12 月，建筑面积约 32.3 万平方米的上海真如环宇城 MAX 以及建筑面积约 30 万平方米的中海中心全面开业，为真如城市副中心的城市形象提升、商业氛围优化和办公集群形成奠定基础。

值得一提的是，真如环宇城 MAX，是上海 2023 年度最大体量的新开购物中心。

中海真如境办公业态——中海中心也在加速推进。项目方告诉记者，建成后中海中心 6 幢商务写字楼群峰值可供给单日 10 万人次在此办公。这些企业的进入将带动片区商务形象提升，未来成熟期将达到 7 亿元税收。

资料来源：中国经济周刊，记者：宋杰，2024-01-02

参考文献

[1] COUCH C, SYKES O, BORSTINGHAUS W. Thirty Years of Urban Regeneration In Britain, Germany and France: the Importance of Context and Path Dependency[J]. Progress in Planning, 2011, 75 (1): 1-52.

[2] DAVID HARVEY. The Urbanization of Capital[M]. Oxford: Blackwell, 1985: 15.

[3] HELEN WEI ZHENG, GEOFFREY QIPING SHEN, HAO WANG. A Review of Recent Studies on Sustainable Urban Renewal[J]. Habitat International, 2014, 41 (1): 272-279.

[4] HENRY LEFEBVRE. the production of space[M]. Oxford: Blackwell, 1991: 22.

[5] HUBBARD P. A.R. Designing Cities: Critical Readings in Urban Design[J]. European urban and regional studies, 2004.

[6] LEES L. Gentrification and social mixing: towards an inclusive urban renaissance? [J]. Urban Studies, 2008, 45 (12): 2449-2470.

[7] MARVIN Z. Psychobiology of Personality[M]. London: Cambridge University Press, 2005: 77.

[8] MÜGE AKKAR ERCAN. Challenges and Conflicts in Achieving Sustainable Communities in Historic Neigh-bourhoods of Istanbul[J]. Habitat International, 2011, 35 (2): 295-306.

[9] PRATT A C. Creative cities: the cultural industries and the creative class[J]. Geogra fiska Annealer: Series B, Human Geography, 2008, 90 (2): 107-117.

[10] ROBERTS P, SYKES H. Urban Regeneration: A Hand-book[M]. London: Sage Publications Ltd, 2000.

[11] SOUSA C D. Brownfields Redevelopment and the Quest for Sustainability[J]. International Journal of Climate Change Strategies & Management, 2008, 1 (2): 23-65.

[12] VICTORIA CHANEY M. Empty Neighborhoods: Using Constructs to Predict the Probability of Housing Abandonment[J]. Housing Policy Debate, 2013, 23 (3): 469-496.

[13] WANG H, SHEN Q, TANG B S, et al. A framework of decision making factors and supporting information for facilitating sustainable site planning in urban renewal projects[J]. Cities, 2014, 40: 44-55.

[14] M.G. LLOYD, 易海贝. 美国城市更新中的财政奖励措施 [J]. 国外城市规划,

2002（3）：14-17.

[15] 《北京市城市更新条例》解读 [N]. 北京日报，2022-12-06（004）.

[16] BIM 技术人才培养项目辅导教材编委会，陆泽荣，刘占省. BIM 技术概论 [M]. 2 版. 北京：中国建筑工业出版社，2018.

[17] 爱德华·W. 苏贾，王文斌. 后现代地理学 [M]. 北京：商务印书馆，2004：32.

[18] 包亚明. 现代性与空间的生产 [M]. 上海：上海教育出版社，2003：87.

[19] 北京市住房和城乡建设委员会，2022. 北京市城市更新条例 [EB/OL].[2022-12-06]. https://zjw.beijing.gov.cn/bjjs/xxgk/fgwj3/fggz/dfxfg81/436199030/index.shtml.

[20] 彼得·罗伯茨，休·塞克斯. 城市更新手册 [M]. 北京：中国建筑工业出版社，2009.

[21] 曹玮. 企业集群与工业园区发展 [D]. 南京：河海大学，2006.

[22] 陈晟. 中国城市更新理论与实践 [M]. 北京：中国建筑工业出版社，2009.

[23] 陈树隆. 积极稳妥化解地方政府债务风险 [J]. 经济研究参考，2014（6）：29-30.

[24] 陈雪萤，段杰. 英国混合用途城市更新的制度支持与实践策略 [J]. 国际城市规划，2024，39（2）：75-83.

[25] 陈云. 城市更新的深刻内涵与实践路径——超大城市如何迈向理想之城 [J]. 国家治理，2021（43）：30-37.

[26] 程新文. 迎接城市更新未来新浪潮——粤港澳大湾区城市群城市更新政策比较分析 [J]. 中国房地产，2020（4）：6.

[27] 大卫·哈维. 叛逆的城市：从城市权利到城市革命 [M]. 北京：商务印书馆，2014：43.

[28] 大卫·哈维. 希望的空间 [M]. 南京：南京大学出版社，2006：8-9.

[29] 丁锐，谢骏锴. 3S 技术应用现状与发展趋势 [J]. 科技创新与应用，2019，（14）：174-175.

[30] 董君，高岩，韩东松. 城市安全视角下的旧城有机更新规划——以天津西沽地区城市更新为例 [J]. 规划师，2016，32（3）：47-53.

[31] 董玛力，陈田，王丽艳. 西方城市更新发展历程和政策演变 [J]. 人文地理，2009，24（5）：42-46.

[32] 董昕. 我国城市更新的现存问题与政策建议 [J]. 建筑经济，2022，43（1）：27-31.

[33] 杜家毫. 坚决打赢防范化解重大风险攻坚战 [J]. 新湘评论，2020（12）：5-7.

[34] 方福前. 公共选择理论：政治的经济学 [M]. 北京：中国人民大学出版社，2000.

[35] 冯丽. 城市更新再认识 [J]. 北京建筑工程学院学报，1996，12（1）：5.

[36] 冯小平，章丛俊. BIM 技术及工程应用 [M]. 北京：中国建筑工业出版社，2017.

[37] 高学成，盛况，高祥，等. 从市场主导走向多方合作：城市更新中多元主体参与模式分析 [J]. 未来城市设计与运营，2022（6）：7-12.

[38] 广西壮族自治区人民政府办公厅关于印发全面推进广西城镇老旧小区改造工作实施方案的通知 [J]. 广西壮族自治区人民政府公报，2020，（22）：14-19.

[39] 郭炎，袁奇峰，谭诗敏，等. 农村工业化地区的城市更新：从破碎到整合——以佛山市南海区为例 [J]. 城市规划，2020，44（4）：53-61，89.

[40] 韩宇，关放，万义. 辽宁立法构建城市更新制度框架 [N]. 法治日报，2022-01-30（007）.

[41] 何增科. 城市治理评估的初步思考 [J]. 华中科技大学学报（社会科学版），2015，29（4）：6-7.

[42] 胡涛. 地理信息系统技术及应用研究 [M]. 北京：中国水利水电出版社，2018.

[43] 黄静，王铮铮. 上海市旧区改造的模式创新研究：来自美国城市更新三方合作伙伴关系的经验 [J]. 城市发展研究，2015（1）：86-93.

[44] 黄凌翔，罗培升，陈竹. 价值捕获与财政可持续的城市更新模式——天津市的实证分析 [J]. 中国土地科学，2021，35（10）：10.

[45] 黄言. "城市触媒"理论在城市旧区更新中的应用 [J]. 经济研究导刊，2017（25）：2.

[46] 黄芸璟，余辉，余颖. 城乡规划全生命周期智能化探讨 [J]. 规划师，2018，34（11）：26-33.

[47] 建设部城乡规划司. 城市规划决策概论 [M]. 北京：中国建筑工业出版社，2003.

[48] 李璐颖，江奇，汪成刚. 基于城市治理的城市更新与法定规划体系协调机制思辨——广州市城市更新实践及延伸思考 [J]. 规划师，2018（S2）：7.

[49] 李晓鹏，张国彪. 中国的产业政策 [M]. 北京：中国发展出版社，2017.11.

[50] 李旭旭. 基于城市触媒理论的城市旧工业地段更新研究 [D]. 重庆：重庆大学，2015.

[51] 李永忠. 计算机网络理论与应用 [M]. 北京：国防工业出版社，2011.

[52] 梁城城. 城市更新：内涵、驱动力及国内外实践——评述及最新研究进展 [J]. 兰州财经大学学报，2021，37（5）：100-108.

[53] 辽宁省城市更新条例 [J]. 辽宁省人民代表大会常务委员会公报，2021（6）：

24-29.

[54] 廖旻，刘敏军. 城市更新中的新业务——税务筹划 [J]. 房地产导刊，2016
      （8）：229-230，252.

[55] 列宁. 列宁选集. 第 2 卷 [M]. 北京：人民出版社，1995：137.

[56] 刘芳，张宇. 深圳市城市更新制度解析——基于产权重构和利益共享视角 [J].
      城市发展研究，2015，22（2）：25-30.

[57] 刘光然，张丽霞. 虚拟现实技术 [M]. 北京：清华大学出版社，2011.

[58] 刘贵文，易志勇，魏骊臻，等. 基于政策工具视角的城市更新政策研究：以
      深圳为例 [J]. 城市发展研究，2017，24（3）：47-53.

[59] 刘红伟. 改造提升老旧小区 让人民群众生活更美好——住建部副部长黄艳解
      答老旧小区改造热点问题 [J]. 中国勘察设计，2020（8）：12-13.

[60] 刘俊. 城市更新概念·模式·推动力 [J]. 中外建筑，1998（2）：7-9，6.

[61] 刘凯峥，车柳婷. 深圳城市更新项目风险评估研究——基于层次分析法及模
      糊综合评价法 [J]. 现代商业，2019（28）：95-96.

[62] 刘蕾. 城中村自主更新改造研究 [D]. 武汉：武汉大学，2014.

[63] 刘珊，吕拉昌，黄茹，等. 城市空间生产的嬗变——从空间生产到关系生产
      [J]. 城市发展研究，2013，20（9）：42-47.

[64] 芦爽，王雨，曾鹏，等. 政府事权视角下的城市更新治理路径——基于济南
      市三个案例的比较研究 [J]. 规划师，2022，38（8）：140-145.

[65] 罗丹阳. 老旧小区改造落实政策与标准探讨 [J]. 工程建设标准化，2021，
      （10）：80-83，42.

[66] 罗志华，李刚. BIM 技术应用实务建筑方案设计 [M]. 北京：机械工业出版社，
      2019.

[67] 马佳丽，王汀汀，杨翔. 城市更新概要和投融资模式探索 [J]. 中国投资（中
      英文），2021（13）：4.

[68] 曼纽尔·卡斯特. 网络社会的崛起 [M]. 北京：社会科学文献出版社，2003：
      504.

[69] 孟昭凌. "个别征收 + 行政诉讼"制度破解城市更新僵局——解读《深圳经
      济特区城市更新条例》[J]. 法制与社会，2021（10）：105-107.

[70] 苗文倩. 我国棚户改货币化安置政策执行研究——基于史密斯模型的研究 [J].
      现代经济信息，2018（20）：8-9.

[71] 潘斌，彭震伟. 转型期上海工业集聚区的空间发展研究 [M]. 北京：中国建筑
      工业出版社，2018：178.

[72] 彭丹丹. 基于传染病防控视角下老旧社区景观改造设计研究 [D]. 南昌：江西

农业大学，2022.

[73] 彭建东，刘凌波，张光辉．城市设计思维与表达 [M]．北京：中国建筑工业出版社，2016.

[74] 彭建东．基于现代治理理念的城市更新规划策略探析——以襄阳古城周边地区更新规划为例 [J]．城市规划学刊，2014（6）：102-108.

[75] 戚欣，姜春雷．人工智能助力智慧城市建设 [J]．智能建筑与智慧城市，2017，（9）：33-37.

[76] 秦波，苗芬芬．城市更新中公众参与的演进发展：基于深圳盐田案例的回顾 [J]．城市发展研究，2015，22（3）：58-62，79.

[77] 秦虹．城市更新与产业升级共生 [J]．中国房地产（市场版），2021（9）：8-13.

[78] 秦昆．GIS 空间分析理论与方法 [M]．武汉：武汉大学出版社，2010.

[79] 上海市城市更新条例 [N]．解放日报，2021-08-29（005）.

[80] 上海市规划和自然规划局，2021.《上海市城市更新条例》全文公布 [EB/OL].[2021-08-29]. https：//ghzyj.sh.gov.cn/gzdt/20210831/fc38143f1b5b4f67a810ff01bfc4deab.html.

[81] 邵丽萍，邵光亚，张后扬．Java 语言实用教程 [M]．北京：清华大学出版社，2008.

[82] 沈体雁．城市更新引擎模型及其应用 [J]．中国房地产，2021（26）：5.

[83] 沈阳市人民政府，2021. 沈阳市人民政府办公室关于转发市城乡建设局《沈阳市城市更新管理办法》的通知 [EB/OL]. [2021-12-21]. https：//www.shenyang.gov.cn/zwgk/zcwj/zfwj/szfbgtwj1/202201/t20220122_2542259.html.

[84] 宋密．城市更新工作的思考——基于国内外 27 个案例研究 [J]．安徽建筑，2022，29（1）：33-34，58.

[85] 孙江．"空间生产"：从马克思到当代 [M]．北京：人民出版社，2008.

[86] 孙园园．从 BIM 到 CIM——探索智慧城市建设新模式 [J]．价值工程，2019，38（35）：30-31.

[87] 谈锦钊．试论城市的更新和扩展 [J]．城市问题，1989（2）：12-18，6.

[88] 覃晓，吴湛坤，卞正兴．基于成功度的城市更新项目后评价方法研究 [J]．中国高新科技，2022（21）：107-109.

[89] 唐斌，阳建强．绿色低碳城市更新：韩国经验与启示 [J]．中国园林，2022，38（1）：5.

[90] 唐婧娴．城市更新治理模式政策利弊及原因分析——基于广州、深圳、佛山三地城市更新制度的比较 [J]．规划师，2016，32（5）：47-53.

[91] 唐旭昌．大卫·哈维城市空间思想研究 [M]．北京：人民出版社，2014：101.

[92] 田灵江．老旧小区改造资金需求及来源研究 [J]．住宅产业，2020（5）：6-11.

[93] 田永中，吴文戬，盛耀彬，等 . GIS 空间分析基础教程 [M]. 北京：科学出版社，2018.

[94] 王春兰 . 上海城市更新中利益冲突与博弈的分析 [J]. 城市观察，2010（6）：130-141.

[95] 王海平 . 3S 集成技术在征地和房屋拆迁测绘中的应用 [J]. 住宅与房地产，2021（24）：32-33.

[96] 王嘉，白韵溪，宋聚生 . 我国城市更新演进历程、挑战与建议 [J]. 规划师，2021，37（24）：21-27.

[97] 王君峰，娄琮味，王亚男 . Revit 建筑设计思维课堂 [M]. 北京：机械工业出版社，2019.

[98] 王磊，舒佩 . 多主体参与城市更新的障碍与政策建议——以上海市为例 [J]. 城乡规划，2021（5）：43-49.

[99] 王蒙徽 . 城市更新的重要内涵 [J]. 施工企业管理，2021（8）：58-60.

[100] 王琪 . 系统性规划引导的城市更新——以武汉市城市更新规划为例 [J]. 规划师，2015，31（10）：51-56.

[101] 王如渊 . 西方国家城市更新研究综述 [J]. 西华师范大学学报（哲学社会科学版），2004（2）：1-6.

[102] 王亚明，秦晓娟 . 甘肃省镇域"多规合一"实证研究——以张掖市山丹县位奇镇为例 [J]. 甘肃科技，2019，35（11）：52-54.

[103] 王子强，杨朝飞 . 中国环境年鉴 [M]. 北京：中国环境科学出版社，1993.

[104] 韦恩·奥图，唐·洛干 . 美国都市建筑——城市设计的触媒 [M]. 王劭方，译 . 台北：台北创兴出版社，1994.

[105] 魏旻，王平 . 物联网导论 [M]. 北京：人民邮电出版社，2020.

[106] 吴殿廷，吴昊 . 区域发展产业规划 [M]. 南京：东南大学出版社：2018：178.

[107] 吴磊 . 基于建筑类型学视角下的南昌市区老旧社区公共空间改造策略研究 [D]. 南昌：南昌大学，2021.

[108] 吴志强，伍江，张佳丽，等 ."城镇老旧小区更新改造的实施机制"学术笔谈 [J]. 城市规划学刊，2021（3）：1-10.

[109] 吴忠，朱君璇，曹红苹，等 . 信息资源管理 [M]. 北京：清华大学出版社，2011.

[110] 伍新华，陆丽萍 . 物联网工程技术 [M]. 北京：清华大学出版社，2011.

[111] 徐文舸 . 城市更新投融资的国际经验与启示 [J]. 中国经贸导刊，2020（22）：65-68.

[112] 许豫宏 . 旅游地产开发概论 [M]. 北京：旅游教育出版社，2012.

[113] 许云霄. 公共选择理论 [M]. 北京：北京大学出版社，2006.

[114] 亚里士多德. 物理学 [M]. 北京：商务印书馆，1982.

[115] 阳建强，朱雨溪，刘芳奇，等. 面向后疫情时代的城市更新 [J]. 西部人居环境学刊，2020，35（5）：25-30.

[116] 阳建强. 公共健康与安全视角下的老旧小区改造 [J]. 北京规划建设，2020，（2）：36-39.

[117] 阳建强. 新发展阶段城市更新的基本特征与规划建议 [J]. 国家治理，2021（47）：17-22.

[118] 杨保军. 实施城市更新行动的核心要义 [J]. 中国勘察设计，2021（10）：10-13.

[119] 杨浚，文爱平. 杨浚：规划引领，更新提质 [J]. 北京规划建设，2022，（1）：204-207.

[120] 姚之浩，曾海鹰. 1950年代以来美国城市更新政策工具的演化与规律特征 [J]. 国际城市规划，2018，33（4）：18-24.

[121] 叶耀先. 城市更新的理论与方法 [J]. 建筑学报，1986，（10）：5-11，83.

[122] 殷洁，罗小龙. 我国城市规划中 NGO 的发展与思考 [J]. 规划师，2003（1）：74-77.

[123] 尹稚. 以人民为中心的城市治理 [J]. 城市规划，2022（2）：46.

[124] 余燕明. 北京"十四五"城市更新规划：小规模、渐进式 严控大拆大建 [N]. 中国经营报，2022-05-30（B12）.

[125] 喻博，赖亚妮，王家远，等. 城市更新单元制度下"三旧"改造的实施效果评价 [J]. 南方建筑，2019（1）：52-57.

[126] 袁庆明. 新制度经济学 [M]. 上海：复旦大学出版社，2012.

[127] 袁庆明. 新制度经济学教程 [M]. 北京：中国发展出版社，2011.

[128] 张帆，葛岩. 治理视角下城市更新相关主体的角色转变探讨——以上海为例 [J]. 上海城市规划，2019（5）：5.

[129] 张海平. 关于区属企业参与城市更新的税收问题分析及建议 [J]. 现代经济信息，2012（18）：152-153.

[130] 张军，涂丹，李国辉. 3S 技术基础 [M]. 北京：清华大学出版社，2013.

[131] 张磊. "新常态"下城市更新治理模式比较与转型路径 [J]. 城市发展研究，2015，22（12）57-62.

[132] 张立国，程国辉，何勇. 面向东盟的广西农产品物流发展研究 [M]. 北京：冶金工业出版社，2016.

[133] 孙严育. 武汉市工业园区开发建设模式研究 [J]. 现代商贸工业，2015，36（11）：12-14.

[134] 张琳卿，王悦颖.社会资本参与视角下的城市更新投融资模式研究 [J].住宅与房地产，2022（Z1）：87-91.

[135] 张品.空间生产理论研究述评 [J].社科纵横，2012，27（8）：82-84.

[136] 张秋实.城市更新项目开发模式与要点 [J].住宅产业，2022（7）：27-31.

[137] 张思露.城市更新语境下的大都市棕地再开发路径研究——纽约与上海的实践对比 [J].上海国土资源，2020，41（2）：62-67.

[138] 张松.积极保护引领上海城市更新行动及其整体性机制探讨 [J].同济大学学报（社会科学版），2021，32（6）：71-79.

[139] 张伟，武齐永，张忠霞，等.分布式光纤管道监测技术在长距离输水工程中的应用 [J].给水排水，2022，58（6）：124-129.

[140] 张晓涛，李向军.北京财经发展报告（2017—2018）[M].北京：社会科学文献出版社，2018.

[141] 张新长，辛秦川，郭泰圣，等.地理信息系统概论 [M].北京：高等教育出版社，2017.

[142] 张子凯.列斐伏尔《空间的生产》述评 [J].江苏大学学报（社会科学版），2007（5）：10-14.

[143] 章征涛，李和平.包容性城市更新理论建构和实现途径 [M].北京：中国建筑工业出版社，2021.

[144] 赵强.城市治理动力机制：行动者网络理论视角 [J].行政论坛，2011，18（1）：74-77.

[145] 赵万民，李震，李云燕.当代中国城市更新研究评述与展望——暨制度供给与产权挑战的协同思考 [J].城市规划学刊，2021（5）：92-100.

[146] 赵文渲.双循环下江苏绿色循环经济产业发展研究 [J].中国管理信息化，2021，24（21）：170-172.

[147] 赵峥，王炳文.城市更新中的多元参与：现实价值，主要挑战与对策建议 [J].重庆理工大学学报（社会科学），2021，35（10）：9-15.

[148] 朱海华，陈柳钦.城市更新中的公共治理研究——以深圳市为例 [J].中国名城，2021，35（11）：21-30.

[149] 朱洪波.城市更新：均衡与非均衡——对城市更新中利益平衡逻辑的分析 [J].兰州学刊，2006（10）：3.

[150] 庄立峰，江德兴.城市治理的空间正义维度探究 [J].东南大学学报（哲学社会科学版），2015，17（4）：45-49.

[151] 踪家峰，王志锋，郭鸿懋.论城市治理模式 [J].上海社会科学院学术季刊，2002（2）：115-123.